站在巨人的肩上
Standing on Shoulders of Giants

TURING
图灵教育

iTuring.cn

U0353434

站在巨人的肩上

Standing on Shoulders of Giants

TURING
图灵教育

iTuring.cn

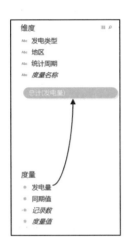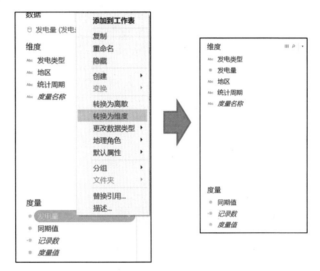

图 2-5　维度与度量转换

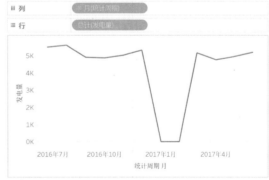

(a) 发电量为离散类型　　　　　　　　　(b) 发电量为连续类型

图 2-6　离散和连续类型

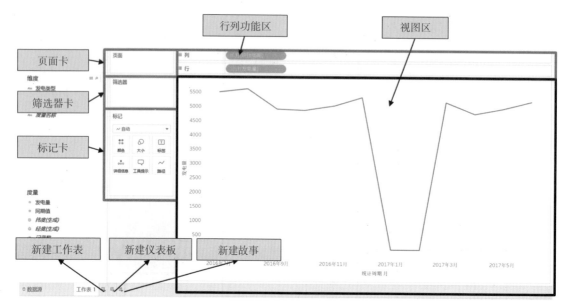

图 2-8　认识视图工作区

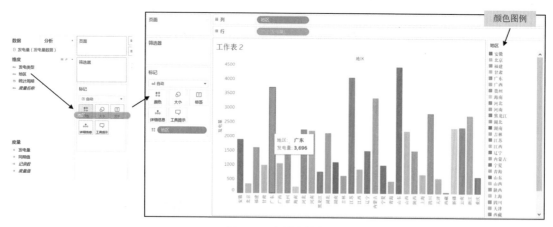

图 2-16　颜色图例

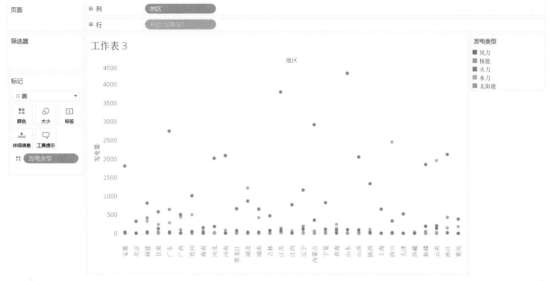

图 2-23　依据颜色分解细化的视图

图 3-46　以 C 指标为主数据源构建视图

图 3-47　构建数据融合

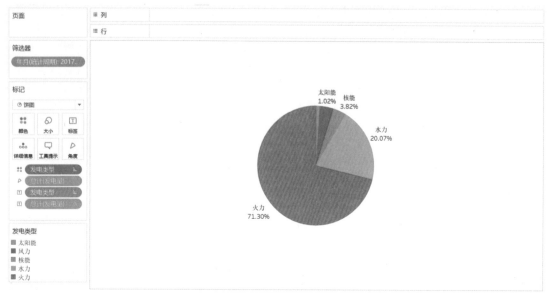

图 4-18　添加标签及排序后的饼图

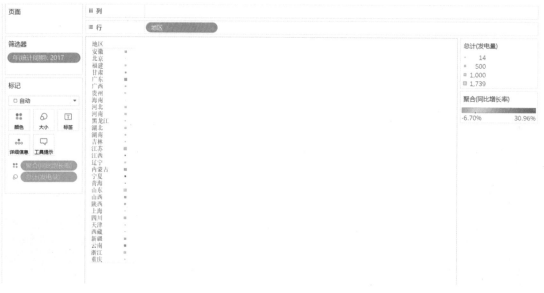

图 4-33　压力图——2017 上半年部分地区累计发电量与同比变化情况

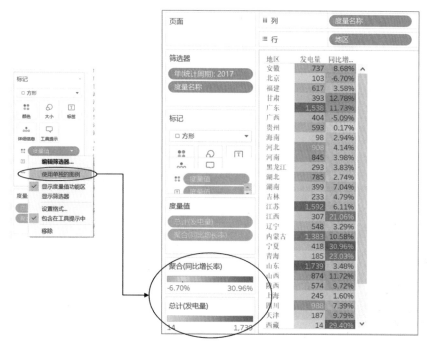

图 4-38　突显表——2017 年上半年不同地区累计发电量及同比增长情况

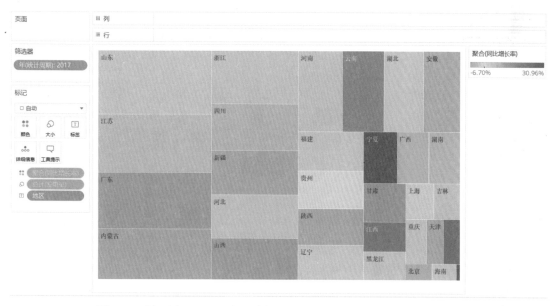

图 4-39　树地图——2017 年上半年不同地区累计发电量及同比增长情况

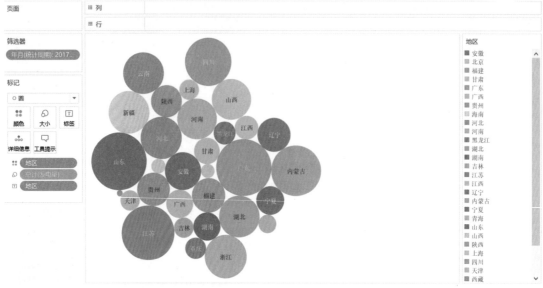

图 4-40　填充气泡图——2017 年 6 月不同地区发电量情况

图 4-49　编辑"延期天数"的颜色

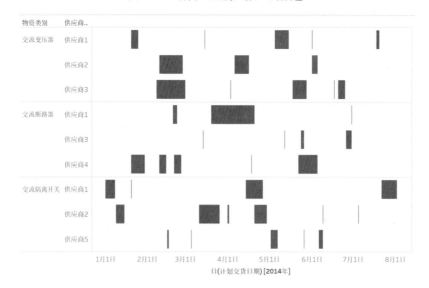

图 4-50　供应商及时供货情况分析

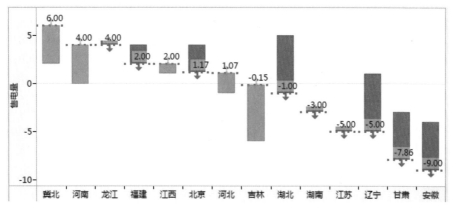

图 6-24 "变化排序"图

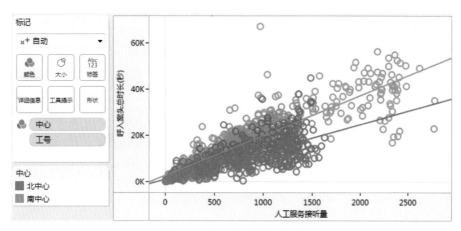

图 7-11 按颜色绘制趋势线

TURING 图灵原创

刘红阁 王淑娟 温融冰 ◎ 著

人人都是数据分析师
Tableau应用实战

第2版

人民邮电出版社

北京

图书在版编目（ＣＩＰ）数据

人人都是数据分析师：Tableau应用实战 / 刘红阁，
王淑娟，温融冰著. -- 2版. -- 北京：人民邮电出版社，
2019.1（2019.8重印）
（图灵原创）
ISBN 978-7-115-50119-6

Ⅰ．①人… Ⅱ．①刘… ②王… ③温… Ⅲ．①可视化
软件－数据分析 Ⅳ．①TP317.3

中国版本图书馆CIP数据核字(2018)第265520号

内 容 提 要

本书基于 Tableau 10.5 最新版本编写，详细介绍了 Tableau 的数据连接与编辑、图形编辑与展示功能，包括数据连接与管理、基础与高级图形分析、高级数据操作、基础统计分析、如何与 R 集成进行高级分析、分析图表整合以及分析成果共享等主要内容。同时，书中以丰富的实际案例贯穿始终，对各类方法、技术进行了详细说明，方便读者快速掌握数据分析方法。

本书适用于互联网、银行证券、咨询审计、快消品、能源等行业数据分析用户以及媒体、网站等数据可视化用户。

◆ 著　　　　刘红阁　王淑娟　温融冰
　　责任编辑　张　霞
　　责任印制　周昇亮
◆ 人民邮电出版社出版发行　　北京市丰台区成寿寺路11号
　　邮编　100164　电子邮件　315@ptpress.com.cn
　　网址　http://www.ptpress.com.cn
　　北京市艺辉印刷有限公司印刷
◆ 开本：800×1000　1/16
　　印张：19　　　　　　　　　　彩插：4
　　字数：502千字　　　　　　　2019年1月第 2 版
　　印数：4 801 – 6 000册　　　　2019年8月北京第 3 次印刷

定价：79.00元
读者服务热线：(010)51095183转600　印装质量热线：(010)81055316
反盗版热线：(010)81055315
广告经营许可证：京东工商广登字 20170147 号

Tableau 用户评价

"Tableau 能够真正地帮助我们快速发展和创造价值。这种帮助无时无刻不体现在生产中。"

——Will Bishop，特斯拉汽车公司高级测试工程师

"Tableau 帮助我们以更少的资源清理和整塑用于报告的数据。因为实现了报告自动化，所以我们这个小小的团队可以将大量资源集中在将数据分析转变成见解上。"

——Secil Watson，富国银行集团执行副总裁

"我们完全钟情于 Tableau，钟情于它的承诺：让组织中的每个人都能使用现成、可操作的数据，而不仅限于分析师和高级用户。"

——David Baudrez，思科公司欧洲、中东和非洲地区商业洞察主管

"如果只是一次又一次地重复同一件事情，那么我永远无法跳出固有的思维模式。Tableau 让我们以一种完全不同的方式来查看数据。"

——Kevin King，可口可乐装瓶公司报告与分析主管

"使用 Tableau 之后，去年我们的收入增加了 2 亿美元，增幅达到了 2%。Tableau 很实用，使用也很简单，而且比其他商业智能工具反应快。要想在航空业或者运输业赚到钱，就得用 Tableau。"

——James Pu，中国东方航空公司网络与营收部高级主管

"如果没有 Tableau 系统，我们现在可能还在使用电子表格软件，那样就需要委派专人进行数据分析，不仅偶尔的人为错误难以避免，而且当分析员没有上班时，我们可能就无法获得当天的报告。"

——Leon Zhang，汉堡王（中国）信息技术部副总监

序 一

AI（Artificial Intelligence，人工智能）是第四次工业革命的核心驱动力，促进着各行各业的变革。多年来，百度在 AI 领域持续投入，成效显著，目前已构建起对内赋能重要业务的完整 AI 技术布局，并通过 AI 开放平台对外开放包含无人驾驶、语音、图像、视频、增强现实、自然语言处理等在内的多项 AI 核心能力，为汽车、零售、教育、金融和政务等行业提供解决方案和产品。

在坚定不移地推进"夯实移动基础，决胜 AI 时代"的百度企业战略落地进程中，我们借助 AI 技术，在"搜索+信息流"双引擎上，大商业体系不断创造智能投放、智能创意、智能客服和跨屏全场景的新营销方式，构建线上线下打通的 AI 新营销生态闭环，为客户赋能，建设商业内容生态，实现对用户需求的精准满足。

在人工智能时代，数据是核心生产力，所有行业都会从数据的采集、分析、推理、预测及控制中受益，数据产生的价值将会给每个人带来更智慧的生活。而通往智慧未来的另一扇门，就是直接将数据和简单易用的分析工具提供给千千万万的普通人。

机器智能擅长处理的是过去曾发生、重复性、具有模式（pattern）的场景，而在 VUCA 时代，我们遇到的更多是不确定、易变、复杂、模糊的问题，这些新问题需要每个个体整合手边数据，运用人类智慧，分析、判断、决策以及跟进反馈。而且这种问题往往不能一劳永逸，而是呈现出序列式、演进式的势态，需要人们循序渐进地寻找解决方案。以 Tableau 为代表的敏捷性分析工具的价值正在于此。

自助式分析，交互式操作，数据在用户的简单拖放中转化为各个领域的决策智慧。麦克卢汉曾说：媒介即信息。新颖的媒介本身就蕴藏着更多的信息。从这种角度看，Tableau 是典型代表，它将数据分析技术民主化，传播、引入到你我之中，形成群体智慧，与作为客体的机器智能一起，在未来和谐共处。

刘红阁博士是大商业体系商业分析团队的负责人，具有多年丰富的数据分析领域实践经验，带领团队同学不断从点滴入手，持续提升百度大商业体系的数据化运营和科学决策水平，同时也一直关注和研究数据分析工具与技术领域的前沿与创新。唯是这般努力，才有《人人都是数据分析师：Tableau 应用实战》新版问世。我为她和其他两位作者的付出感到欣慰，也希望这本书能够切实地帮助到广大非技术出身的商业分析师。人人勤动手，皆可做分析。

郑子斌

百度副总裁、百度搜索公司 CTO

序 二

古谚有云"一图胜万言"，这在不同文化中均广为人知。有人经考证认为，其最早来自记者弗莱德·巴纳德（Fred R. Barnard）1927年发表在一本贸易杂志上的文章；然而另一些人认为它源于中国的孔子，这位2000多年前的智者曾讲过"书意能达万言"。无论出处如何，专家们已经一次又一次地发布研究成果来证实这个结论：人类主要是视觉动物。当我写这篇序言时，我仍惊叹于这种认知在中国是多么地深入人心，从远古时代雄伟的绘画到象形文字、形声字，再到今天的简体字，都有着广泛的体现。

而Tableau有幸基于这样的智慧创造应用产品，来帮助更多的人读懂他们的数据。我们十多年前起源于斯坦福大学的这个愿望，已经惠及150多个国家3万多家机构及成千上万的个人。当今世界，人类前所未有地连接在一起，而未来5年内，将会产生多如繁星的数据，那么能够理解、利用和掌握自身的数据将变成一项最基本的生存技能。

许多机构已经开始面对这个人人自助分析、数据驱动决策的现实。少数比较成功，但更多疲于追赶。Tableau亚太区的一项市场调研发现，那些能够满足业务人员自助开展数据读取和分析需求的企业，其业绩比采取传统做法的企业好两倍。但是尽管知晓此好处，75%的业务人员表明他们自助开展数据分析的需求仍未充分满足或完全未满足。

中国经济正在突飞猛进地发展，在知识经济与数字化时代，越来越多的国有企业、私营企业甚至公共服务机构都面临着同样的挑战。培训员工应用自助式的分析工具发现海量数据中的价值已变得势在必行。

而这正是本书的关键所在！尽管市面上已经有了传统的商业智能解决方案，但是面对海量的数据和整合这些解决方案的复杂性，很多中国企业仍疲于应对。本书通过真实的案例，阐述了一个完全不同于以往的数据分析方法论。它展示了领先企业如何让商业智能不再局限于少数技术人员，让多数人都掌握自助分析，读懂数据，创造更大的价值。

我非常感谢本书的3位作者，他们持续地为客户带来行业洞见，并先见地倡导客户应用Tableau来满足数据分析的需求。

JY Pook

Tableau亚太区副总裁

序　三

随着数字化技术的广泛应用和信息化水平的持续提升，我们正在逐步迈入大数据时代。全球众多国家已经充分认识到这一发展趋势，纷纷将大数据上升为国家战略。在企业层面，数据已成为一种新型的重要战略资产，越来越多的企业开始强化数据资产管理，建立专门的组织或明确相关的责任部门，大力拓展数据分析与应用。数据分析已经成为一门显学，也正在发展成为一项独立的业务，发挥着越来越重要的作用。

在埃森哲为客户提供的多种咨询服务中，数据分析咨询数量自 10 年前开始逐渐变多。在国内，随着诸多企业信息系统建设的不断发展，近几年利用数据、信息进行业务监测管控与管理优化的需求日益显现。然而由于对数据分析这一新鲜事物认识不足，经常出现这样的情况：尽管在服务器、数据库、分析软件与技术工具的投资颇多，但却难以取得实用的效果。最为明显的认识偏差是没有将数据分析视为一项业务能力，有的人把数据分析等同于报表、报告等结果性的东西，另外有些人又把它视为一些分析技术、工具与 BI 系统。实际上，数据分析有自己独特的策略、组织、流程、技术组成与要求，并且各要素之间需要相互支撑与配合，才能持续产生满足需要的信息与见解。不止如此，数据分析作为一项业务，具有明显不同于一般流程性业务的显著特征：频繁变化。随着企业战略发展、管理焦点与数据支撑度的变化调整，数据分析与使用需求也要不断变化才能满足需要，传统流程性业务的很多做法在数据分析业务上就不能一成不变。一言以蔽之，数据分析是一种随需而变的新型业务。

数据分析业务变化多，频度高，处理数据量日益庞大，这给企业提出了严峻的挑战，尤其是在数据处理与分析支撑技术层面。我们很多客户在这方面决策有误，采用了不那么有效的技术路线，引入或建设了对数据分析工作支撑度有限的技术与系统，最终限制了数据分析能力与作用结果。在给客户提供数据分析咨询的过程中，埃森哲先后使用过 SAS、SPSS、BI、BO、Excel 等多种复杂程度各异的工具与系统。基于我们的使用体会与客户反馈，从以最小化的投入来最大化满足当前阶段企业数据分析需求的角度看，Tableau 不失为一个值得推荐的选择。

Tableau 既可以作为一个加强版的类 Excel 工具，供数据分析人员对数据进行交互式、可视化分析和挖掘，提高分析工作效率，给出有意义的分析结论；又可以将有意义的分析路径、成果进行发布，共享给其他关联或管理人员进行浏览、查询与使用，实现分析人员与业务人员的协同。在数据分析领域，Tableau 在国外领先公司中得到了广泛应用，并且在国内的市场规模也日益壮大。当然，数据分析涉及的环节与任务众多，包含数据获取、数据存储、数据传输、数据操作、数据分析、数据展示等，要求也各不相同。Tableau 并不是万能药，在有些数据处理工作上，还需要与其他工具和技术结合，才能够实现最大的成效。

　　本书 3 位作者基于自身的项目经验与使用体会，结合实际的应用案例，总结了 Tableau 的功能特点与使用技巧，写作了本书，并且后续还会继续完善。对于希望或正在建设数据分析能力、开展数据分析业务的企业、组织或个人，本书可以提供不一样的选择与体验，拓宽对数据分析业务和工具的认识，帮助感兴趣的使用者更好地应用 Tableau 工具开展工作。

王靖

埃森哲大中华区董事总经理

前　言

从 2004 年最早接触电力市场分析开始，十余年来，我们先后参与了华东电力市场分析能力、华北电网市场分析体系、国家电网运营监测（控）中心等方面的建设工作，既深刻认识到业务监测与数据分析工作的价值，又充分感受到监测能力与分析体系建设的艰难与不易。我们看到了很多不错的值得借鉴的成功经验，但也注意到失败的实践比比皆是，由此造成了相当大的投资浪费，并且进一步限制了数据分析与已有业务的融合，影响了企业管理与经营绩效的提升。

自 2008 年以来，随着智能电网的兴起，电网企业信息化建设日渐完善，我们步入大数据时代，数量规模急剧膨胀，数据种类日益繁多，更新速度不断加快。一方面，海量的数据中隐藏了诸多有价值的信息，通过有效的数据分析与挖掘，产生合理的业务见解，可以直接帮助企业提升竞争力；另一方面，这又增加了数据监测、分析工作的难度，传统的分析理念、分析工具难以适应新的发展形势。为此，急需提出新的手段和方法，于是敏捷分析方法与工具应运而生。

传统商务智能（BI）实施周期动辄数月甚至长达一两年，严格地以清晰的业务需求为前提，且受限于传统 BI 工具，数据细节无法有效地动态挖掘，越来越不能满足企业的实际需要。数据监测与分析的路径和方向众多，不断尝试、往复迭代是发现问题、形成分析结论的必由之路，在实际做分析之前很难预先设计出来，分析思路与分析过程相辅相成；并且企业的实际业务发展速度越来越快，一些根据所谓分析需求实施的 BI 往往开发出来就过时了，鲜有成功案例。

敏捷分析或商务智能不讲求大规模的数据建模，直接利用轻型分析应用，针对各类数据快速进行监测、分析业务探索，是一种想做相结合、过程结果持续循环的新型工作方式。敏捷分析很好地适应了监测、分析业务需求快速变化的特点，它的显著特征是轻量、快速、灵活，便于开展动态业务分析。当然，好的方法需要有好的软件工具作为支撑，Tableau 是支持敏捷分析的最为有效的工具之一，它在 Gartner 魔力四象限中的排名不断提升，目前在同类产品中排名第一，市场份额逐年翻倍。

有感于此，我们萌发了编写本书的念头，希望能够总结已有的经验，让更多的人掌握敏捷分析方法与工具，促进数据监测分析的发展。在第 1 版中，我们以电力行业已有的监测、分析业务实践为基础，全篇以实际案例贯穿始终，对各类方法、技术进行了详细说明，包括数据连接与管理、初级与高级可视化分析、高级数据操作、统计分析、分析图表整合与分析成果共享等主要内容，方便大家快速掌握敏捷分析方法与技术。同时，我们将 Tableau 的核心功能融入其中，详细介绍了该软件的数据连接与编辑、图形展示与编辑功能，阐述了如何与 R 等工具进行集成，如何在服务器上发布管理等内容，以方便读者快速学习 Tableau 的功能。

本书上市之后得到了很多正面的激励与反馈，这令我们倍感欣慰，同时也心生压力。Tableau 产品持续迭代，分析功能日趋完善，我们的 Tableau 实战也需要随之升级。第 2 版我们基于 Tableau 10.5 版本进行编写，同时对原来的内容进行了大幅修改。一方面是案例的泛化。考虑到我们的读者来自各行各业，原有的电力数据略显小众。因此，我们更多采用了 Tableau 产品自带的超市数据进行案例分析，以便降低用户的学习成本，也便于样例数据的获取与上手。另一方面是功能的更新。呼应于产品的升级，我们更新了数据连接、Python 集成、仪表板操作、Sever 操作等章节的内容。书中的案例、数据源和更多增补内容可以从图灵社区本书主页 http://www.ituring.com.cn/book/2444 免费下载使用。

工具类图书再版的工作量不亚于初次编写，从策划到落地历时半年。这期间大家都是挤压周末与假期的时间来完成任务分工，个中苦乐，唯有自知，希望我们的努力能给大家理解和应用敏捷分析方法和工具带来帮助。在即将付梓之时，我们感谢家人的默默支持；感谢朱治中博士在写作资源上的全力支持，以及在写作上给予的方向性指导和建议；感谢前工作同事石晶、杨宣华、张泽中、周跃、杨馨惠、楼琦瑶、陈寅笛等在写作过程中给予的无私帮助和支持；感谢 Tableau 大中华区同事 Alex、Julia、Raymond 等，他们给予的关心与鼓励是我们坚持前行的动力。同时我们要感谢图灵公司总经理武卫东对"数据分析创造价值"的认同，才让本书得以出版；感谢责任编辑张霞不厌其烦的沟通，逐字逐图的校核，才让原稿得以成书；感谢封面设计师刘超的精彩创意，以及设计师黄智慧给出的关键建议，才让本书清爽面市。

虽然经过多次审核检查，书中难免还会存在一些错误与不足，恳请读者批评指正，并欢迎通过邮箱 fengxishi_15@163.com 与我们进行交流。

目　　录

第 1 章

Tableau 入门

本章将介绍敏捷商务智能的发展进程和应用前景，作为数据可视化明星的 Tableau 软件的发展背景和独有特性，以及 Tableau 软件丰富的产品体系，最后还会带读者熟悉各种 Tableau 工作环境，并了解 Tableau 的文件组织和管理方法。

如果你不是初次接触 Tableau，那么可以跳过本章，从第 2 章开始学习。

1.1 敏捷商务智能

当今社会，**商务智能**（Business Intelligence，BI）已被广泛应用于各行各业，在辅助企业的分析决策中扮演着举足轻重的角色。但随着企业数据量不断膨胀，IT 环境日益复杂，业务需求灵活多变，以及信息实时性要求不断提高等，传统 BI 部署方案的弊端越来越明显。

传统 BI 系统架构的底层是数据源系统，中层是 ETL（提取、转换、装载），上层的数据仓库形成 DWD（明细数据层）。业务人员进行数据分析，需要 IT 人员根据预先定义好的分析需求，对明细数据进行汇总、建模形成 DWA（汇总数据层），并通过前端展现工具制作报表，业务人员再在前端查看这些预生成的报表结果辅助分析。典型的传统 BI 系统架构图如图 1-1 所示。

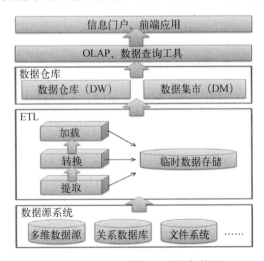

图 1-1　典型的传统 BI 系统架构图

这种架构在处理企业数据时存在如下弊端。

- □ 传统 BI 的开发难度较高, 上线周期长, 建好一套 BI 系统的开发周期长达几个月甚至半年;
- □ 传统 BI 的系统架构笨重, 不能灵活地响应业务需求的变化, 在面对需求变更时, 调整周期长, 无法提供自助式 BI 服务;
- □ 运维成本较高, 因企业的分析需求不断变化, 传统 BI 系统对变更需求的持续支持需投入大量的人力和财力;
- □ 整个 BI 系统一般由多个产品组成, 总成本比较昂贵。

随着技术的更新和发展, 以及企业对 BI 系统的轻便性、灵活性的要求日趋强烈, 新一代敏捷 BI 应运而生。敏捷 BI 与传统 BI 相比, 可以通过更低的成本、更短的上线周期、更快的需求响应速度, 从而帮助企业及时洞察数据的含义和价值。

敏捷 BI 具有以下优点。

- □ 直接把数据装载到内存数据集市中, 无须预生成 Cube, 业务用户就可以通过自服务的方式直接在前端与数据进行交互分析, 大大缩短了系统的上线周期;
- □ 基于细节数据, 用户可以实现明细数据级的多维度探索式分析, 而不再是仅能利用现有的分析模型, 提高了对灵活多样的分析需求的支持度;
- □ 整个敏捷 BI 系统往往只需要一个产品即可实现, 成本较传统 BI 系统低了很多。

1.2　数据可视化明星 Tableau

数据可视化是指借助于图形化的手段, 清晰、有效地传达与沟通信息。随着信息技术的不断发展, 当今社会已步入大数据时代, 如何帮助企业在海量数据中快速获取重要信息应对市场变化, 已成为企业亟需解决的难题。

Tableau 是一款定位于数据可视化敏捷开发和实现的商务智能展现工具, 可以用来实现交互的、可视化的分析和仪表板应用, 从而帮助企业快速地认识和理解数据, 以应对不断变化的市场环境与挑战。数据可视化让枯燥的数据以简单友好的图表形式展现出来, 是一种最为直观有效的分析方式。无须过多的技术基础, 任何个人、企业都可以轻松学会 Tableau, 并运用其可视化功能对数据进行处理和展示, 从而更好地进行数据分析工作。

数据可视化技术是 Tableau 的核心, 主要包括以下两个方面。

- □ 独创的 VizQL 数据库。Tableau 的初创合伙人是来自斯坦福大学的数据科学家, 他们为了实现卓越的可视化数据获取与后期处理, 并没有像普通数据分析类软件那样简单地调用和整合现行主流的关系型数据库, 而是进行了大尺度的创新, 独创了 VizQL 数据库。
- □ 用户体验良好且易用的表现形式。Tableau 提供了一个非常新颖易用的使用界面, 在处理规模巨大的、多维的数据时, 可以即时地从不同角度和设置看到数据所呈现出的规律。Tableau 通过数据可视化技术, 使得数据挖掘变得平民化, 而其自动生成和展现出的图表, 也丝毫不逊色于互联网美术编辑的水平。正是这个特点奠定了其广泛的用户基础（用户总数年均增长 126%）, 带来了高续订率（90% 的用户选择续订其服务）。

1.3 Tableau 的主要特性

　　Tableau 作为轻量级可视化 BI 工具的优秀代表，在 Gartner（高德纳）咨询公司 2018 年 2 月公布的商业智能和分析平台魔力象限报告中，连续第六次蝉联领先者殊荣（如图 1-2 所示）。Gartner 认为 "Tableau 已成为交互式可视化分析与企业级分析平台领域的黄金标准"。德国电子商务网站的数据科学家 Lucie Salwiczek 也认为："不管是制作报表，还是深入挖掘数据并进行分析，只需要 Tableau 这样一个工具就够了。"

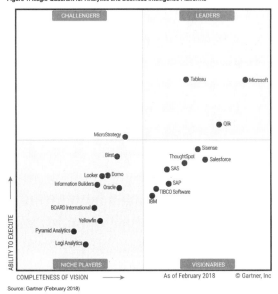

图 1-2　Gartner 商务智能及分析平台魔力象限图（2018 年 2 月）

　　Tableau 之所以在业界有如此出色的表现，主要得益于以下几个方面的特性。

1. 极速高效

　　传统 BI 通过 ETL 过程处理数据，数据分析往往会延迟一段时间。而 Tableau 通过内存数据引擎，不但可以直接查询外部数据库，还可以动态地从数据仓库抽取数据，实时更新连接数据，大大提高了数据访问和查询的效率。

　　此外，用户通过拖放数据列就可以由 VizQL 转化成查询语句，从而快速改变分析内容；单击就可以突出变亮显示，并可随时下钻或上卷查看数据；添加一个筛选器、创建一个组或分层结构就可变换一个分析角度，实现真正灵活、高效的即时分析。

2. 简单易用

　　简单易用是 Tableau 非常重要的一个特性。Tableau 提供了非常友好的可视化界面，用户通过轻点鼠标和简单拖放，就可以迅速创建出智能、精美、直观和具有强交互性的报表和仪表盘。Tableau 的简单易用性具体体现在以下两个方面。

- □ **易学，不需要技术背景和统计知识。** 使用者不需要 IT 背景，也不需要统计知识，只通过拖放和点击（点选）的方式就可以创建出精美、交互式仪表盘。帮助迅速发现数据中的异常点，对异常点进行明细钻取，还可以实现异常点的深入分析，定位异常原因。
- □ **操作极其简单。** 对于传统 BI 工具，业务人员和管理人员主要依赖 IT 人员定制数据报表和仪表盘，需要花费大量时间与 IT 人员沟通需求、设计报表样式，而只有少量时间真正用于数据分析。Tableau 具有友好且直观的拖放界面，操作上类似 Excel 数据透视表，即学即会即用，IT 人员只需将数据准备好，并开放数据权限，业务人员或管理人员就可以连接数据源自己做分析。

3. 可连接多种数据源，轻松实现数据融合

在很多情况下，用户想要展示的信息分散在多个数据源中，有的存在于文件中，有的存放在数据库服务器上。Tableau 允许从多个数据源访问数据，包括带分隔符的文本文件、Excel 文件、Google 表格、JSON 文件、PDF 文件，以及 SQL 数据库、Oracle 数据库、多维数据库、Hadoop 数据库与 MongoDB 等。Tableau 还允许用户查看多个数据源，在不同的数据源间来回切换分析，并允许用户结合使用多个不同的数据源。

此外，Tableau 还允许在使用关系数据库或文本文件时，通过创建联接（支持多种不同联接类型，如左侧联接、右侧联接和内部联接等）来组合多个表或文件中存在的数据，以允许分析相互有关系的数据。

4. 高效接口集成，具有良好可扩展性，提升数据分析能力

Tableau 提供多种应用编程接口，包括数据提取接口、页面集成接口和高级数据分析接口，具体包括以下几个。

- □ **数据提取 API。** Tableau 可以连接使用多种格式数据源，但由于业务的复杂性，数据源的格式多种多样，Tableau 所支持的数据源格式不可能面面俱到。为此，Tableau 提供了数据提取 API，使用它们可以在 C、C++、Java 或 Python 中创建用于访问和处理数据的程序，然后使用这样的程序创建 Tableau 数据提取（.tde）文件。
- □ **JavaScript API。** 通过 JavaScript API，可以把通过 Tableau 制作的报表和仪表盘嵌入已有的企业信息化系统或企业商务智能平台中，实现与页面和交互的集成。
- □ **与 R 的集成接口。** R 是一种用于统计分析和预测建模分析的开源软件编程语言和软件环境，具有非常强大的数据处理、统计分析和预测建模能力。Tableau 8.1 之后的版本支持与 R 的脚本集成，大大提升了 Tableau 在数据处理和高级分析方面的能力。
- □ **与 Python 语言的集成接口。** Python 语言是一种广泛使用、面向对象的高级编程语言，它包含了在数据处理与机器学习领域功能完备的标准库，能够轻松完成很多常见的任务。Tableau 10.2 之后的版本支持与 Python 语言的脚本集成，这让使用 Tableau 开展复杂数据分析处理和应用机器学习算法研究成为了可能。

1.4　Tableau 的产品体系

Tableau 的产品体系非常丰富，不仅包括制作报表、视图和仪表板的桌面端设计和分析工具，还包括适用于企业部署的 Tableau 服务器产品，还有适用于网页上创建和分享数据可视化内容的完全免费服务产品 Tableau Public。

1. Tableau Desktop

Tableau Desktop 是设计和创建美观的视图与仪表板、实现快捷数据分析功能的桌面端分析工具，包括 Tableau Desktop Personal（个人版）和 Tableau Desktop Professional（专业版）两个版本，支持 Windows 和 Mac 操作系统。

Tableau 个人版仅允许连接到文件和本地数据源，分析成果可以发布为图片、PDF 和 Tableau Reader 等格式；而 Tableau 专业版除了具备个人版的全部功能外，支持的数据源更加丰富，能够连接到几乎所有格式的数据和数据库系统，包括以 ODBC 方式新建数据源库，还可以将分析成果发布到企业或个人的 Tableau 服务器、Tableau Online 服务器和 Tableau Public 服务器上，实现移动办公。因此，专业版比个人版更加通用，但个人版的价格相对专业版也便宜不少。

2. Tableau Server

Tableau Server 是一款商业智能应用程序，用于发布和管理 Tableau Desktop 制作的报表，也可以发布和管理数据源，如自动刷新发布到 Server 上的数据提取。Tableau Server 是基于浏览器的分析技术，非常适用于企业范围内的部署，当工作簿做好并发布到 Tableau Server 之后，用户可以通过浏览器或移动终端设备查看工作簿的内容并与之交互。

Tableau Server 可控制对数据连接的访问权限，并允许针对工作簿、仪表板甚至用户设置来设置不同安全级别的访问权限。通过 Tableau Server 提供的访问接口，用户可以搜索和组织工作簿，还可以在仪表板上添加批注，与同事分享数据见解，实现在线互动。利用 Tableau Server 提供的订阅功能，当允许访问的工作簿版本有更新时，用户可以接收到邮件通知。

3. Tableau Online

Tableau Online 针对云分析而建立，是 Tableau Server 的一种托管版本，省去硬件部署、维护及软件安装的时间与成本，提供的功能与 Tableau Server 没有区别，按每人每年的方式付费使用。

4. Tableau Mobile

Tableau Mobile 是基于 iOS 和 Android 平台移动端应用程序。用户可通过 iPad、Android 设备或移动浏览器，来查看发布到 Tableau Server 或 Tableau Online 上的工作簿，并可进行简单的编辑和导出操作。

5. Tableau Public

Tableau Public 是一款免费的桌面应用程序，用户可以连接 Tableau Public 服务器上的数据，设计和创建自己的工作表、仪表板和工作簿，并把成果保存到大众皆可访问的 Tableau Public 服务器上（不可以把成果保存到本地电脑上）。Tableau Public 使用的数据和创建的工作簿都是公开的，任何人都可以与其互动并可随意下载，还可以根据你的数据创建自己的工作簿。

6. Tableau Reader

Tableau Reader 是一个免费的桌面应用程序，可以用来打开和查看打包工作簿文件（.twbx），也可以与工作簿中的视图和仪表板进行交互操作，如筛选、排序、向下钻取和查看数据明细等。打包工作簿文件可以通过 Tableau Desktop 创建和发布，也可以从 Tableau Public 服务器下载。用户无法使用 Tableau Reader 创建工作表和仪表板，也无法改变工作簿的设计和布局。

> **说明**　利用 Tableau Public 连接数据时，对数据源、数据文件大小和长度都有一定限制：仅包括 Excel、Access 和多种文本文件格式，对单个数据文件的行数限制为 10 万行，对数据的存储空间限定在 50 MB 以内。Tableau Public Premium 是 Tableau Public 的高级产品，主要提供给一些组织使用，它提供了更大的数据处理能力和允许隐藏底层数据的功能。

1.5　Tableau 的工作区

在首次进入 Tableau 或打开 Tableau 但没有指定工作簿时，会显示"开始页面"，其中包含了最近使用的工作簿、已保存的数据连接、示例工作簿和其他一些入门资源，这些内容将帮助初学者快速入门，由于比较简单直观，本节对开始页面不做介绍。要开始构建视图并分析数据，还需要先进入"新建数据源"页面，将 Tableau 连接到一个或多个数据源，有关连接数据页面的详细介绍可以参见第 3 章。

Tableau 工作区是制作视图、设计仪表板、生成故事、发布和共享工作簿的工作环境，包括工作表工作区、仪表板工作区和故事工作区，也包括公共菜单栏和工具栏。在正式介绍各工作区环境之前，首先需要了解以下几个基本概念。

- ❑ **工作表**（work sheet）：又称为视图（visualization），是可视化分析的最基本单元。
- ❑ **仪表板**（dashboard）：是多个工作表和一些对象（如图像、文本、网页和空白等）的组合，可以按照一定的方式对其进行组织和布局，以便揭示数据关系和内涵。
- ❑ **故事**（story）：是按顺序排列的工作表或仪表板的集合，故事中各个单独的工作表或仪表板称为"故事点"。可以使用创建的故事，向用户叙述某些事实，或者以故事的方式揭示各种事实之间的上下文或事件发展的关系。
- ❑ **工作簿**（workbook）：包含一个或多个工作表，以及一个或多个仪表板和故事，是用户在 Tableau 中工作成果的容器。用户可以把工作成果组织、保存或发布为工作簿，以便共享和存储。

1.5.1　工作表工作区

工作表工作区（如图 1-3 所示）包含菜单、工具栏、数据窗口、含有功能区和图例的卡，可以在工作表工作区中通过将字段拖放到功能区上的方式来生成数据视图（工作表工作区仅用于创建单个视图）。在 Tableau 中连接数据之后，即可进入工作表工作区。

工作表工作区中的主要部件如下。

□ **数据窗口**。数据窗口位于工作表工作区的左侧。可以通过单击数据窗口右上角的最小化按钮 来隐藏和显示数据窗口，这样数据窗口会折叠到工作区底部，再次单击最小化按钮可显示数据窗口。通过单击 ，然后在文本框中键入内容，可在数据窗口中搜索字段。通过单击 ，可以查看数据。数据窗口由数据源窗口、维度窗口、度量窗口、集窗口和参数窗口等组成。

  ■ 数据源窗口：包括当前使用的数据源及其他可用的数据源。请参见第 3 章各节内容。

  ■ 维度窗口：包含诸如文本和日期等类别数据的字段。请参见 2.2.1 节数据角色中的维度。

  ■ 度量窗口：包含可以聚合的数字的字段。请参见 2.1.1 节数据角色中的度量。

  ■ 集窗口：定义的对象数据的子集，只有创建了集，此窗口才可见。请参见 5.3 节。

  ■ 参数窗口：可替换计算字段和筛选器中的常量值的动态占位符，只有创建了参数，此窗口才可见。请参见 5.4 节。

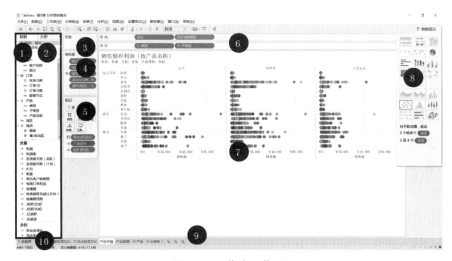

图 1-3　工作表工作区

□ **分析窗口**。将菜单中常用的分析功能进行了整合，方便快速使用，主要包括汇总、模型和自定义 3 个窗口。

  ■ 汇总窗口：提供常用的参考线、参考区间及其他分析功能，包括常量线、平均线、含四分位点的中值、盒须图和合计等，可直接拖放到视图中应用。

  ■ 模型窗口：提供常用的分析模型，包括含 95% CI 的平均值、含 95% CI 的中值、趋势线、预测和群集。

  ■ 自定义窗口：提供参考线、参考区间、分布区间和盒须图的快捷使用，请参见 5.7 节。

□ **页面卡**。可在此功能区上基于某个维度的成员或某个度量的值将一个视图拆分为多个视图，请参见 2.3.4 节。

- 筛选器卡。指定要包含和排除的数据，所有经过筛选的字段都显示在筛选器卡上，**请参见 2.3.3 节。**

- 标记卡。控制视图中的标记属性，包括一个标记类型选择器，可以在其中指定标记类型（例如，条、线、区域等）。此外，还包含颜色、大小、标签、文本、详细信息、工具提示、形状、路径和角度等控件，这些控件的可用性取决于视图中的字段和标记类型。请参见 2.3.2 节。

- 行功能区和列功能区。行功能区用于创建行，列功能区用于创建列，可以将任意数量的字段放置在这两个功能区上。

- 工作表视图区。创建和显示视图的区域，一个视图就是行和列的集合，由标题、轴、区、单元格和标记等组件组成。除这些内容外，还可以选择显示标题、说明、字段标签、摘要和图例等。

- 智能显示。通过智能显示可以基于视图中已经使用的字段以及在数据窗口中选择的任何字段来创建视图。Tableau 会自动评估选定的字段，然后在智能显示中突出显示与数据最相符的可视化图表类型。

- 标签栏。显示已经创建的工作表、仪表板和故事的标签，或者通过标签栏上的新建工作表图标 创建新工作表，或者通过标签栏上的新建仪表板图标 创建新仪表板。

- 状态栏。位于 Tableau 工作簿的底部，显示菜单项说明以及有关当前视图的信息。可以通过选择"窗口"➤"显示状态栏"来隐藏状态栏。有时 Tableau 会在状态栏的右下角显示警告图标，以指示错误或警告。

1.5.2   仪表板工作区

仪表板工作区使用布局容器把工作表和一些像图片、文本、网页类型的对象按一定的布局方式组织在一起。在工作区页面单击新建仪表板图标 ，或者选择"仪表板"➤"新建仪表板"，打开仪表板工作区，仪表板窗口将替换工作表左侧的数据窗口。图 1-4 显示了 Tableau 中的仪表板工作区。

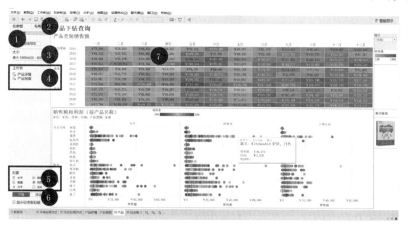

图 1-4   仪表板工作区

仪表板工作区中的主要部件如下。

- **多终端设置窗口**。可基于单一仪表板，依据不同的终端设备类型和浏览器窗口大小，定制不同的仪表板构造和内容。将仪表板发布到 Tableau Server 时，用户将体验到符合其屏幕大小（不管是手机、平板电脑还是台式机）设计的仪表板。一次设计发布，即可实现多种展示效果。
- **布局设置窗口**。以树形结构显示当前仪表板中用到的所有工作表及对象的布局方式。
- **尺寸设置窗口**。可以设置创建的仪表板的大小，也可以设置是否显示仪表板标题。仪表板的大小可以从预定义的大小中选择一个，或者以像素为单位设置自定义大小。
- **工作表窗口**。列出了在当前工作簿中创建的所有工作表，可以选中工作表并将其从仪表板窗口拖至右侧的仪表板区域，一个灰色阴影区域将指示出可以放置该工作表的各个位置。在将工作表添加至仪表板后，仪表板窗口中会用复选标记 来标记该工作表。
- **对象窗口**。包含仪表板支持的对象，如文本、图像、网页和空白区域。从仪表板窗口拖放所需对象至右侧的仪表板窗口中，可以添加仪表板对象。
- **平铺和浮动**。决定了工作表和对象被拖到仪表板后的效果和布局方式。默认情况下，仪表板使用平铺布局，这意味着每个工作表和对象都排列到一个分层网格中。可以将布局更改为浮动以允许视图和对象重叠。
- **视图区**。是创建和调整仪表板的工作区域，可以添加工作表及各类对象。

1.5.3　故事工作区

在 Tableau 中，故事功能可用作演示工具，按顺序排列视图或仪表板。选择"故事"➤"新建故事"，或者单击工具栏上的"新建工作表"按钮 ，然后选择"新建故事"。故事工作区与创建工作表和仪表板的工作区有很大区别，如图 1-5 所示。

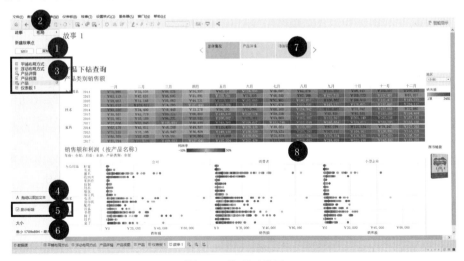

图 1-5　故事工作区

故事工作区中的主要部件如下。

- ❑ **新建故事点窗口**。单击空白按钮可以创建新故事点，使其与原来的故事点有所不同；单击"复制"按钮可以将当前故事点用作新故事点的起点。
- ❑ **布局设置窗口**。可以单击选择导航器模式，包含说明框、数字和点，还可以切换设置是否显示导航框中的后退/前进按钮。
- ❑ **仪表板和工作表窗口**。显示在当前工作簿中创建的视图和仪表板的列表，将其中的一个视图或仪表板拖到故事区域（导航框下方），即可创建故事点，单击 可快速跳转至所在的视图或仪表板。
- ❑ **说明文本窗口**。可以添加到故事点中的一种特殊类型的注释。若要添加说明，只需拖动该对象。可以向一个故事点添加任何数量的说明，放置在故事中的任意所需位置。
- ❑ **标题设置窗口**。可以设置是否显示故事标题。
- ❑ **尺寸设置窗口**。设置创建的故事的大小，也可以从预定义的大小中选择一个，或以像素为单位设置自定义大小。
- ❑ **导航框**。用户进行故事点导航的窗口，可以利用左侧或右侧的按钮顺序切换故事点，也可以直接单击故事点进行切换。
- ❑ **视图区**。创建故事的工作区域，可以添加工作表、仪表板或者说明框对象。

1.5.4　菜单栏和工具栏

除了工作表、仪表板和故事工作区，Tableau 的工作区环境还包括公共的菜单栏和工具栏。无论在哪个工作区环境下，菜单栏和工具栏都存在于工作区的顶部。

1. 菜单栏

菜单栏包括文件、数据、工作表和仪表板等菜单，每个菜单下都包含很多菜单选项，下面介绍各菜单中的常用功能选项。

- ❑ **文件菜单**。像任何文件菜单一样，该菜单包括打开、保存和另存为等功能。文件菜单中最常用的功能是"打印为 PDF…"选项，可以把工作表或仪表板导出为 PDF。"导出打包工作簿…"选项也非常常用，可以把当前的工作簿以打包形式导出，这种导出方式与其他导出方式的不同详见 1.6 节。如果记不清文件存储的位置，或者想要改变文件的缺省存储位置，可以使用文件菜单中的"存储库位置…"选项来查看或改变文件的存储位置。
- ❑ **数据菜单**。数据菜单中的"粘贴数据…"选项非常方便，如果在网页上发现了一些 Tableau 的数据，想要使用 Tableau 进行分析，可以从网页上复制下来，然后使用此选项把数据导入到 Tableau 中进行分析。一旦数据被粘贴，Tableau 将从 Windows 粘贴板中复制这些数据，并在数据窗口中增加一个数据源。"编辑关系…"选项在数据融合时使用，用于创建或修改当前数据源的关联关系，如果两个不同数据源中的字段名不相同，此选项就会非常有用，它允许明确地定义相关的字段。

- **工作表菜单**。工作表菜单中有几个常用的功能，如"导出"选项和"复制"选项。使用"导出"选项可以把工作表导出为一个图像、一个 Excel 交叉表或者 Access 数据库文件（.mdb）。而使用"复制"选项中的"复制为交叉表"选项，会创建一个当前工作表的交叉表版本，并把它存放在一个新的工作表中。

- **仪表板菜单**。此菜单中的选项只有在仪表板工作区环境下可用，各个选项的使用方法详见第 8 章。

- **故事菜单**。此菜单中的选项只有在故事工作区环境下可用，可用于新建故事，利用"设置格式"选项设置故事的背景、标题和说明，还可以利用"导出图像..."选项把当前故事导出为图像。

- **分析菜单**。在熟悉了 Tableau 的基本视图创建方法后，可以使用分析菜单中的一些选项来创建高级视图，或者用来调整 Tableau 中的一些缺省行为，如利用"聚合度量"选项来控制对字段的聚合或解聚，利用"创建计算字段..."和"编辑计算字段"选项创建当前数据源中不存在的字段。第 5 章"高级数据操作"和第 6 章"高级可视化分析"将频繁使用分析菜单中的各个选项。分析菜单在故事工作区环境下不可见，在仪表板工作区环境下仅部分功能可用。

- **地图菜单**。地图菜单中的"地图选项..."里的"样式"可以更改地图配色方案，如选择普通、灰色或者黑色地图样式，也可以使用"地图选项..."中的"冲蚀"滑块控制背景地图的强度或亮度，滑块向右移得越远，地图背景就越模糊。地图菜单中的"地理编码"选项可以导入自定义地理编码文件，绘制自定义地图。

- **设置格式菜单**。设置格式菜单很少使用，因为在视图或仪表板上的某些特定区域单击右键可以更快捷地调整格式。但有些设置格式菜单中的选项通过快捷键方式无法实现，例如想要修改一个交叉表中单元格的尺寸，只能利用设置格式菜单中的"单元格大小"选项来调整；如果不喜欢当前工作簿的默认主题风格，只能利用"工作簿主题"选项来切换至其他两个子选项"现代"或"古典"。

- **服务器菜单**。如果想要把工作成果发布到大众皆可访问的公共服务器 Tableau Public 上，或者从上面下载或打开工作簿，可以使用服务器菜单中的"Tableau Public"选项。如果需要登录到 Tableau 服务器，或者把工作成果发布到 Tableau 服务器上，需要使用服务器菜单中的"登录"选项。服务器连接和配置方法详见第 10 章"Tableau Server 简介"。

- **窗口菜单**。如果工作簿很大，包含了很多工作表，并且想要把某个工作表共享给别人，可以使用窗口菜单中的"书签"选项创建一个书签文件（.tbm），还可以通过窗口菜单中的其他选项，来决定显示或隐藏工具栏、状态栏和边条。

- **帮助菜单**。最右侧的帮助菜单可以让用户直接连接到 Tableau 的在线帮助文档、培训视频、示例工作簿和示例库，也可以设置工作区语言。此外，如果加载仪表板时比较缓慢，可以使用"设置和性能"选项中的子选项"启动性能记录"，激活 Tableau 的性能分析工具，优化加载过程。

2. 工具栏

工具栏包含"新建数据源""新建工作表"和"保存"等命令。另外,该工具栏还包含"排序""分组"和"突出显示"等分析和导航工具。选择"窗口"➤"显示工具栏"可隐藏或显示工具栏。工具栏有助于快速访问常用工具和操作,其中有些命令仅对工作表工作区有效,有些命令仅对仪表板工作区有效,有些命令仅对故事工作区有效。表 1-1 详细解释了每个工具栏按钮的主要功能。

表 1-1　工具栏说明表

图　标	说　明
←	撤销:反转工作簿中的最新操作。可以无限次撤销,返回到上次打开的工作簿,即使是在保存之后也可撤销
→	重做:重复使用"撤销"按钮反转的最后一个操作,可以重做无限次
🖫	保存:保存对工作簿进行的更改
🗄	新建数据源:打开"新建数据源"页,可以在其中创建新连接,或者从存储库中打开已保存的连接
🖽·	新建工作表:新建空白工作表。使用下拉菜单可创建新工作表、仪表板或故事
🖼	复制工作表:创建含有与当前工作表完全相同的视图的新工作表
🗙·	清除:清除当前工作表。使用下拉菜单清除视图的特定部分,如筛选器、格式设置、大小调整和轴范围
🗐·	自动更新:控制进行更改后 Tableau 是否自动更新视图。使用下拉列表来自动更新整个工作表或只使用快速筛选器
⟳·	运行更新:运行手动数据查询,以便在关闭自动更新后用所做的更改对视图进行更新。使用下拉菜单来更新整个工作表或只使用快速筛选器
⇄	交换:交换行功能区和列功能区上的字段。每次按此按钮,都会交换"隐藏空行"和"隐藏空列"设置
🔼	升序排序:根据视图中的度量,以所选字段的升序来应用排序
🔽	降序排序:根据视图中的度量,以所选字段的降序来应用排序
🔗·	成员分组:通过组合所选值来创建组。选择多个维度时,使用下拉菜单指定是对特定维度进行分组,还是对所有维度进行分组
Abc	显示标记标签:在显示和隐藏当前工作表的标记标签之间切换
⬚	演示模式:在显示和隐藏视图(即功能区、工具栏、数据窗口)之外的所有内容之间切换
📊·	查看卡:显示和隐藏工作表中的特定卡。在下拉菜单上选择要隐藏或显示的每个卡
Normal ▾	适合选择器:指定在应用程序窗口中调整视图大小的方式。可选择"标准适合""适合宽度""适合高度"或"整个视图"
⊞	固定轴:在仅显示特定范围的锁定轴以及基于视图中的最小值和最大值调整范围的动态轴之间切换
∠·	突出显示:启用所选工作表的突出显示。使用下拉菜单中的选项定义突出显示值的方式

1.6　Tableau 的文件管理

Tableau 有多种不同的文件类型(如工作簿、打包工作簿、数据提取、数据源和书签等,见表 1-2),用于保存和共享工作成果和数据源。

表 1-2　Tableau 文件类型表

文件类型	大　小	使用场景	内　容
Tableau 工作簿（.twb）	小	Tableau 缺省保存工作的方式	可视化内容，但无源数据
Tableau 打包工作簿（.twbx）	可能非常大	与无法访问数据的用户分享工作	创建工作簿的所有信息和资源
Tableau 数据源（.tds）	极小	频繁使用的数据源	包含新建数据源所需的信息，如数据源类型和数据源连接信息，数据源上的字段属性以及在数据源上创建的组、集和计算字段等
Tableau 数据源（.tdsx）	小	频繁使用的数据源	包含数据源（.tds）文件中的所有信息以及任何本地文件数据源（Excel、Access、文本和数据提取）
Tableau 书签（.tbm）	通常很小	工作簿间分享工作表时使用	如果原始工作簿是一个打包工作簿，创建的书签就包含可视化内容和书签
Tableau 数据提取（.tde）	可能非常大	提高数据库性能	部分或整个数据源的一个本地副本

下面介绍常用的文件类型。

□ **Tableau 工作簿**（.twb）：将所有工作表及其连接信息保存在工作簿文件中，不包括数据。

□ **Tableau 打包工作簿**（.twbx）：打包工作簿是一个 zip 文件，保存所有的工作表、连接信息以及本地资源（如本地文件数据源、背景图片、自定义地理编码等）。这种格式最适合对工作进行打包，以便与不能访问该数据的其他人共享。

□ **Tableau 数据源**（.tds）：数据源文件是快速连接经常使用的数据源的快捷方式。数据源文件不包含实际数据，只包含新建数据源必需的信息以及在数据窗口中所做的修改，例如默认属性、计算字段、组、集等。

□ **Tableau 数据源**（.tdsx）：如果连接的数据源不是本地数据源，tdsx 文件与 tds 文件没有区别。如果连接的数据源是本地数据源，那么 tdsx 文件不但包含 tds 文件中的所有信息，还包括本地文件数据源（Excel、Access、文本和数据提取）。

□ **Tableau 书签**（.tbm）：书签包含单个工作表，是快速分享所做工作的简便方式。

□ **Tableau 数据提取**（.tde）：提取文件是部分或整个数据源的一个本地副本，可用于共享数据、脱机工作和提高数据库性能。

这些文件可保存在"我的 Tableau 存储库"目录的关联文件夹中，该目录是在安装 Tableau 时在"我的文档"文件夹中自动创建的。工作文件也可保存在其他位置，如桌面上或网络目录中。

第2章 典型应用场景

简便、快速地创建视图和仪表板是 Tableau 最大的优点之一。本章将首先介绍 Tableau 的数据基础，然后通过案例展示 Tableau 创建、设计、保存视图和仪表板的基本方法和主要操作步骤。希望通过本章的学习，读者能够了解 Tableau 支持的数据角色和字段类型的概念，熟悉 Tableau 工作区中的各功能区的使用方法和操作技巧，最重要的目的在于利用 Tableau 快速创建基本的视图。

2.1 数据准备

本章的样本数据参见附录 B，是从国家统计局网站获取的 2016 年 10 月~2017 年 6 月的各地区、不同发电类型的当月发电量和去年同期发电量，数据存储为 Excel 文件，如图 2-1 所示。共有 5 列变量，其中发电类型包括火力、水力、核能、风力、太阳能 5 类，地区为省/市/自治区，发电量单位为亿千瓦时。打开 Tableau 桌面版，"连接到数据"➤"Microsoft Excel"，将该数据表导入到 Tableau 中，进入 Tableau 工作区，如图 2-2 所示。数据源中数据与 Tableau 中数据对应关系如图 2-3 所示。连接数据的详细方法参见第 3 章。

	A	B	C	D	E
1	发电类型	地区	统计周期	发电量	同期值
2	风力	重庆	2016/10/1	0.50	0.20
3	风力	重庆	2016/11/1	0.40	0.40
4	风力	重庆	2016/12/1	0.50	0.10
5	风力	重庆	2016/7/1	0.50	0.10
6	风力	重庆	2016/8/1	0.40	0.10
7	风力	重庆	2016/9/1	0.30	0.20
8	风力	重庆	2017/1/1		
9	风力	重庆	2017/2/1		
10	风力	重庆	2017/3/1	0.50	0.50
11	风力	重庆	2017/4/1	0.50	0.40
12	风力	重庆	2017/5/1	0.50	0.40

图 2-1 源数据

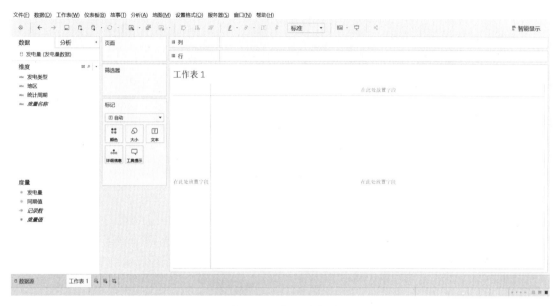

图 2-2　工作区示意图

图 2-3　数据对应关系

2.2　认识 Tableau 数据

本节主要介绍数据的角色（包含度量和维度，离散和连续）、字段类型和字段类型转换。

2.2.1　数据角色

Tableau 连接数据后会将数据显示在工作区的左侧，如图 2-4 所示，我们称之为数据窗口。数据窗口的顶部是数据源窗口，其中显示的是连接到 Tableau 的数据源，Tableau 支持连接多个数据源（详见第 3 章），数据源窗口下方为维度窗口和度量窗口，分别用来显示导入的维度字段和度量字段（Tableau 将数据表中的一列变量称为字段）。

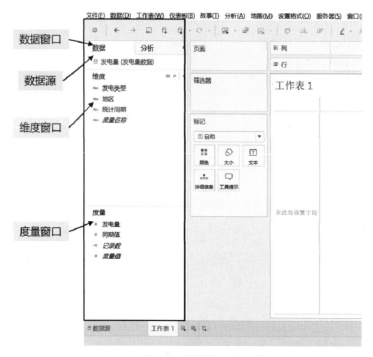

图 2-4　数据窗口

维度和度量是 Tableau 的一种数据角色划分，离散和连续是另一种划分方式。对于不同的数据角色，Tableau 功能区的操作处理方式是不同的，因此了解 Tableau 数据角色十分必要。

1. 维度和度量

维度窗口显示的数据角色为维度，往往是分类、时间方面定性的离散字段，将其拖放到功能区时，Tableau 不会进行计算，而是会对视图区进行分区，维度的内容显示为行或列的标题。度量窗口显示的数据角色为度量，往往是数值字段，将其拖放到功能区时，Tableau 默认会进行聚合运算，同时，视图区将产生相应的轴。比如想展示各省发电量，这时"地区"字段就是维度，"发电量"为度量，"发电量"将依据各地区分别进行"总计"聚合运算。

Tableau 连接数据时会对各个字段进行评估，根据评估自动将字段放入维度窗口或度量窗口。通常 Tableau 的这种分配是正确的，但有时也会出错。比如数据源中有员工工号字段时，工号由一串数字构成，连接数据源后，Tableau 会将其自动分配到度量中。这种情况下，我们可以把工号从度量窗口拖放至维度窗口中，或右键选中"转换为维度"，以调整数据的角色。如图 2-5 所示，通过拖放或"转换为维度"两种方式将字段"发电量"转换为维度。

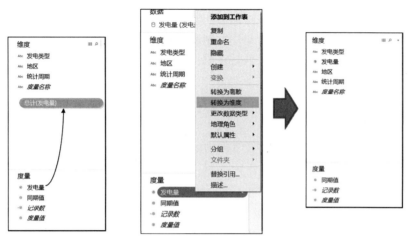

图 2-5　维度与度量转换（另见彩插）

注意　只有离散的字段才能作为维度存在，因此"发电量"在转换为维度后，会自动转换为离散，此时，其图标变为蓝色。

2. 离散和连续

在 Tableau 中，字段可以连续或离散。一般情况下，将字段从"维度"区域拖到"列"或"行"时，值默认是离散的，Tableau 将创建列或行标题；将字段从"度量"区域拖到"列"或"行"时，值将是连续的，Tableau 将创建轴。在 Tableau 中，字段前方的图标颜色用以区分离散和连续，蓝色是离散字段，绿色是连续字段，同时在行列标题区域，字段的背景颜色也如此定义，如图 2-6 所示。

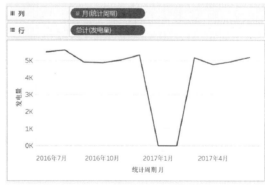

(a) 发电量为离散类型　　　　　　　　(b) 发电量为连续类型

图 2-6　离散和连续类型（另见彩插）

当发电量为离散类型时，发电量中的每一个数字都是标题，字段颜色为蓝色；当发电量为连续类型时，左侧出现的是一条轴，轴上是连续刻度，发电量是轴的标题，字段颜色为绿色。

离散和连续类型也可以相互转换，右键字段，在弹出框中就有"离散"和"连续"的选项，单击即可实现转换。

2.2.2　字段类型

数据窗口中各字段前如 Abc 、# 等符号是标示字段类型的图标。Tableau 支持的数据类型见表 2-1。

表 2-1　Tableau 支持的数据类型

显示的窗口	字段图标	字段类型	示　　例	说　　明
维度	Abc	文本	A，B，华北	
	📅	日期	1/31/2014	日期的图标像日历，日期和时间的图标是日历加一个小时钟
	📅🕐	日期和时间	1/31/2014 08:31:42AM	
	🌐	地理值	北京，四川	用于地图
	T|F	布尔值	true/false	只有这两类值，仅限关系型数据源
度量	#	数字	1，12.1，30%	
	🌐 维度（生成）	地理编码		当数据中有地理类型名称时自动出现在度量中
	🌐 经度（生成）			

> **说明**　=# 即数字标志符号前加个等号，表示这个字段不是原数据中的字段，而是 Tableau 自定义的一个数字型字段。同理，=Abc 是指 Tableau 自定义的一个字符串型字段。

2.2.3　字段类型转换

Tableau 会自动对导入的数据分配字段类型，但有时自动分配的字段类型不是我们所希望的。由于字段类型对于视图的创建非常重要，因此一定要在创建视图前调整一些分配不规范的字段类型。

例如图 2-5 中，我们发现字段"地区"和"统计周期"显示的字段类型都为字符串 Abc ，而不是我们想要的地理和日期类型，这时就需要我们手动调整。调整方法为单击 Abc 地区 右侧小三角形（或者右键），在弹出的对话框中选择"地理角色"➤"省/市/自治区"，这时"地区"便成了地理字段，并且度量窗口自动显示出相应的经纬度字段，如图 2-7 所示。

图 2-7 更改字段类型

对于"统计周期",同样选择"更改数据类型"➤"日期"即可。

在数据窗口还有 3 个多余的字段:记录数、度量名称和度量值。实际上,每次新建数据源都会出现这 3 个字段。记录数可用于计数,Tableau 自动给每行观测值赋值为 1。度量名称和度量值的使用详见 2.3.6 节。

2.3 创建视图

在对 Tableau 的数据有了基本的认识后,我们便可以创建 Tableau 视图了。一个完整的 Tableau 可视化产品由多个仪表板构成,每个仪表板由一个或多个视图(工作表)按照一定的布局方式构成,因此视图是 Tableau 可视化产品最基本的组成单元。

本节主要介绍在工作表里如何创建单个视图,在作图之前我们先认识 Tableau 创建视图的功能区和视图区,如图 2-8 所示。红色范围部分是创建视图的主要功能区,其中左边是卡功能区,从上至下依次为页面卡、筛选器卡和标记卡,标记卡包含了许多小的按钮如颜色、大小、标签等;上方红色框部分为行列功能区,将数据窗口中的字段拖放到此处就会在视图区显示相应的轴或标题。黑色框部分就是视图区,当我们使用卡和行列功能区进行操作时,图形的变化都会显示在视图区。

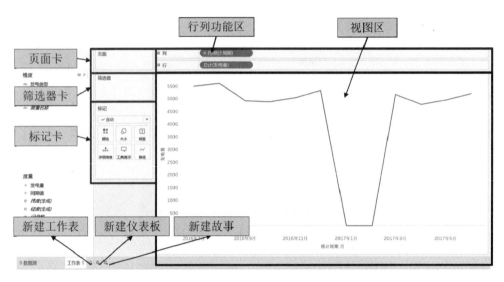

图 2-8   认识视图工作区（另见彩插）

说明   视图中的图形单元我们称之为标记，比如圆图的一个圆点或柱形图的一根柱子，都是标记。

认识了视图功能区后，我们便可以利用数据窗口中的数据字段创建视图了。Tableau 作图非常简单，拖放相关字段到相应的功能区，Tableau 就会自动依据功能区相关功能将图形即时显示在视图区中。

2.3.1   行列功能区

我们以制作各地区发电量柱形图为例。选定字段"地区"，用鼠标将其拖放到列功能区，这时横轴就按照各地区名称进行了分区，各地区成为了区标题，如图 2-9 所示。

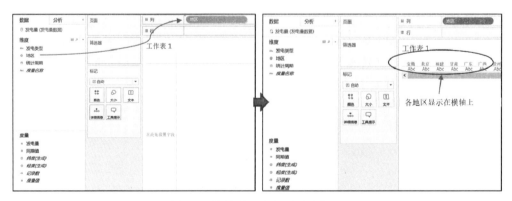

图 2-9   拖放地区字段到列功能区

同理，拖放字段"发电量"到行功能区，这时字段会自动显示成"总计（发电量）"，视图区显示的便是发电量各省 12 个月的累计值柱形图，如图 2-10 所示。

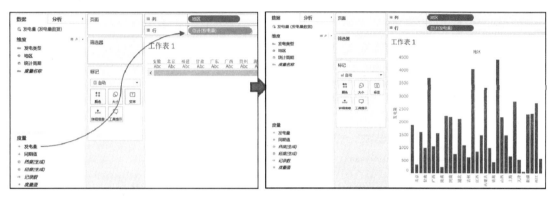

图 2-10　拖放发电量字段到行功能区

当然，行列功能区可以不止拖放一个字段，例如我们可以将字段"记录数"拖放到"总计（发电量）"的左边，Tableau 这时会根据度量字段"发电量"和"记录数"分别作出对应的轴，结果如图 2-11 所示。

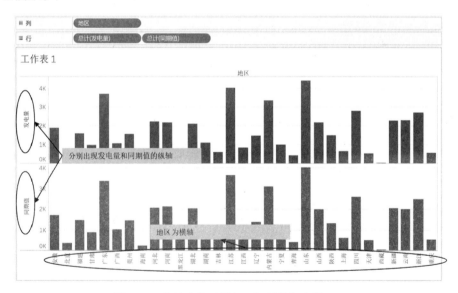

图 2-11　在行功能区添加"记录数"字段

维度和度量都可以拖放到行功能区或列功能区，只是横轴、纵轴的显示信息会相应地改变，比如对于图 2-11，我们可以单击工具栏上的 ⊞，将行、列上的字段互换，这时"地区"显示在纵轴，横轴变成了"发电量"和"同期值"，如图 2-12 所示。

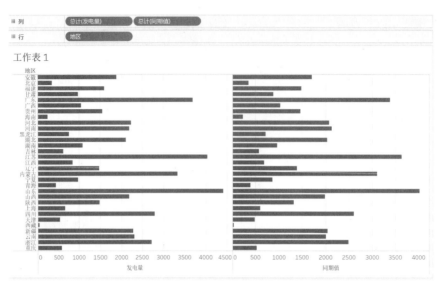

图 2-12　互换行列字段

　　拖放度量字段"发电量"到功能区，字段会自动显示成"总计（发电量）"，这反映了 Tableau 对度量字段进行了聚合运算，默认的聚合运算为总计。Tableau 支持多种不同的聚合运算，如总计、平均值、中位数、最大值、计数等。如果想改变聚合运算的类型，比如想计算各省的平均值，只需在行功能区或列功能区的度量字段上，右键"总计（发电量）"或单击右侧小三角形，在弹出对话框中选择"度量"➤"平均值"即可，如图 2-13 所示。

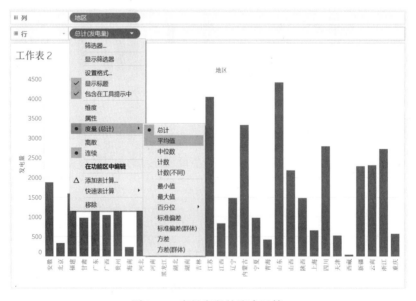

图 2-13　度量字段的聚合运算

说明 Tableau 求平均值是对行数的平均。以上海为例,其平均值为发电量总和除以地区为上海的行数,在原数据中每个省有 12 个月的发电量,每个月又分为 5 个发电类型,则出现上海的总行数为 12×5=60,即平均值=总计/60。

2.3.2 标记卡

在创建视图时,经常需要定义形状、颜色、大小、标签等图形属性。在 Tableau 里,这些过程都将通过操作标记卡来完成。标记卡样式如图 2-14 所示,其上部为标记类型,用以定义图形的形状。Tableau 提供了多种类型的图以供选择,缺省状态下为条形图。标记类型下方有 5 个像按钮一样的图标,分别为"颜色""大小""标签""详细信息"和"工具提示"。这些按钮的使用非常简单,只需把相关的字段拖放到按钮中即可,同时单击按钮还可以对细节、方式、格式等进行调整。此外还有 3 个特殊按钮,只有在选择了对应的标记类型时,按钮才会显示出来。这 3 个特殊按钮分别是线图对应的路径、形状图形对应的形状和饼图对应的角度,如图 2-15 所示。

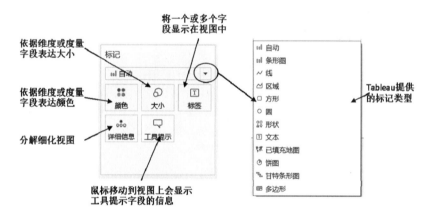

图 2-14 标记卡和标记类型

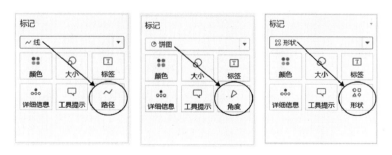

图 2-15 特殊标记按钮

1. 颜色、大小和标签

拖放"地区"到列功能区，拖放"发电量"到行功能区，完成最简单的显示各地区售电量累计值的柱形图。如果想让不同地区显示不同颜色，可利用标记卡中的颜色来完成，只需将字段"地区"拖放到颜色里即可（如图 2-16 所示）。

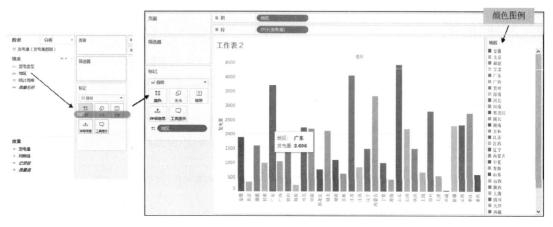

图 2-16　颜色图例（另见彩插）

这时，视图区的右侧会自动出现颜色图例，用以说明颜色与地区的对应关系。单击颜色图例右上角小箭头处，在弹出框中可以对颜色图例进行设置，如编辑标题、排序、设置格式等。单击选项"编辑颜色"，进入颜色编辑页面，可以对不同的区域自定义不同的颜色。比如要将安徽的蓝色改为红色，可选择"编辑颜色"进入颜色编辑页面。首先单击"安徽"，然后单击右侧选择调色板的红色，最后单击"确定"即可，如图 2-17 所示。

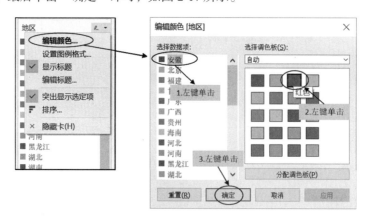

图 2-17　编辑颜色

如果右上角是 <img>，则表示颜色图例突出显示禁用，此时单击图例中的维度无操作，单击视图中的数据点仅突显该点；如果切换为 <img>，当选择颜色图例中的内容或单击视图中某一个数据点时，视图中所有该维度相关的数据点会全部突出显示。

如果要对视图中的标记添加标签，如将"发电量"添加为标签显示在图上，只需将字段"发电量"拖放到标签即可，如图2-18所示。

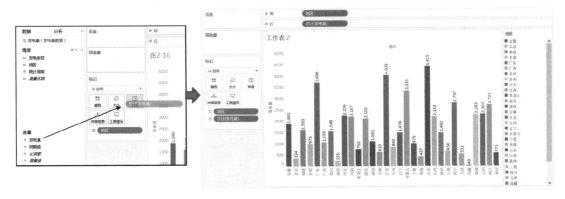

图2-18 添加标签

标签显示的是各地区的发电量总计，如果想让标签显示各地区发电量的总额百分比，可右键单击标记卡中的总计（发电量）或单击总计（发电量）右侧的小三角标记，在弹出的对话框中选择"快速表计算"➤"总额百分比"，这时视图中的标签将变为总额百分占比，如图2-19所示。此外，单击文本，可对标签的格式和表达方式等进行设置。

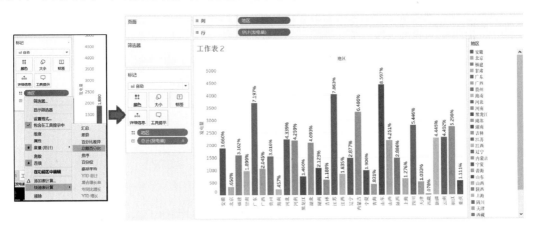

图2-19 标签显示为总额百分比

大小和颜色类似，拖放字段到"大小"，视图中的标记会根据该字段改变大小，这里不再详细阐述。需要注意的是，颜色和大小只能放一个字段，但是标签可以放多个字段。

2. 详细信息

详细信息的功能是依据拖放的字段对视图进行分解细化。我们以圆图为案例，将"地区"拖放到列功能区，"发电量"拖放到行功能区，标记类型选择"圆"图，如图 2-20 所示。这时每个圆点所代表的值其实是 5 个用电类别 12 个月的总和。

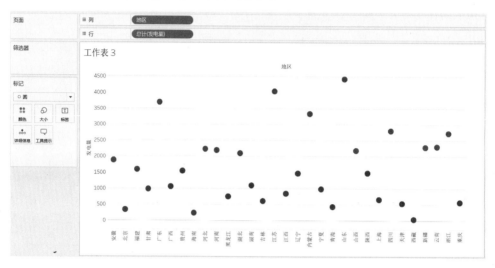

图 2-20   不同地区发电量总和的视图

拖放字段"发电类型"到"详细信息"（将字段直接拖放到标记卡的下方与拖放到"详细信息"具有等同的效果），Tableau 会依据"发电类型"进行分解细化，这时每个圆点变为 5 个圆点，每一个点代表相应地区某一用电类别的总和，如图 2-21 所示。这时候每个点是一个用电类别 12 个月的总和。如我们再拖放字段"统计周期"到"详细信息"，并选择按"月"（Tableau 默认的是按"年"），这时每个点再次解聚为 12 个点，每个点表示该地区某月某用电类别总和，如图 2-22 所示。

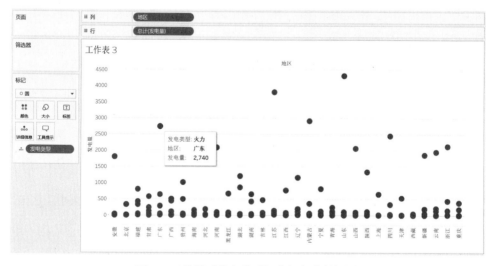

图 2-21   依据"发电类型"分解细化的视图

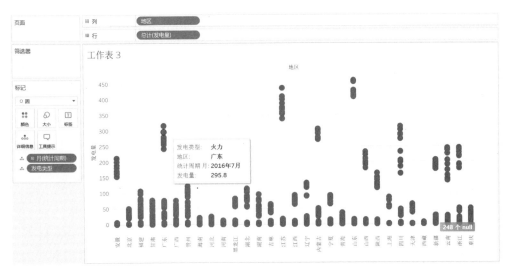

图 2-22 依据"发电类型"和"月（统计周期）"分解细化的视图

同时，颜色、大小、标签都可以将视图分解细化。以颜色为例，在图 2-20 的基础上拖放字段"用电类别"到"颜色"，视图中的每一个点会解聚为 5 个颜色不同的点，如图 2-23 所示。

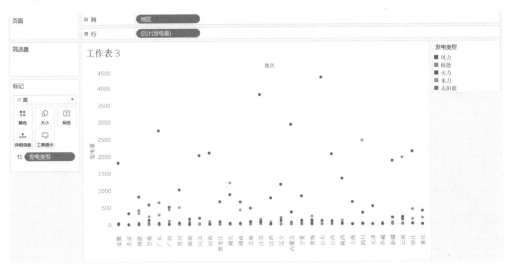

图 2-23 依据颜色分解细化的视图（另见彩插）

3. 工具提示

当光标移至视图中的"标记"上时，会自动跳出一个显示该标记信息的框，以图 2-23 为例，当光标移至视图中某个圆点时，边上就会自动出现提示信息，如图 2-24 所示，当单击该圆点时，会出现命令按钮，可对视图进行操作和查看数据，这便是工具提示的作用。

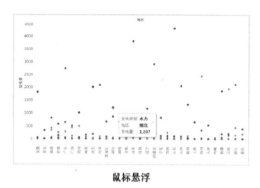
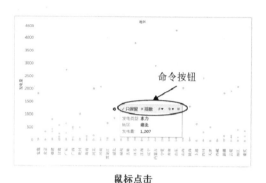

图 2-24　工具提示

工具提示的信息可通过单击标记卡中的"工具提示"进行编辑，包括删除、更改格式、排版等操作，如图 2-25 所示。Tableau 自动将标记卡和行列功能区的字段添加到工具提示中，如果还需要添加其他信息，可将相应的字段拖放到标记卡中自动实现，或在编辑工具提示页面，选择"插入"，将相应的字段插入到工具提示中。

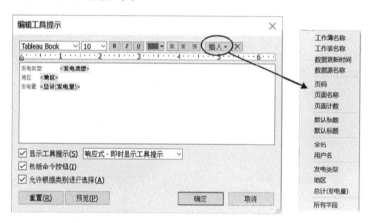

图 2-25　编辑工具提示

同时，可通过编辑工具提示页面配置工具提示的行为。其中，"显示工具提示"可配置工具提示的行为方式。"响应式-即时显示工具提示"是默认值，表示将光标悬停在视图中的标记时立即显示工具提示，使用此选项时必须单击视图中的标记才能看到命令按钮；"悬停时-悬停时显示工具提示"表示将光标放在标记上之后才显示工具提示，同时命令按钮会出现在工具提示上。

选择"包括命令按钮"之后，在工具提示顶部添加"只保留""排除""组成员""创建集"和"查看数据"按钮。"只保留"指在视图中仅保留选中的内容，"排除"指在视图中将选中的内容删除，"组成员"将选中的内容按所选字段创建组，"创建集"指将选中内容创建集，"查看数据"指在弹出数据框中查看所选内容的明细数据，包括摘要和完整数据。这些命令按钮显示在 Tableau Desktop 中，以及在将视图发布到 Web 时或在移动设备上查看视图时显示。

"允许按类别选择"，以便能够通过单击工具提示中的离散字段来选择视图中具有相同值的标记。如图 2-26 所示，在工具提示中，单击发电类型中的"火力"，则视图中所有发电类型为火力的圆点会高亮显示。

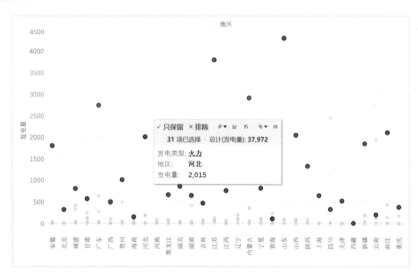

图 2-26　"允许按类别选择"设置效果

说明　本节主要对 Tableau 创建视图需要的一些共性功能键如颜色、大小、标签等进行介绍，而标记卡中的特殊按钮如路径、角度、形状的使用，将在后续章节详细介绍。

2.3.3　筛选器

有时候只想让 Tableau 展示数据的某一部分，如只看 2018 年 1 月份的发电量、只看某些地区的发电情况、只看发电量大于 100 亿千瓦时的数据等，这时可通过筛选器完成。拖放任一字段（无论维度还是度量）到筛选器卡里，都会成为该视图的筛选器。以图 2-23 为例，如果让视图里只显示火力发电的点，或者只显示水力、风力、太阳能清洁能源的点，只需要将字段"发电类型"拖放到筛选器卡里，这时 Tableau 会自动弹出一个对话框，单击"从列表中选择"选项就会显示"发电类型"的内容，这里可直接勾选想展现的发电类型，单击"确定"，"发电类型"字段就显示在筛选器中了，如图 2-27 所示。

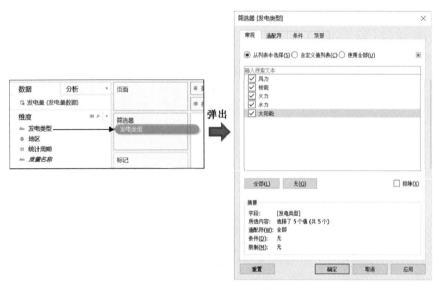

图 2-27　添加筛选器

将字段拖放到筛选器卡之后，右键或单击右侧小三角形，在弹出的对话框中可对筛选器进行设置，如图 2-28 所示。

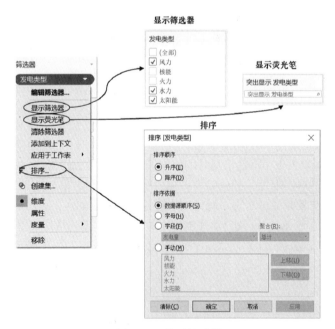

图 2-28　设置筛选器

❏　"编辑筛选器"。弹出筛选器编辑的对话框，可以定义筛选器的筛选方式和筛选内容。

❑ "显示筛选器"和"清除筛选器"。用于在视图中显示或隐藏筛选器框。当选中"显示筛选器"时，工作表中会显示该字段的筛选框，可灵活勾选，与视图进行交互。单击筛选框上的小箭头，弹出设置界面，可以设置筛选框的显示内容和形式，如图2-29所示。

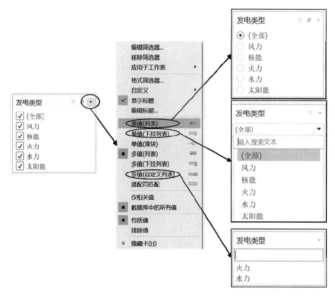

图2-29 显示筛选器的展示形式

其中，"格式筛选器"可自定义视图中所有筛选器卡的字体和颜色；"自定义"可对筛选器框的显示内容进行设置，包括是否显示全部、是否显示搜索按钮等；选择筛选器类型，可将其显示设置为复选框[多值（列表）]、单选按钮[单值（列表）]或下拉列表[单值（下拉列表）、多值（下拉列表）]等；"编辑标题"设置筛选器框的标题；选择"包括值"或"排除值"设置筛选的方式，选择"包括值"，则勾选的内容在视图上显示，选择"排除值"，则勾选的内容在视图上消失；"仅相关值"指会考虑其他筛选器，并仅显示通过这些筛选器的值；"数据库中的所有值"指无论视图中是否存在其他筛选器，数据库中的所有值都会显示出来。

❑ "显示荧光笔"。可通过输入关键字进行搜索，匹配的数据点会在视图中突出显示。如图2-30所示，输入"风力"后，视图中所有风力相关的数据点突出显示，单击视图空白处，突出显示取消。

❑ "添加到上下文"[①]。添加到上下文的筛选器优先级高于一般筛选器，一般筛选器会基于上下文筛选器的结果进行筛选。

❑ "应用于工作表"。将该筛选器应用于多个表（前提是这几个工作表有共同的筛选器），这个功能在仪表板中经常使用，这里不过多介绍，详见8.2节。

---

① 更多内容，可参阅微信公众号"蜂析师"的文章《Tableau进阶篇——上下文筛选器》。

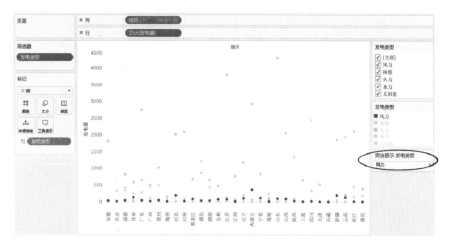

图 2-30　荧光笔输入"风力"

- □ "排序"。将筛选器框中各维度值的显示进行排序，可设置排序顺序和排序依据。
- □ "创建集"。将筛选出的内容创建集。
- □ "维度""属性""度量"。修改该字段的字段类型。

Tableau 提供了多种筛选方式，在筛选器弹出框上方可以看到"常规""通配符""条件"和"顶部"选项，每一个选项下都有相应的筛选方式，这大大丰富了筛选操作形式。比如在 5 个用电类别中想看发电量总计在前 3 位的发电类型，可以如图 2-31 所示，单击"顶部"，选择"按字段"➤"顶部"➤"3"以及"发电量"➤"总计"。完成以上操作，图形显示发电量居前 3 位的分别是火力、核能、水力，在筛选器框中显示其限制条件。

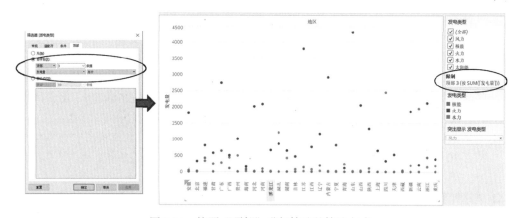

图 2-31　按照"顶部"进行筛选的筛选方式

将度量设置为筛选器时，需首先设置筛选器字段。如果要显示 12 个月发电量在 1000 到 3000亿千瓦时之间的点，将"发电量"字段拖入筛选器卡中，在弹出的筛选器字段对话框中选择"总计"，然后在筛选器对话框中输入值范围即可，如图 2-32 所示。

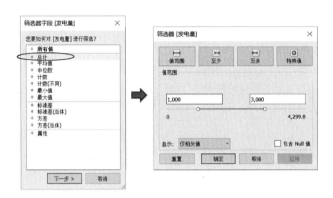

图 2-32 编辑度量筛选器

筛选器字段是指度量筛选的依据，"总计"是指将度量字段按照视图中的维度求和之后进行筛选，"所有值"是指按照最细颗粒度的数据进行筛选。

说明 对于筛选器的使用，其实有更简单的方法：直接将鼠标移至数据窗口中需要用作筛选器的字段，右键选择"显示筛选器"即可。

2.3.4 页面

将一个字段拖放到页面卡会形成一个页面播放器，播放器可让工作表进行动态展示，展示形式更灵活。

为了更好地展示页面功能，我们新建一个工作表，拖放字段"统计周期"到列，Tableau 会默认"统计周期"为年，我们要手动转换为月（注意选择连续的日期），拖放"发电量"到行，标记类型选择圆，如图 2-33 所示。

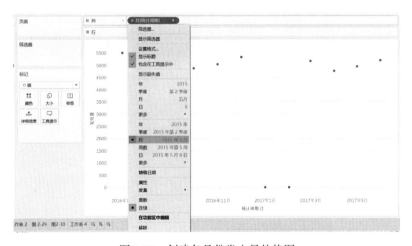

图 2-33 创建各月份发电量趋势图

拖放字段"统计周期"到页面卡，这时页面卡下方会自动出现一个"年（统计周期）"的播放器。将日期的显示"年（统计周期）"调整为"月（统计周期）"，如图 2-34 所示。

图 2-34   设置页面播放器

单击播放器的播放键，可以让视图动态播放出来，各月份的发电量标记点动态出现。如图 2-35 所示，单击页面框右下角的 ▬▬█，可设置播放速度。选择页面框的小箭头，可自定义页面框显示的内容；选择"显示历史记录"可以设置播放的效果，包括显示标记的长度、形式、样式等。

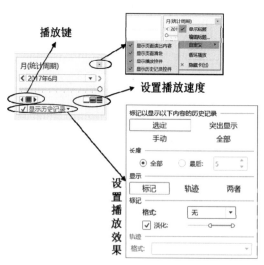

图 2-35   设置播放器展示效果

❑ "标记以显示以下内容的历史记录"。可以选择仅为选定的标记、突出显示的标记、已手动选择显示其历史记录的标记显示历史记录，以及为所有标记显示历史记录。若要手动显示标记的历史记录，方法是在视图中右键单击"标记"，然后在"页面历史记录"菜单中选择一个选项。

❑ "长度"。选择要显示在历史记录中的页面数量。

❑ "显示"。指定是显示历史标记、穿过以前值的跟踪线（轨迹），还是两者都显示。

❑ "标记"。为历史标记设置格式，包括颜色、淡化程度；如果已将颜色设置为自动，则标记将使用"颜色"功能区上的默认标记颜色或颜色编码。

❑ "轨迹"。为穿过历史标记绘制的线设置格式。仅当在"显示"选项中选择"轨迹"时，此选项才可用。

2.3.5 智能显示

在 Tableau 的右端有一个智能显示的按钮，单击展开，会显示 24 种可以快速创建的基本图形，如图 2-36 所示。将鼠标移动到任意图形上，下方都会显示制作该图需要的字段要求，如将鼠标移动到符号地图上，下方会显示"1 个地理维度，0 个或多个维度，0 至 2 个度量"，这表明创建该视图必须要有一个地理类型的字段类型，度量不能超过 2 个。

按照要求我们将地理维度"地区"和字段"发电量"拖放到行列功能区，这时候发现智能显示的某些图形高亮了，高亮的图形表示用目前的字段可以快速创建的图形，如图 2-37 所示。单击符号地图，这时符号地图的视图就创建完成了，行列功能区变为经纬度字段，"地区"在"标记"卡中表示详细信息，符号大小表示"发电量"。

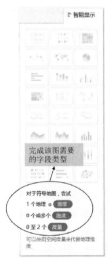

图 2-36 智能显示

图 2-37 快速创建图形

2.3.6　度量名称和度量值

度量名称和度量值是成对使用的，目的是将处于不同列的数据用一个轴展示出来。当想同时看各地区发电量和记录数时，须按照 2.3.1 节所述，拖放"地区"到列功能区，再分别拖放"发电量"和"记录数"到行功能区，可以看到，图 2-11 中出现了发电量和同期值两条纵轴。

下面我们利用度量值和度量名称来实现两列不同数据共用一个轴的效果。首先还是拖放字段"地区"到列功能区，然后拖放度量值到行功能区，这时在左下方会显示度量值包含了哪些度量，Tableau 默认的度量值会包含所有的度量。右键行上的度量值或单击度量值右边的小三角形，从"筛选器"中勾选需要显示的度量值，如图 2-38 所示，或在筛选器卡中编辑"度量名称"的筛选器，效果一致。

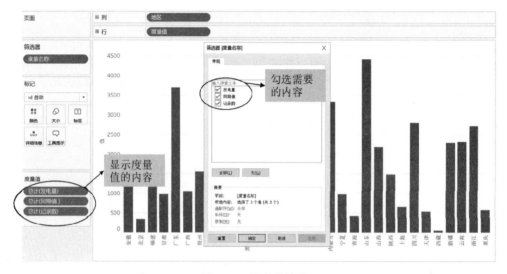

图 2-38　筛选度量值

这时可以看到度量值里只包含了发电量和记录数。将度量名称拖放到"颜色"，这时柱状图按颜色分成了发电量和同期值，二者共用一个纵轴。若要将发电量和记录数分开为两个柱子，只需将度量名称拖放到列功能区，放置在地区的右边即可，如图 2-39 所示。

说明　事实上，我们可以利用智能显示快速完成双柱图形，在智能显示里双柱图称为并排条，把鼠标放上去会显示完成该图需要"1 个或多个维度，1 个或多个度量，至少需要 3 个字段"。我们将"地区"拖放到列功能区，将"发电量"和"记录数"拖放到行功能区，这时并排条会高亮，单击即可完成图 2-39 所示的图形。

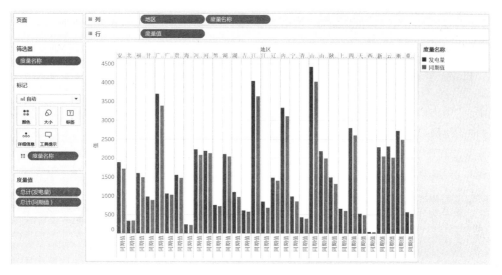

图 2-39 度量值按颜色显示成双柱图

2.4 创建仪表板

完成所有工作表的视图后，我们便可以将其组织在仪表板中了。单击下方的新建仪表板 ，进入到仪表板工作区。创建仪表板也是用拖放的方法，将创建好的工作表拖放到右侧排版区（如图 2-40 所示），并按照一定的布局排版好，最后添加操作完成互动设置，即可完成一个简单的仪表板。

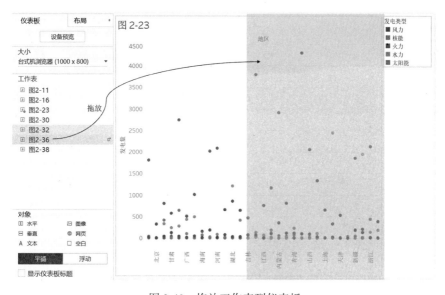

图 2-40 拖放工作表到仪表板

创建仪表板时，可以选择仪表板的尺寸或添加设备布局，同时，创建好仪表板之后，可按照相应尺寸和设备布局预览显示效果及调整布局，详细操作请参见第 8 章。

2.5　保存工作成果

创建完仪表板后，应当将结果保存在 Tableau 工作簿中。如图 2-41 所示，选择"文件" ➤ "保存"或使用快捷键 Ctrl+S，即可保存。保存的类型可以是 Tableau 工作簿（*.twb），该类型将所有工作表及其连接信息保存在工作簿文件中但不包括数据；也可以是 Tableau 打包工作簿（*.twbx），该类型包含所有工作表、其连接信息以及任何其他资源如数据、背景图片等。

图 2-41　保存工作成果

本章以一个简单案例介绍了 Tableau 从连接数据到工作簿发布的过程，重点介绍了如何利用功能区创建视图，以便读者熟悉 Tableau 拖放的作图方法。Tableau 详细的使用方法，可从第 3 章开始逐步学习。Tableau 支持多种数据源，第 3 章介绍了详细的数据连接情况；Tableau 可以创建丰富的视图，具体内容可以参考第 4 章初级可视化分析、第 5 章高级数据操作以及第 6 章利用 Tableau 的高级特性进行高级可视化分析；详细的仪表板创建可参考第 8 章分析图表整合；第 9 章重点介绍了 Tableau 分析成果共享。

第 3 章

数据连接与管理

连接数据源是利用 Tableau 进行数据分析的第一步，Tableau 拥有强大的数据连接能力，支持几乎所有的主流数据源类型，包括本地文件、企业数据库以及网络上的公共数据或云数据库，如 Google Analytics、Amazon Redshift 或 Salesforce。本章将从连接最简单的电子表格数据开始，重点说明如何通过 Tableau 快速连接到各类数据源，如何实现多表联接查询和多数据源数据关联，如何创建和管理数据提取，以及如何管理和操作数据源。

3.1 Tableau 的数据架构

传统 BI 软件的元数据设计要么一次性建立完整企业级的元数据体系，要么完全不进行元数据管理。Tableau 的元数据管理更加灵活，可以细分为数据连接层（Connection）、数据模型层（Data Model）和数据可视化层（VizQL）。其中，可视化层中使用的 VizQL 是以数据连接层和数据模型层为基础的 Tableau 核心技术，对数据源（包括数据连接层和数据模型层）非常敏感。

Tableau 这样的三层设计，既可以让不了解元数据管理的普通业务人员进行快速分析，又方便了专业技术人员进行一定程度的扩展。为了更好地理解 Tableau 处理数据的方式与能力，下面我们从新建数据源模型开始来理解 Tableau 中的数据。

1. Tableau 中的数据连接层

数据连接层决定了如何访问源数据和获取哪些数据。数据连接层的数据连接信息包括数据库、数据表、数据视图、数据列，以及用于获取数据的表连接和 SQL 脚本，但是数据连接层不保存任何源数据。

在数据连接层，用户可以方便地对 Tableau 工作簿的数据连接进行修改，例如，将一系列仪表板的数据连接从测试数据库切换到生产数据库，只需要编辑数据连接，变更连接信息，Tableau 会自动处理所有字段的实现细节。

在数据连接层中，不论是在 Tableau Server，还是在 Tableau Desktop，支持的数据类型都非常丰富。

Tableau 支持传统的关系数据源（MySQL、Oracle、IBM DB2 等）、多维数据源（Oracle Essbase、Microsoft Analysis Services、Teradata OLAP Connector）、Hadoop 系列产品中的数据源（Cloudera Hadoop、Hortonworks Hadoop Hive、MapR Hadoop Hive 等）、Tableau 数据提取、Web 数据源（Google

Analysis、Google BigQuery、Salesforce 等）、常见的本地文件（Excel、文本文件等）等多种类别，如图 3-1 所示。可通过 Tableau Desktop 直接新建数据源，也可以通过 Tableau Server 新建数据源，还可以把数据源发布到 Tableau Server。

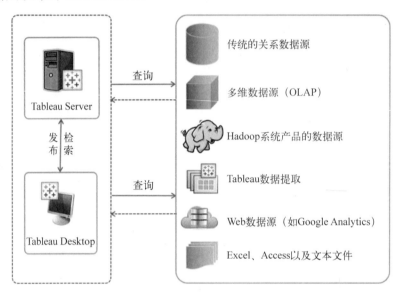

图 3-1　数据连接层中的数据源

2. Tableau 中的数据模型层

不论数据源来自哪种服务器，Tableau 中的数据都会分为维度和度量两大类。多维数据源的使用者对这两个概念应该非常熟悉，关系数据库中的数据可以在 Tableau 中进行一定程度的数据建模工作。

这些数据建模工作可以在 Tableau 的数据模型层完成，主要内容包括管理字段的数据类型、角色、默认值、别名，以及用户定义的计算字段、集和组等。例如，如果在数据库中删除字段，那么在 Tableau 工作表中对应的字段会被自动移除，或者自动映射到别的替代字段。

在完成数据连接后，Tableau 会自动判断字段的角色，把字段分为维度字段和度量字段两类。如果连接的数据是多维数据源，那么 Tableau 直接获取数据立方体维度和度量信息；如果连接的是关系数据源，Tableau 会根据数据库的数据来判断该字段是维度字段还是度量字段。

为了更好地说明 Tableau 数据模型中的维度字段与度量字段，我们可以查看一个多维数据源的案例，如图 3-2 所示。

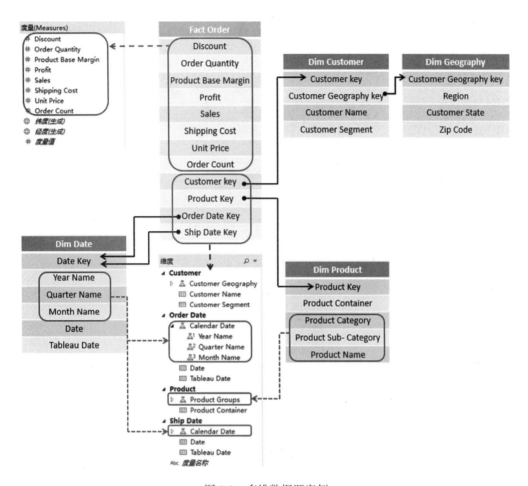

图 3-2 多维数据源案例

在一般的数据建模过程中，首先要对业务数据库进行 ETL 操作（即数据抽取、转换和加载），采用的结构通常为星形结构或者雪花形结构，然后定义维度中的层级关系和属性，形成数据立方体（Cube）。这里事实表（Order）中的 4 个属性键分别对应 Tableau 中的 4 个维度（Customer、Product、Order Date 和 Ship Date），而 Tableau 中的度量取自事实表中的另外 8 个字段。

Tableau 可以识别出多维数据源中预先定义好的分层结构。在维度表（Date、Product、Geography）中，可以事先定义层级关系和属性，例如将 Date 表中的 Year Name、Quarter Name、Month Name 制作成 Calendar Date 分层结构。

值得注意的是，由于多维数据源的特性，Tableau 引入的多维数据源本身已经是一种聚合的形式，无法再进行进一步的聚合，并且维度字段将不能随意改变组织形式（如分组、创建分层结构、角色转换）和参与计算，同时度量字段也不能使用分级和改变角色。

3.2　数据连接

要在 Tableau 中创建视图，首先需要新建数据源，如图 3-3 所示。

图 3-3　新建数据源

打开 Tableau 软件，进入主界面之后在页面左侧选择"新建数据源"，也可以在主界面菜单栏选择"数据"➤"新建数据源"，在下级界面的左侧会看到 Tableau 支持的数据源类型。由于数据类型较多，图 3-4 仅展示了一部分文件和服务器数据源，与 Tableau 9.0 相比，Tableau 10.5 可以支持更多的数据源，包括可以扫描 PDF 中的数据，并进行加载分析。

图 3-4　部分数据源类型

3.2.1　连接文件数据源

Tableau 可连接 Excel、文本文件、Access、JSON 文件、PDF 文件、空间文件（包括 Shapefile、MapInfo 表、KML 锁眼标记语言文件和 GeoJSON 文件）、统计文件（包括 SAS、SPSS、R）等多种本地数据源，本节主要介绍如何通过 Tableau 快速连接到 Excel、Access、PDF、Tableau 工作簿等各类常见的数据源。

1. 连接到电子表格

在文件数据源中，最常用的是电子表格，下面以 Microsoft Excel 文件为例进行说明。选择 Microsoft Excel，在新的界面中可以看到数据源内含有多张 Excel 工作表，在弹出的"打开"对话框中选择"公司年龄统计表.xls"，单击"打开"，如图 3-5 所示。

图 3-5　连接示例

根据界面上部"将工作表拖到此处"的文字提示，如图 3-6 所示，将表"年龄明细表-男"拖入界面中部框内（双击此表也可达到相同的效果），这时可在界面下方看到"年龄明细表-男"工作表的数据，如图 3-7 所示。

图 3-6　"编辑数据源"界面

图 3-7　选择工作表

在确认表中数据信息无误后单击工作表，随即进入工作区界面，如图 3-8 所示，此时即成功连接到了 Excel 数据源。

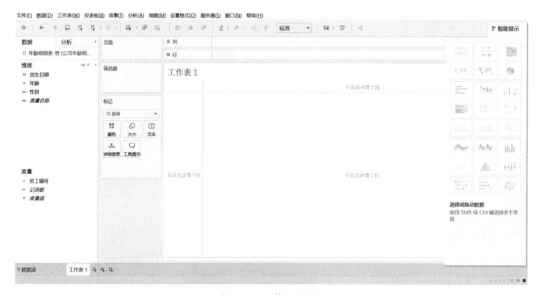

图 3-8　工作区界面

注意，连接的文档不能超过 255 列，超过的会被删除。扫描数据前几行决定数据类型，因此有时数据类型不能正确识别，需进行自定义。

　　如果需要在下次使用时快速打开数据连接，可以将数据连接添加到已保存数据源中，操作步骤为选择"数据" ➤ "<数据源名称>" ➤ "添加到已保存的数据源"，在弹出的窗口中选择"保存"，如图 3-9 所示。

图 3-9　添加到已保存的数据源

再次打开 Tableau 之后，在开始界面就可以直接连接到已保存数据源，如图 3-10 所示。

图 3-10　添加在"已保存数据源"列表

2. 连接到 Access 文件

　　连接到 Microsoft Access 数据源的操作步骤和连接到电子表格基本类似，均在新建数据源界面单击实现，选择 Access 数据源即可。

　　和连接电子表格不同的是，在选定数据表的界面左下角会出现"新自定义 SQL"选项，熟悉 SQL 的用户可以选择使用 SQL 查询连接数据，如图 3-11 所示。双击"新自定义 SQL"[1]，在弹

---

　　① 新自定义 SQL 的相关应用在下文连接到 ODBC 中也会提到。

出的"编辑自定义 SQL"文本框中键入或粘贴 SQL 查询语句。完成后单击"确定",即可实现到 Microsoft Access 数据源的连接。

图 3-11　连接到 Access

3. 连接到 Tableau 工作簿

在新建数据源界面中单击"其他文件",在弹出的对话框中打开工作簿或打包工作簿,Tableau 会提示导入所选工作簿的数据源,单击"确定"完成到数据源的连接,如图 3-12 所示。

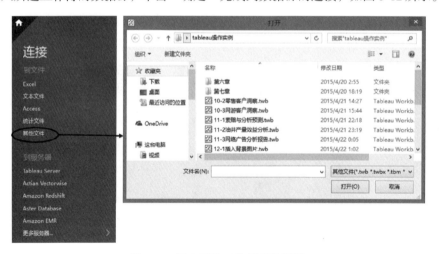

图 3-12　导入所选工作簿的数据源

4. 连接到 PDF

Tableau 新增了对 PDF 的支持,下面以分析某上市公司的季度报告为例,介绍对 PDF 中的数据进行分析的步骤。首先在连接数据界面,单击"PDF 文件",选择要分析的文件,单击打开,在弹出的"扫描 PDF 文件"对话框中,指定想要 Tableau 扫描表格的文件中的页面,可以选择扫描所有页面、仅单个页面或一定范围内的页面,如图 3-13 所示。

图 3-13 扫描 PDF 文件

注意，与大多数 PDF 阅读器类似，扫描将文件的第一页计为"第 1 页"。扫描表格时，请指定 PDF 阅读器显示的页码，而不是文档本身可能使用的页码，该页面可能从第 1 页开始，也可能不从第 1 页开始。

选择"全部"，Tableau 将文件中所有包含的数据按照 PDF 页码、表格顺序进行展示，如 Page3 Table1 指的是 PDF 第三页的第一张表，如图 3-14 所示，但 Page3 Table2 可能为 PDF 第三页的第二张表，或 PDF 第三页同一张表的第二种解读方式。Tableau 可能会对表提供多种解读，具体情况取决于该表在 .pdf 文件中的呈现方式，通常对标准表格识别效果最好，表中或表周围使用的颜色、阴影、表的特殊格式均会影响表的识别方式。若未生成所需要的表格，右键选择数据源，单击"重新扫描 PDF 文件"，可以指定不同的页面，重新创建新的扫描。

图 3-14 生成扫描结果

如果文件中包含跨多页的表，Tableau 会将该表解读为多个表，可使用创建并集（详见 3.3.1 节）来解决这个问题。若表中数据呈现结果不好，如原始表格中包括附加表、子表、分层页眉、无关的页眉和页脚，或者空白行和列，可尝试 Tableau 的数据解释器对数据进行"清洗"。数据解释器会检测这些子表,以便可以独立于其他数据使用数据的子集,还可以移除无关信息来帮助准备用于分析的数据源,如图 3-15 所示。注意,数据解释器仅适用于 Google 表格、Excel 和.pdf文件数据源。Excel 数据必须为.xls 和.xlsx 格式,.csv 格式的 Excel 数据不受支持。

图 3-15   使用数据解释器的结果

同时数据解释器还可重新划定表的范围,生成新的表格,如 Page3 Table2 A1:D8,如果数据解释器错误地标识了表的范围,请单击该表,在下拉箭头中选择“编辑找到的表”来调整找到的表的范围,如图 3-16 所示。

图 3-16   数据解释器生成新的表

单击查看结果,可在 Excel 中查看数据解释器清洗的逻辑和清洗的内容。

3.2.2 连接服务器数据源

在新建数据源界面中，标题"到服务器"下方列出了 Tableau 所支持的各类服务器数据源，用户可以根据需要进行选择。Tableau 支持对 Web 数据源及目前热门的几类云端数据库（如 Amazon Aurora、Google Cloud SQL、Microsoft Azure）的连接。本节将选取 Oracle、ODBC 和 Cloudera Hadoop 为例加以说明。

1. 连接到 Oracle 数据库

选择位于"到服务器"标题下方的"Oracle"数据库，在界面右侧填写连接 Oracle 所需要的相关信息，完成后选择"连接"，如图 3-17 所示。

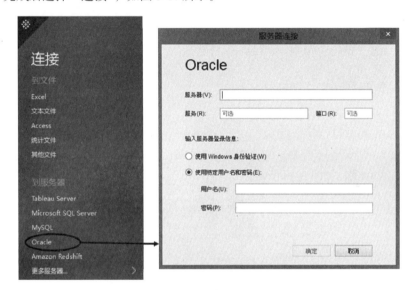

图 3-17　连接到 Oracle

还可以连接到 Oracle Essbase，这是 Oracle 的多维数据库。与关系数据源不同，当连接到多维数据源时，不能使用 SQL 或 MDX 语言进行查询，而在 Tableau 创建实时可视化查询时会使用优化后的 MDX 语言进行操作。

2. 连接到 ODBC

选择位于"到服务器"标题下方的"其他数据库（ODBC）"，如图 3-18 所示。

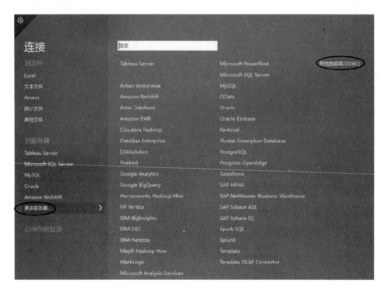

图 3-18 连接到 ODBC

在右侧选择驱动程序，在连接方式一栏完善信息，完成后单击"连接"，弹出"ODBC 数据源配置"对话框。在对话框中完善数据源配置信息，如服务器地址及端口、账号、数据库类型等，确认无误后单击"OK"，如图 3-19 所示。

图 3-19 ODBC 连接信息窗口

单击"确定"后进入编辑数据源界面，输入数据库表的名称，拖入右侧窗口，选择"转到工作表"，随即进入工作区界面，完成数据连接。

和连接 Microsoft Access 一样，在 Tableau 中也可以通过新自定义 SQL 来完成数据连接，如图 3-20 所示。

图 3-20　通过自定义 SQL 查询新建数据源

3. 连接到 Cloudera Hadoop

选择位于"到服务器"标题下方的"Cloudera Hadoop"。在右侧输入服务器密码与端口号，并且在连接方式一栏完善信息，完成后单击"确定"，如图 3-21 所示。

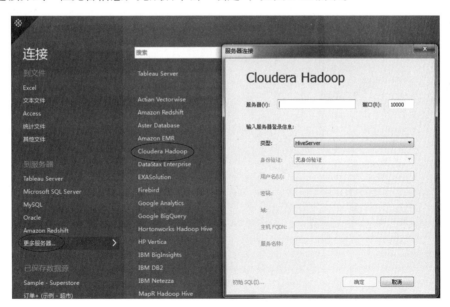

图 3-21　登录 Coudera Hadoop

需要说明的是，只要安装了相应驱动，就可以使用 Hive 和 Impala 两种连接方式（从查询效率考虑，建议读者使用 Impala），如图 3-22 所示。

图 3-22   选择数据源

然后，可以选择 Hadoop 中的表进行实时提取数据。虽然 Hadoop 不是传统意义上的 SQL，但是借助 Impala 或 Hive，也可以通过新自定义 SQL 来完成数据连接，并且从图 3-23 可以发现，Tableau 从 Hadoop 中获得的数据和其他关系型数据源没有任何区别。

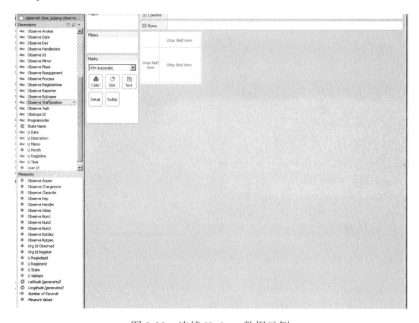

图 3-23   连接 Hadoop 数据示例

3.2.3 连接云数据源

本节将以 Google Analytics 为例介绍 Tableau 连接云数据服务器的设置方法。

Google Analytics 是 Google 的一款免费网站分析服务，可以对目标网站进行访问数据统计和分析，并提供多种参数供网站拥有者使用，只要在网站的页面上加入一段代码，就可以获取人们如何找到和浏览网站的数据和相应的图文报告，以提高网站投资回报率，增加转换，获取更多收益。Tableau 可以直接连接其获取的数据，并进行更详尽的分析。

在"连接"下选择"Google Analytics"，使用电子邮件地址和密码登录 GA，登录后选择"允许"，以便 Tableau Desktop 能够访问你的 GA 数据，如图 3-24 所示。

图 3-24　授予 Tableau Desktop 权限

在数据源页面上，按照数据源页面顶部的步骤进行操作以完成连接，如图 3-25 所示。

图 3-25　数据源页面

步骤 1: 使用下拉菜单选择"账户""媒体资源"(即所监控的网站)和"数据视图"。

步骤 2: 为日期范围和"细分"选择筛选器。

❑ 对于"日期范围",可以选择其中一个预定义的日期范围或者选择特定日期。选择日期范围时,GA 只能提供直至上一个整天的完整数据。例如,如果选择"前 30 天",则将检索到截至昨天的过去 30 天的数据。

❑ 对于"细分",选择要筛选数据的细分内容。细分维度默认由 Google 定义,用户可在网站上进行自定义。通过细分,可获取特定平台(例如平板电脑)或特定搜索引擎(例如 Google)的结果。

步骤 3: 使用"添加维度"和"添加度量"下拉菜单添加维度和度量,或者从"选择度量组"下拉菜单中选择预定义的一组度量。有些维度和度量不能一起使用。详细信息请参见 Google 开发人员网站上的维度和度量参考指南。

选择工作表标签以开始分析。选择工作表标签后,Tableau 将通过创建数据提取来导入数据。请注意,Tableau Desktop 只支持 Google Analytics 的数据提取,可通过刷新数据提取来更新数据。

3.2.4   复制粘贴输入数据

创建数据源的另外一种方式是将数据复制粘贴到 Tableau 中,Tableau 会根据复制数据自动创建数据源。用户可以直接复制的数据包括 Microsoft Excel 和 Word 在内的 Office 应用程序数据、网页中 HTML 格式的表格、用逗号或制表符分隔的文本文件数据。

下面我们以本地某个 Excel 文件为例来进行说明。

(1) 打开本地"公司年龄信息表"Excel 文件,并复制所有数据,如图 3-26 所示。

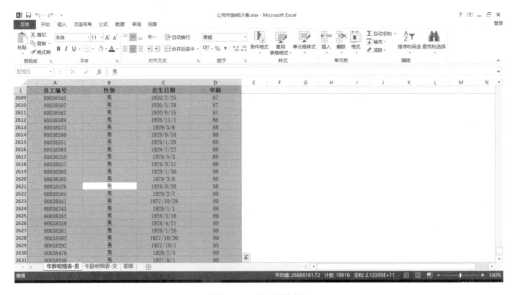

图 3-26   复制数据

(2) 打开 Tableau Desktop 进入工作区界面, 使用快捷方式 Ctrl+V, 或在初始页面右键选择 "数据" "粘贴" 进行操作, 如图 3-27 所示。

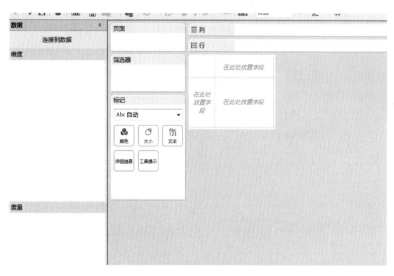

图 3-27 粘贴数据

(3) 从主页面可以看到, 通过复制粘贴操作连接到了名称以 "Clipboard" 开头的新数据源。但通常情况下, 对粘贴的数据字段属性无法准确识别, 如图 3-28 所示, Tableau 将各列命名为 F1、F2、F3 等, 若需进行分析, 还需对该字段重新命名。因此, 对需后续分析或经常使用的大数据, 不建议采取此种方式。

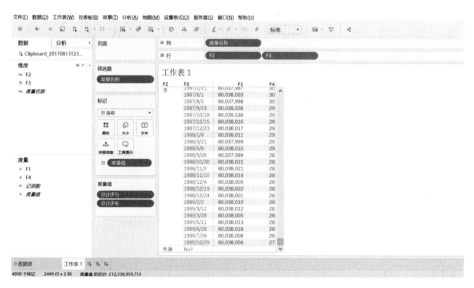

图 3-28 以剪贴板复制方式连接数据

3.2.5   筛选数据

直接使用数据源的全量数据，在视图设计时可能会导致工作表响应迟缓。如果仅希望对部分数据进行分析，可以使用数据源筛选器。Tableau 可以在新建数据源时选择筛选器，也可以在完成数据连接后，对数据源添加筛选器。

1. 在数据连接时应用筛选器

在新建数据源的界面中，选择"筛选器"下方的"添加"，如图 3-29 所示。

图 3-29   选择"添加筛选器"

在"编辑数据源筛选器"对话框中选择"添加"，随即进入"添加筛选器"对话框。例如，选择"职级"作为筛选字段，如图 3-30 所示。

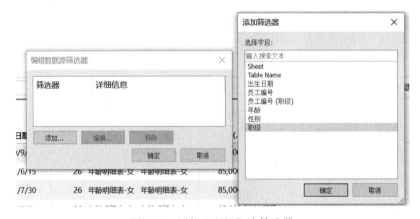

图 3-30   添加"职级"为筛选器

如果只需要分析职级为中级的员工，则需要在"筛选器[职级]"对话框中将"中级"选中，如图 3-31 所示。

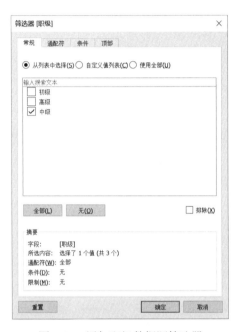

图 3-31 添加职级数据源筛选器

如果只想分析年龄大于 30 岁且小于 50 岁的员工的情况，则在回到"编辑数据源筛选器"对话框后再选择"年龄"，在"筛选器[年龄]"对话框中选择值范围为 30~50 岁，如图 3-32 所示。

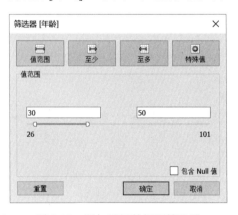

图 3-32 添加职级数据源筛选器

完成上述操作后，回到"编辑数据源筛选器"对话框，可以看到数据源的筛选字段和筛选内容，如图 3-33 所示。

图 3-33   完成数据源筛选器

单击"确定",回到"编辑数据源"界面,可以预览筛选后的数据,如图 3-34 所示。

图 3-34   筛选后的数据

2. 针对数据源应用筛选器

在完成数据连接后,可以选择"数据"➤"<数据源名称>"➤"编辑数据源筛选器",后续步骤与在数据连接时应用筛选器的步骤基本一致,这里不再赘述。

3.3   数据整合

上一节的示例主要说明了数据来自同一张数据表的情况,在实际分析过程中,数据可能来自多张数据表,也可能来自不同的文件或者服务器。Tableau 的数据整合功能可实现同一数据源的多表联接(列合并)、多表合并(行合并)、多个数据源的数据融合(值合并),以及针对源数据的行列转换。

3.3.1 创建多表并集

在 3.2.1 节的例子中，已经添加了"公司年龄明细表"数据源中男职工的年龄数据，但是要开展进一步数据分析，还需要加入女员工的数据，Tableau 可以将两个或多个表的数据合并为一张表，但表必须来自同一连接。

如同一个数据源中有多张表，在连接到数据之后，在数据源页面的左侧窗格中将显示"新建并集"的选项，如图 3-35 所示。

图 3-35 新建并集

单击"新建并集"，从左侧窗格中将"年龄明细表-男"拖到"并集"对话框中，然后将"年龄明细表-女"拖到其正下方，若要同时向并集中添加多个表，请按 Shift 或 Ctrl（在 Mac 上按 Shift 或 Command），在左侧窗格中选择想要合并的表，然后将其拖到第一个表的正下方，单击"应用"或"确定"进行合并，如图 3-36 所示。

图 3-36 新建并集-特定（手动）

合并后的结果如图 3-37 所示，生成了一张名为"并集"（双击可进行重命名）的数据源，包含了来自两张表的数据，并标注了数据来源的工作簿（Table name）名称和工作表（Sheet）名称。注意，使用并集合并的表必须具有相同的结构，即每个表必须具有相同的字段数，并且相关字段必须具有匹配的字段名称和数据类型。

图 3-37　并集结果

同时还可以使用搜索通配符的方式来新建并集，如图 3-38 所示，可以自动搜索左侧已连接的数据中包含或不包含某关键词的工作表或工作簿。

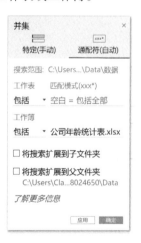

图 3-38　新建并集-通配符（手动）

处理 Excel、文本文件数据、JSON 文件、.pdf 文件数据时，也可以使用此方法来合并文件夹中的文件以及工作簿中的工作表。搜索范围限定于所选的连接。连接和连接中可用的表显示在"数据源"页面的左侧窗格上。如果想要合并位于当前文件夹（适用于 Excel、文本、JSON、.pdf 文件）之外或其他工作簿（适用于 Excel 工作表）中的更多表，请选中"并集"对话框中的"将搜索扩展到子文件夹"或"将搜索扩展到父文件夹"来扩展搜索范围。

3.3.2　创建多表联接

上一节实现了行的增加，但在数据分析中，通常需要增加新的字段，即增加列信息，例如需要在上述"并集"数据中新增职级信息。

使用鼠标将"职级"拖放到中心区域，Tableau 会自动将"并集"与"职级"相联接，如图 3-39 所示。

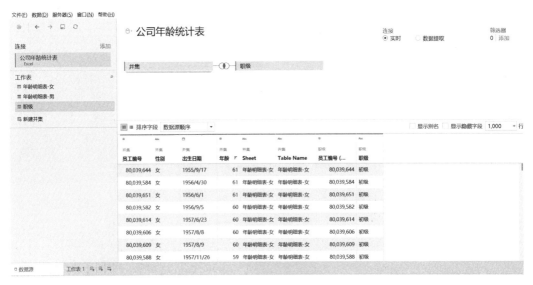

图 3-39　添加联接关系

当两表之间无法自动生成表联接时，则显示告警信息，如图 3-40 所示。

图 3-40　无法生成联接示例

如果不希望按照 Tableau 默认的方式进行表间数据联接，可以选择指定表联接方式，操作步骤如下。

单击"联接"图标，可以看到有 4 种联接类型，默认是"内部联接"，其他选项还包括左侧、右侧、完全外部联接等，如图 3-41 所示。

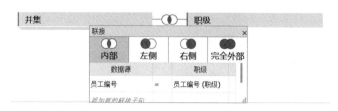

图 3-41　指定联接方式

Tableau 会自动从多张表中选择同名的字段作为关联字段，如果系统无法自动识别相关对应的字段，也可以手动选择进行关联字段，如图 3-42 所示。

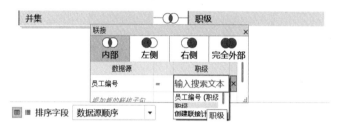

图 3-42　指定关联字段

完成表联接后，选择"转到工作表"，可以在工作区数据窗口中看到"并集""职级"两张数据表的信息，如图 3-43 所示。

图 3-43　转到工作区界面

联接类型分为内部、左侧、右侧、完全外部 4 种，下面以表 3-1 中不同地市的两项指标完成情况为例，介绍各种联接方式的差异。

表 3-1　不同地市的两项指标完成情况

省市	地市	A 指标	省市	地市	B 指标
河南	安阳	1	河南	新乡	1.2
河南	郑州	2	河北	秦皇岛	2.2
河南	新乡	3	河北	唐山	3.3
河北	秦皇岛	4	山东	济南	4.2
河北	唐山	5	辽宁	大连	5.2
山东	济南	6	辽宁	沈阳	6.2

"内部"只列出与联接条件匹配的数据行，如果主键选择缺失，Tableau 会自动选择右表第一"行"匹配数据，如图 3-44 所示。

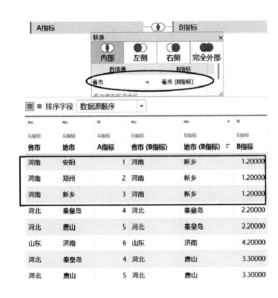
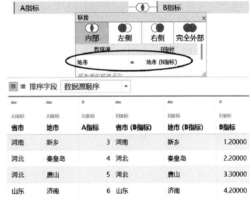

图 3-44　内部联接

"左侧"表示不仅包含查询结果集合中符合联接条件的行，而且还包括左表的所有数据行，对未匹配的字段以 null 值显示，如图 3-45 所示。

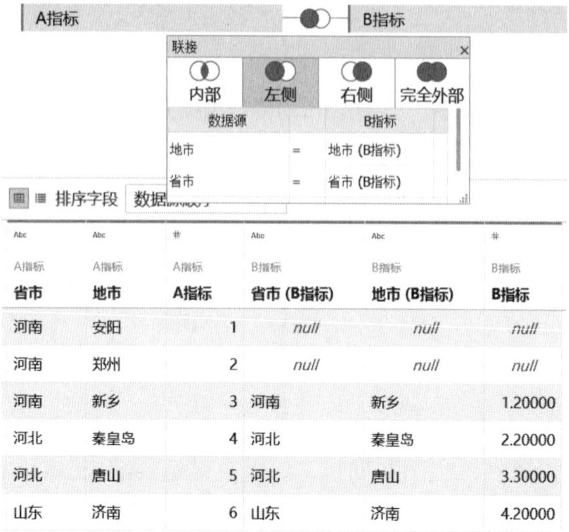

图 3-45   左侧联接

"右侧"表示不仅包含查询结果集合中的符合联接条件的行,而且还包括右表的所有数据行;"完全外部"表示包含查询结果集合中的包含左、右表的所有数据行内部联接方式。

3.3.3   创建数据融合

如果要合并的数据存储在不同数据库中,并且两个数据源中的数据粒度不同,此时多表联接已无法满足数据合并的需求,就需要使用数据融合。下面我们以表 3-2 中不同省市的 A 指标和 C 指标的完成情况为例,介绍如何使用数据融合。

表 3-2   省市指标完成情况

省市	地市	A 指标	省市	C 指标
河南	安阳	1	河南	3.5
河南	郑州	2	河北	4.7
河南	新乡	3	山东	6.3
河北	秦皇岛	4	江西	5.2
河北	唐山	5		
山东	济南	6		

首先连接到 A 指标数据源,单击"新建数据源",接入 C 指标数据源。两个数据源接入后,单击工作表标签,开始构建视图。以 C 指标为主数据源(即在视图中首先使用的数据源)构建表格,数据源上的标记变为蓝色,表示是主数据源,如图 3-46 所示。

图 3-46　以 C 指标为主数据源构建视图（另见彩插）

在数据窗格中，选择 A 指标数据源，并将 A 指标拖到视图的标签中，如图 3-47 所示，A 指标按照省市的维度进行聚合，并进行匹配，同时 A 指标数据源标记为橙色，表示辅助数据源，在联接字段旁边显示联接图标。联接字段有"激活"和"未激活"两种状态，已激活的联接字段用橙色图标 ⇔ 来指示，未激活的联接字段用灰色图标 ⊄ 来指示。处于未激活状态时，主、从数据源不使用该联接字段进行联接，单击图标可以进行状态切换。

图 3-47　构建数据融合（另见彩插）

说明　多维数据源（多维数据集）不能用作从数据源，只能用作主数据源。

可以选择"数据"➤"编辑关系"来创建或修改当前数据源关联关系，如图 3-48 所示。

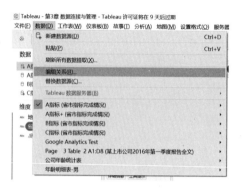

图 3-48　编辑关系

　　在弹出的"关系"窗口中，我们可以通过"主数据源"下拉菜单选择主数据源，并可单击左侧窗格中的数据源，选择辅助数据源。Tableau 会自动识别出可关联的字段，或选择自定义关联字段，如图 3-49 所示。

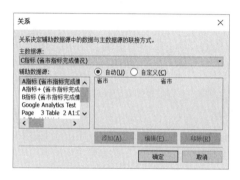

图 3-49　"关系"对话框

　　选择"自定义"，单击"添加"选项来创建新的自定义关系，如图 3-50 所示。

图 3-50　创建自定义关系

简单地说，数据融合是将"聚合"后的字段值进行关联，一般数据融合应选择维度值较少的维度为关联字段，减少聚合的计算量，提高性能，如需要关联的字段为 ID 等主键时，建议采取数据联接模式。以 A 指标为主数据源，B 指标为辅数据源，当关联字段为省市时，可以看出，B 指标按照省市进行了聚合，并在表中重复出现；当关联字段为省市+地市时，数据内容与 3.3.2 节中左联接一致，如图 3-51 所示。

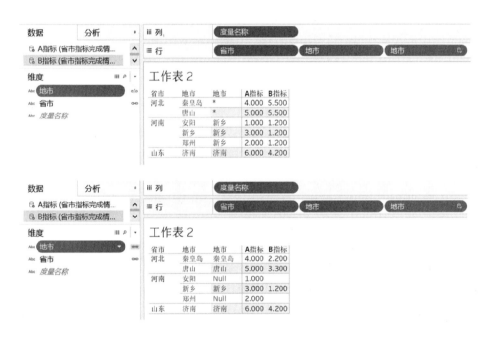

图 3-51　不同关联字段下数据融合差异

3.3.4　行列转换

在使用 Tableau 进行数据分析时，有时我们需要将源数据中的不同列整合至同一列，Tableau 9.0 及以上版本支持对源数据的行列转换。

在数据源窗口，按住 Shift 或 Ctrl，同时选中需要进行转换的列，单击已选择的任一列右侧的 ▾ 按钮，在弹出对话框中选择"数据透视表"，如图 3-52 所示。

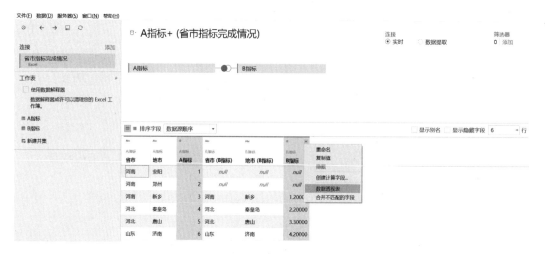

图 3-52　执行"行列转换"操作

执行完此操作后可发现，Tableau 自动产生新列"数据透视表字段名称"，原列名称转换为该列的不同字段值，同时自动产生新列"数据透视表字段值"，原列的字段值转换至该列，用户可根据实际业务含义对列名进行修改，如图 3-53 所示。

图 3-53　"行列转换"操作完成界面

3.4　数据加载

Tableau 加载数据有两种基本方式：一种是实时连接，即 Tableau 从数据源获取查询结果，本身不存储源数据；另一种是数据提取，将数据提取到 Tableau 的数据引擎中，由 Tableau 进行管理。本节重点介绍数据提取。

在下列情况下，建议使用数据提取的方式。

❑ 源数据库的性能不佳：源数据库的性能跟不上分析速度的需要，则可以由 Tableau 的数据引擎来提供快速交互式分析。

❑ 需要脱机访问数据：如果需要在差旅途中脱机访问数据，则可以将相关数据提取到本地。

❑ 减轻源系统的压力：如果源系统是重要的业务系统，那么建议将数据访问转移到本地，以减轻对源系统的压力。

而在下列情况下，则不建议选择数据提取方式。

❑ 源数据库性能优越：IT 基础设施支持快速数据分析。

❑ 数据的实时性要求高：需要使用实时更新的数据进行分析。

❑ 数据的保密要求高：出于信息安全考虑，不希望将数据保存在本地。

3.4.1 创建数据提取

Tableau 有两种方式创建数据提取：一种是在完成数据连接之后，针对数据源进行提取数据操作；另一种是在新建数据源时选择"提取"方式。

1. 对数据源进行"提取数据"操作

在主界面选择"数据"➤"<数据源名称>"➤"提取数据"，进入提取数据对话框；也可以选择"数据"➤"<数据源名称>"➤"编辑数据源"➤"提取"➤"编辑"，如图 3-54 所示。

图 3-54 进行提取数据操作

在打开的提取数据对话框中可以看到筛选器、聚合、行数这 3 种提取选项，如图 3-55 所示。

图 3-55   提取数据对话框

选择"添加",弹出添加筛选器对话框,选择用于筛选器的字段,如图 3-56 所示。

图 3-56   选择用作筛选器的字段

可以选择"职级"和"年龄"作为此数据源的数据提取字段,如图 3-57 所示。

图 3-57   选择添加筛选器

在此界面可以指定是否聚合可视维度，也可以选择从数据源提取前若干行。

说明　在采用筛选器提取数据时，数据窗口中的所有隐藏字段将会自动从数据提取中排除。单击"隐藏所有未使用的字段"按钮可快速地将这些字段从数据提取中删除。

---

2. 首次新建数据源时选择"提取"方式

参考 3.2.1 节，在新建数据源的过程中，将连接方式从"实时"模式更改为"数据提取"模式。选择"转到工作表"后，将数据以 .tde 格式保存，即完成了数据提取的创建，如图 3-58 所示。

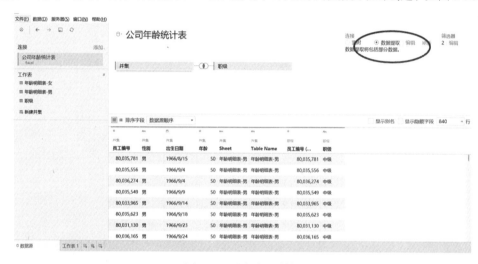

图 3-58　选择提取数据

创建数据提取后，当前工作簿开始使用该数据提取中的数据，而不是原始数据源。用户也可以在使用数据提取和使用整个数据源之间进行切换，方法是选择"数据"➤"<数据源名称>"➤"使用数据提取"进行切换。

使用数据提取的好处是通过创建一个包含样本数据的数据提取，减少数据量，避免在进行视图设计时长时间等待查询响应，而在视图设计结束后，可以切回到整个数据源。

需要移除数据提取时，可以选择"数据"➤"<数据源名称>"➤"数据提取"➤"移除"。当删除数据提取时，可以选择仅从工作簿删除数据提取，或者删除数据提取文件。后一种情况将会删除在硬盘中的数据提取文件，如图 3-59 所示。

图 3-59　移除数据提取

3.4.2 刷新数据提取

当源数据发生改变时，通过刷新数据提取可以保持数据更新，方法是"数据"➤"<数据源名称>"➤"刷新"，如图 3-60 所示。

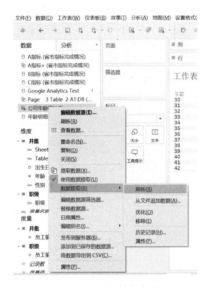

图 3-60 刷新数据提取

如在数据提取时设置了增量刷新方式，即在提取数据对话框中，选择"所有行"和"增量刷新"（只有在选择提取数据库中的所有行后，才能定义增量刷新），然后在数据库中指定将用于标识新行的字段，如图 3-61 所示。

图 3-61 选择"增量刷新"

此时，数据提取的刷新包含两种方式，一种是完全数据提取，即将所有数据替换为基础数据源中的数据；另一种是增量数据提取，仅添加自上次刷新后新增的行，如图 3-62 所示。

图 3-62　两种方式刷新数据提取

- □ 完全数据提取：在默认情况下，将对数据提取进行完全刷新。这意味着在每次刷新数据提取时，所有行都会替换为基础数据源中的数据。这种刷新可确保数据提取是数据源的精确副本，但执行这种刷新有时需要大量耗费数据库性能。
- □ 增量数据提取：可以将数据提取设置为仅添加自上次提取数据以来新增的行，而不是每次重新生成整个数据提取。

用户可以查看刷新数据提取的历史记录，方法是在"数据"菜单中选择数据源，然后选择"数据提取"➤"历史记录"。"数据提取历史记录"对话框将显示每次刷新的时间、类型和所添加的行数，如图 3-63 所示。

图 3-63　查看数据提取历史记录

3.4.3 向数据提取添加行

Tableau 可通过两种方式向数据提取文件添加新数据：从文件添加或从数据源添加。添加新数据行的前提是该文件或数据源中的列必须与数据提取中的列相匹配。

1. 从文件添加数据

当要添加数据的文件类型与数据提取的文件类型相同时，可以选择从文件数据源向数据提取文件添加新数据。另外一种方式是从 Tableau 数据提取（.tde）文件添加数据，选择"数据"➤"<数据源名称>"➤"数据提取"➤"从文件添加数据"，如图 3-64 所示。

图 3-64 从文件添加数据

进入从文件添加数据对话框，选择所要添加的数据文件，单击"打开"，Tableau 就会完成从文件添加数据的操作，并提示执行结果，如图 3-65 所示。

图 3-65 成功从文件添加数据

要查看数据添加记录的摘要，可以选择"数据"➤"<数据源名称>"➤"数据提取"➤"历史记录"，如图 3-66 所示。

图 3-66 查看"添加到数据提取"历史记录

2. 从数据源添加数据

另一种添加行的方式是从工作簿中的其他数据源向所选数据提取文件添加新数据。方法是选择"数据"➤"<数据源名称>"➤"数据提取"➤"从数据源添加数据"。

打开"从数据源追加数据"对话框，选择与目标数据提取文件兼容的数据源，Tableau 就会完成从数据源追加数据的操作，并提示执行结果。

3.4.4 优化数据提取

如果要提高数据提取的性能，可以对数据提取进行优化，提高数据提取的查询响应速度。具体操作方法是选择"数据"➤"<数据源名称>"➤"数据提取"➤"优化"（如图 3-67 所示），采用以下方式进行优化。

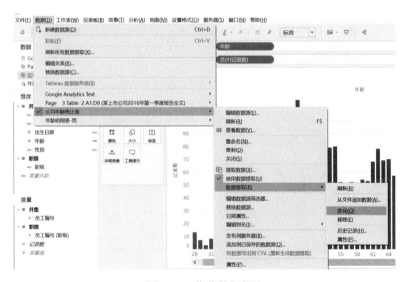

图 3-67 优化数据提取

1. 计算字段的预处理

进行数据提取优化后，Tableau 提前完成计算字段的预处理，并存储在数据提取文件中。在视图中进行查询时，Tableau 可以直接使用计算结果，不必再次计算。

如果改变了计算字段的公式或者删除了计算字段，Tableau 将相应地从数据提取中删除计算字段。当再次进行数据提取优化时，Tableau 将重新进行计算字段的预处理。

说明 部分函数无法实现预处理，如外部函数（如 RAWSQL 和 R）、表计算函数以及无法提前处理的函数（例如 NOW() 和 TODAY()）。

---

2. 加速视图

如果在工作簿内设置了筛选器操作，那么 Tableau 必须基于源工作表的筛选器，以此计算目标视图的筛选器取值范围。进行数据提取优化后，Tableau 将创建一个视图以计算可能的筛选值并缓存这些值，从而提高查询速度。

3.5 数据维护

新建数据源是用户进行数据准备的第一步，在后续工作中，用户需要通过直接查看数据，验证数据连接是否成功；通过添加数据源筛选器，限定分析的数据范围；通过刷新数据源操作，保持分析的数据更新。

3.5.1 查看数据

查看数据源数据是用户最常见的需求，具体操作方法为选择"数据"➤"<数据源名称>"➤"查看数据"，如图 3-68 所示。

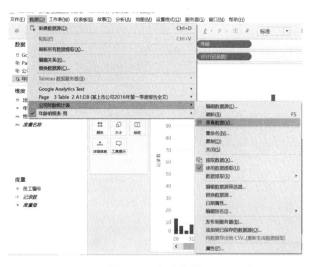

图 3-68　查看数据

在查看数据界面，用户可以选择将数据复制到粘贴板，或全部导出，如图 3-69 所示。

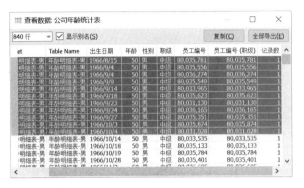

图 3-69　查看数据界面

3.5.2　刷新数据

当数据源中的数据发生变化后（包括添加新字段或行、更改数据值或字段名称、删除数据或字段），需要重新执行新建数据源操作，才能反映这些修改；另外，也可以执行刷新操作，在不断开连接的情况下即时更新数据，如图 3-70 所示。

图 3-70　刷新数据源

> **说明**　如果工作簿中视图所使用的数据源字段被移除，那么完成刷新数据操作后，将显示一条警告消息，说明该字段将从视图中移除。由于缺少该字段，工作表中使用该字段的视图将无法正确显示。

3.5.3　替换数据

如果希望使用新的数据源替换已有的数据，而不希望新建工作簿，那么可以进行替换数据源操作。具体方式是选择"数据"➤"替换数据源"，进入替换数据源对话框，如图 3-71 所示。

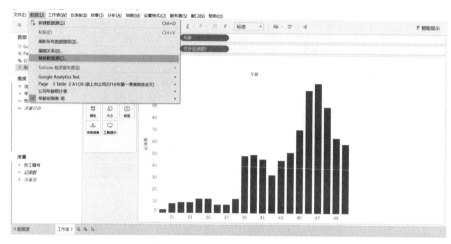

图 3-71   替换数据源

将原有数据源替换为新数据源，单击"确定"，如图 3-72 所示。

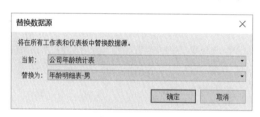

图 3-72   替换操作

完成数据源替换后，当前工作表的主数据源变更为新数据源，如图 3-73 所示。

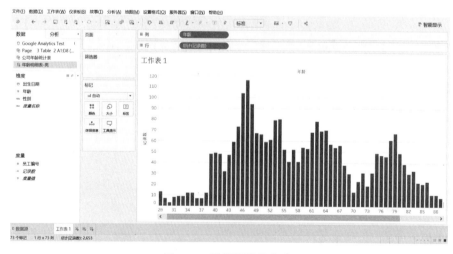

图 3-73   数据源替换完成

3.5.4 删除数据

使用了新数据源后，可以关闭原有数据源连接，具体方法是选择"数据" ➤ "<数据源名称>" ➤ "关闭"操作来直接关闭数据源，如图 3-74 所示。

图 3-74 关闭数据源

执行关闭数据源操作后，被关闭数据源将从数据源窗口中移除，所有使用了被删除数据源的工作表也将被一同删除。

第4章

初级可视化分析

本章将以能源行业数据及常见可视化分析需求为例,介绍 11 种初级视图的创建用法,分别是:以"发电量数据"作为数据源的条形图(4.1)、饼图(4.3)、折线图(4.4)、气泡图(4.8)、圆视图(4.9)、标靶图(4.10);以"公司年龄统计表"作为数据源的直方图(4.2);以"2017 年上半年综合计划指标明细表"作为数据源的基本表(4.5)、压力图(4.6)、树地图(4.7);以"物资采购情况明细表"作为数据源的甘特图(4.11)。通过本章,读者可以学习创建各类初级视图的操作过程和使用它们进行可视化分析的方法。

4.1 条形图

条形图,又称条状图、柱状图、柱形图,是最常使用的图表类型之一,它通过垂直或水平的条形展示维度字段的分布情况。水平方向的条形图即为一般意义上的条形图,垂直方向的条形图通常称为柱形图。条形图最适宜比较不同类别的大小,需注意纵轴应从 0 开始,否则很容易产生误导。

本节将介绍如何创建一个用于查看 2017 年 6 月不同地区发电量对比的水平/垂直条形图,步骤如下。

(1)连接"发电量数据"数据源,将"统计周期"字段拖到筛选器,如图 4-1 所示,在弹出的筛选器字段对话框中选择日期类型为"年/月",单击"下一步",在弹出的对话框中勾选"2017 年 6 月",这样就把统计周期限制为 2017 年 6 月,单击"确定"。注意,如连接在线数据,并期望每次打开工作簿时都分析最新的数据,可在筛选器中勾选上"打开工作簿时筛选到最新日期值",使最近日期处于筛选状态。

 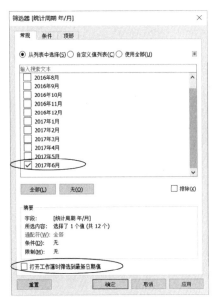

图 4-1 添加筛选器，将时间限定为 2017 年 6 月

(2) 将维度"地区"拖至行功能区，度量"发电量"拖至列功能区，生成如图 4-2 所示的视图。

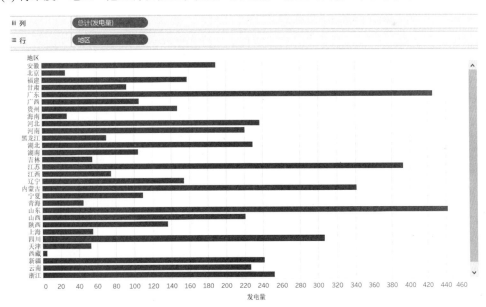

图 4-2 2017 年 6 月不同地区发电量对比图

(3) 单击工具栏中的"交换"按钮，将水平条形图转置为垂直条形图（即柱形图），单击降序排序按钮，数据将按降序排列，如图 4-3 所示。

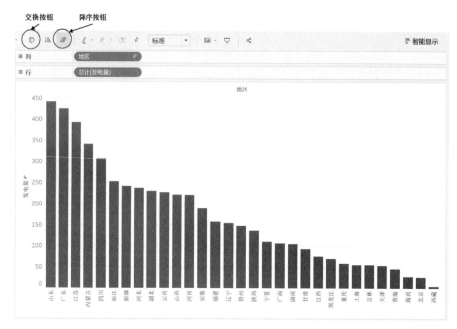

图 4-3 对水平条形图进行交换、降序排列

若需进行平均值比较，只需在边条栏中选择"分析"，拖放"平均线"到视图中，并在弹出的对话框中选择"表"，此时，在视图中自动生成了一条平均值线，即发电量平均值为 167.8，如图 4-4 所示。平均值线清楚地显示出了不同地区发电量与平均值的对比情况。右键单击视图上的平均线，选择"设置格式"，可对其展示形式进行编辑。

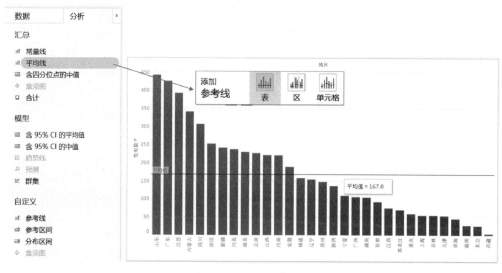

图 4-4 添加平均值分析

(4) 将维度"发电类型"拖至标记卡上的"颜色",生成堆积条形图,继续查看不同地区按发电类型的发电量分布情况,如图 4-5 所示。

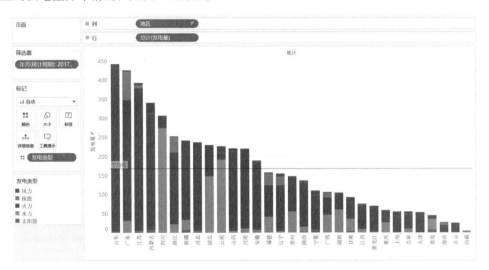

图 4-5　2017 年 6 月不同地区发电量发电类型分布图

可以发现,当地区维度字段的成员过多时,生成的堆积条形图不够直观,可对堆积条形图中各发电类型电量进行升降排序。

(5) 单击"发电类型"图例卡的下拉菜单按钮,选择"排序...",在出现的排序窗口中对排序进行设置。窗口中显示有多种排序方式,包括升序、降序以及升降排序的依据,此外,还可以手动编辑顺序等。这里我们选择按字段"发电量"总计的升序排列,如图 4-6 所示。

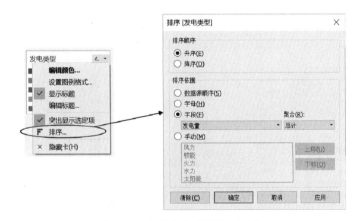

图 4-6　为堆积条形图设置排序

设置完成后,条形图中颜色的顺序将按照各发电类型总发电量的大小按升序排列(如图 4-7 所示),火力发电最大,在柱形图的最下方,太阳能发电最少,在柱形图的最上方。注意,即使单个地区的发电量大小顺序不一致，也按照总体情况进行排序，如四川水力发电多于火力发电，但仍按统一顺序进行排序。

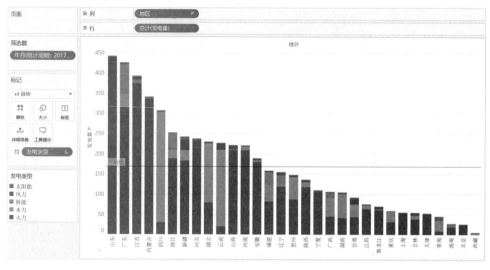

图 4-7   排序后的 2017 年 6 月不同地区发电量发电类型分布图

此外，为使视图颜色更好看，还可对各发电类型颜色进行编辑，编辑方式参见 2.3.2 节。

右键单击横轴不同地区，在弹出的对话框中单击"旋转标签"，可将横轴的标题改为横向，方便观看，如图 4-8 所示。单击"设置格式"，可对横轴标题的字体大小、对齐方式、阴影等进行设置。

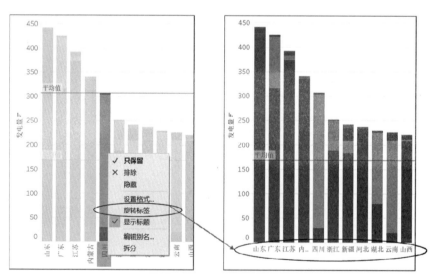

图 4-8   旋转标签

4.2　直方图

直方图是一种统计报告图，是对数据分布情况的图形表示，它的两个坐标分别是统计样本和该样本对应的某个属性的度量。

例如分析某公司员工的年龄结构，可考虑将年龄分级为不同的年龄组，再对各年龄组的员工人数进行统计，具体步骤如下。

(1) 加载"公司年龄统计表"并按照 3.3.1 节、3.3.2 节中对数据创建并集、建立多表联接，生成数据源。在数据窗口中选择度量"年龄"，单击鼠标右键，在菜单中选择"创建"➤"数据桶…"。在弹出的"编辑级"窗口中，编辑新字段的名称和数据桶大小，如图 4-9 所示。

图 4-9　创建级字段

数据桶大小即直方图中常说的组距。单击"建议数据桶大小"可由 Tableau 自动生成，或通过值范围中的数据，手动修改数据桶大小。值范围包括最大值、最小值、差异和数据数量计数。

因对度量分级创建的该字段为维度字段，故该级字段显示在数据窗口的维度区域中，并在字段名称前附有字段图标.ıılı，如图 4-10 所示。

图 4-10　创建的级字段显示在维度窗口中

(2) 将度量"记录数"拖至行功能区，将新建的级字段"年龄组"拖至列功能区，生成如图 4-11 所示的视图。

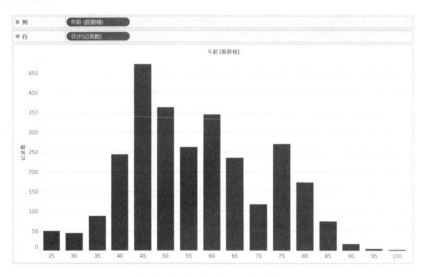

图 4-11   年龄分组统计直方图

图 4-11 中，每个级标签代表的是该级所分配的数字范围的下限（含下限）。例如，标签为 30 的级的含义是：大于或等于 30 岁但小于 35 岁的年龄组。

说明   还可以自动创建直方图，方法是：①在数据窗口中选择一个度量；②单击工具栏上的"智能显示"按钮；③选择直方图选项。区别是自动生成的数据桶字段为连续型，展示形式不一样，但可手动进行修改。

---

(3) 为各级编辑别名。因为自动生成的级仅显示该级的下限，容易产生误导。以修改"25"的标签为例，右键选中"25"级标签，选中"编辑别名"，修改为"25~30"，如图 4-12 所示。

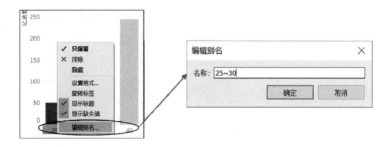

图 4-12   为级标签编辑别名

为每个级标签编辑别名后，最终得到如图 4-13 所示的视图。

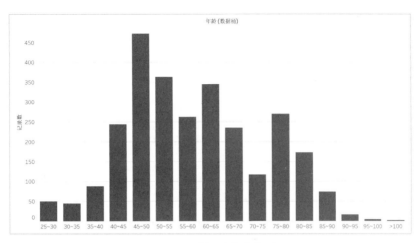

图 4-13 编辑后的直方图

由图 4-13 可以看出，该公司员工的年龄层主要集中在 40 ~ 70 岁。

高级应用

运用直方图可以对数据进行分组统计，它同时也是一种非常有效的观察数据分布情况的方法。然而，有时基于业务需要等原因，对数据平均分级已不能满足需求，需通过自定义字段[①]的方法，创建大小不同的级。

以上面的问题为例，可将年龄组的级分为：35 岁（含）以下、36 ~ 40 岁、41 ~ 45 岁、46 ~ 50 岁、51 ~ 55 岁、56 岁（含）以上。

自定义新的计算字段"年龄组（不规则分级）"，如图 4-14 所示。

图 4-14 创建字段"年龄组（不规则分级）"

除使用自定义字段对年龄进行不规则分组外，利用 Tableau 的创建"组"功能，也可对其进行不规则分组，如图 4-15 所示，右键选择"年龄"字段，选择"创建"➤"组…"，在弹出的对话框中，将 26~35 岁之间的数据创建分组，并将其命名为"35 岁（含）以下"，以此类推，将各年龄段进行分组（详细分组方法可参见 5.2 节），创建年龄（组），其效果与创建计算字段一致。

---

① 关于 Tableau 自定义字段的详细介绍请参见 5.5.2 节。

图 4-15   创建组

使用创建的字段"年龄组（不规则分级）"和组"年龄（组）"生成的直方图如图 4-16 所示。

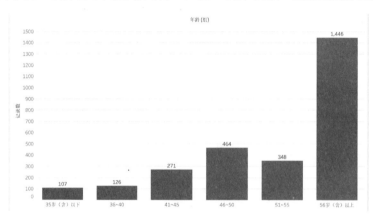

图 4-16   使用计算字段或组生成的直方图

对年龄组进行不规则分级后，我们发现该公司员工的年龄大部分集中在 56 岁以上。分析出现该现象的原因后发现，该公司为某集团总部，人员多为管理层，因此年龄偏大。此外，还可看出，总部人员老龄化严重，人才年龄结构不健康，需考虑年龄结构调整和后备干部培养等问题。该例说明，有时相等间距的级并不能满足业务的要求，应根据业务特点进行分级，才能更有效地帮助分析人员发现问题。

4.3   饼图

饼图在数据分析中无处不在，可以展示出各分类所占的比例。本节将以分析"2017 年 6 月发电量中各发电类型的占比情况"为例，介绍创建饼图的操作步骤。具体作图步骤如下。

(1) 连接"发电量数据"数据源，将字段"统计周期"拖放到筛选器，选择"2017 年 6 月"，将字段"发电类型"拖至"标记"卡的"颜色"，并设置标记类型为"饼图"，"标记"卡中出现"角度"选项。

(2) 将度量"发电量"拖至"角度"后，饼图将根据该度量的数值大小改变饼图扇形角度的大小，从而生成占比图，如图 4-17 所示。注意，饼图的"行""列"功能区均为空白。

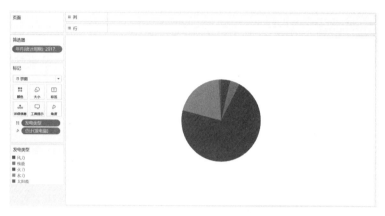

图 4-17 2017 年 6 月发电量按发电类型占比饼图

(3) 为饼图添加标签信息。将维度"发电类型"及度量"发电量"拖至"标记"卡中的"标签"，并对标签"发电量"设置"快速表计算"➤"总额百分比"。

(4) 为进一步优化展示效果，可将发电类型按照发电量大小升序排序，此时饼图按照占比由多到少顺序排列，如图 4-18 所示。注意，Tableau 会自动排布标签信息，图中风力标签未显示。

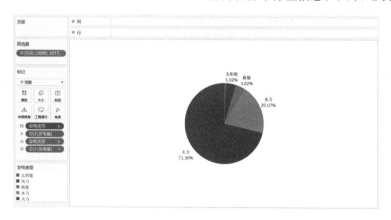

图 4-18 添加标签及排序后的饼图（另见彩插）

4.4 折线图

折线图是一种使用率很高的图形，它是以折线的上升或下降来表示统计数量趋势的统计图，最适合用于时间序列的数据。与条形图相比，折线图不但可以表示数量的多少，还可以直观地反映同一事物随时间序列发展变化的趋势。

4.4.1   基本折线图

下面我们以分析"2017 年上半年发电量的趋势及上年同期情况"为例，介绍创建基本折线图的操作步骤。

(1) 连接"发电量数据"数据源，将"统计周期"拖至筛选器中，并按照"年"选择为 2017 年，将"发电量"拖至行功能区，"统计周期"拖至列功能区，并通过右键将其日期级别设为连续型的"月"，如图 4-19 所示。

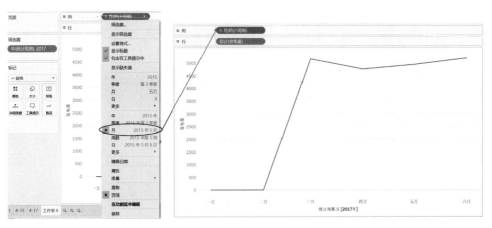

图 4-19   2017 年上半年每月发电量趋势图

(2) 单击"标记"卡处的颜色，可设置趋势线的展示形式，包括颜色、不透明度、展示效果等，如在效果中，将标记处选择中间的全部，这时视图中的线段上将出现小圆的标记符号，如图 4-20 所示。

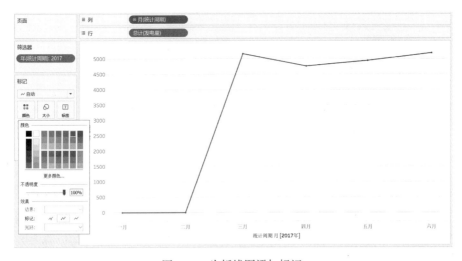

图 4-20   为折线图添加标记

有时我们并不满足于标记为一个小圆点，若要标记为一个方形，可以画一个折线图和一个自定义形状的圆图，然后通过双轴来完成，步骤如下。

(1) 拖放两次字段"发电量"到行功能区，这时会出现两个折线图，在"标记"卡处选择其中一个折线图，将标记类型改为形状，如图 4-21 所示。

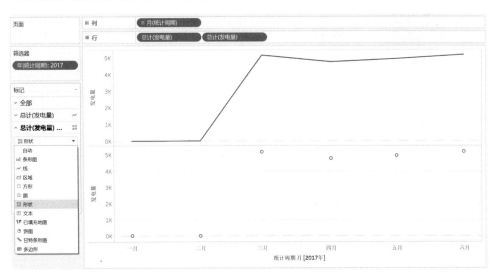

图 4-21　创建一个折线图和一个形状图

(2) 单击"标记"卡处的形状，选择方形，可单击大小按钮对方形大小进行调整，单击颜色按钮调整其颜色，如图 4-22 所示。

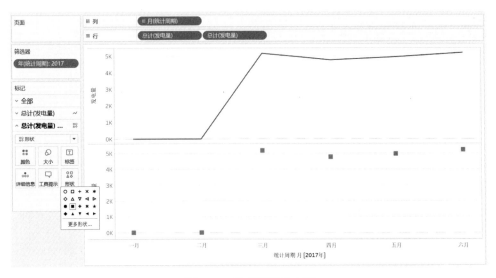

图 4-22　定义形状为方形

（3）右键单击行功能区右端的"总计（发电量）"，在弹出的对话框中选择双轴。由于两轴的坐标轴均为发电量，因此右键单击右边的纵轴，选择"同步轴"，完成双轴视图，如图 4-23 所示。

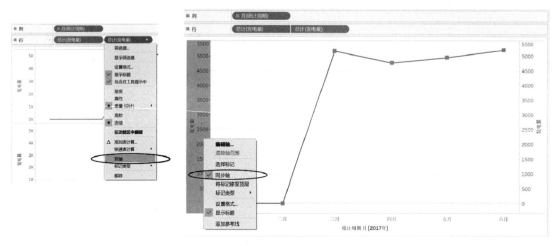

图 4-23　创建双轴视图

4.4.2　双组合图

双组合图，又称双轴折线图，是在同一个图表中分别用两个纵轴标记不同数据类型或数据范围的折线图。

下面我们以上例中的数据为例，分析"2017 年上半年发电量的同比增长情况"，创建该视图的步骤如下。

（1）同上例，创建 2017 年上半年每月发电量趋势图。

（2）创建计算字段"同比增长率"，如图 4-24 所示，右键单击该字段，在"默认属性"➤"数据格式"中将其设置为百分比，小数位数为两位。

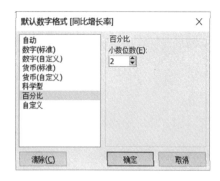

图 4-24　创建计算字段"同比增长率"

(3) 将度量"同比增长率"拖至视图的右侧,生成双轴图,如图 4-25 所示。

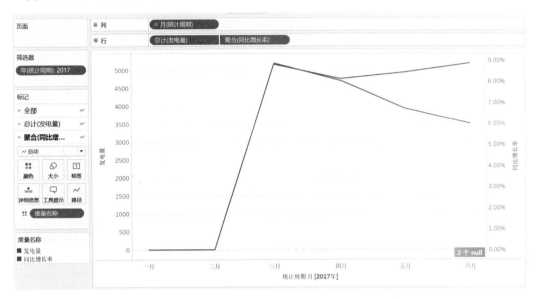

图 4-25 双组合图——2017 年上半年发电量同比增长情况

(4) 因"总计(发电量)"表示数量,可将其标记类型修改为"条形图",从而生成双组合图。注意,为使条形图展示效果良好,将列功能区的"统计周期"字段修改为离散型"月",如图 4-26 所示。

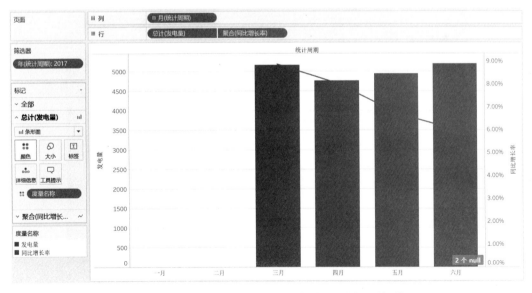

图 4-26 双组合图——2017 年上半年发电量同比增长情况

　　(5) 为考核同比增长速度，可以在该视图添加同比增长率的平均值参考线，右键单击同比增长率的纵轴，选择"添加参考线"，范围选"整个表"，线选"平均值"，设置方法如图 4-27 所示。

图 4-27　为轴添加参考线

　　或在分析窗口中，选择"平均线"，并拖放到视图中，在弹出的对话框中，将平均线放入"表""聚合（同比增长率）"的格子中，如图 4-28 所示。

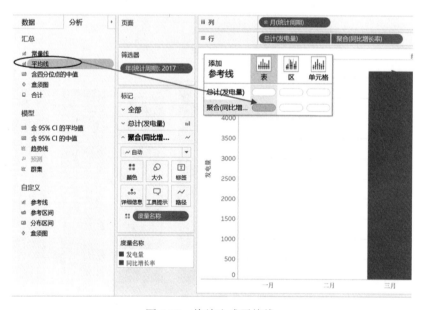

图 4-28　拖放生成平均线

为"同比增长率"添加"标签",最终生成的视图如图 4-29 所示。

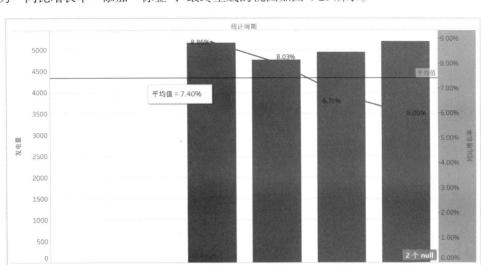

图 4-29 添加标签后的双组合图

由图 4-29 可以看出,2017 年上半年,发电量平均增长 7.4%,3 月、4 月增长较快,5 月、6 月增长较慢。注意,因 2017 年 1 月、2 月数据缺失,本图中 1 月、2 月数据为空。

4.5 基本表

基本表,又称作文本表、交叉表,即一般意义上的表格,它是一种最为直观的数据表现方式,在数据分析中具有不可忽视的作用。表格可以代替冗长的文字叙述,便于计算、分析和对比。但表格的缺点是不够形象、直观,当表格中数据量较大时,分析人员很难快速定位到所需信息。

下面以分析"2017 年上半年发电量的同比增长情况"为例,介绍创建基本表的方法。

(1) 连接"发电量数据"数据源,将维度"地区"拖至行功能区,将"度量名称"拖至列功能区,并将度量值拖至"标记"卡上的"文本",将度量名称拖至筛选器,并排除掉记录数,将统计周期拖至筛选器,选择 2017 年,发电量将自动汇总为 2017 年上半年累计值,并生成如图 4-30 所示的基本表。

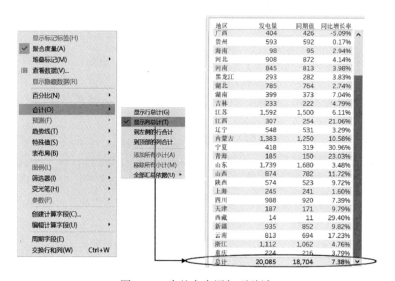

图 4-30   基本表——2017 年上半年全国不同地区累计发电量与同比增长情况

(2) 为基本表添加列总计。选择菜单栏的"分析"➤"合计"➤"显示列总计",如图 4-31 所示。

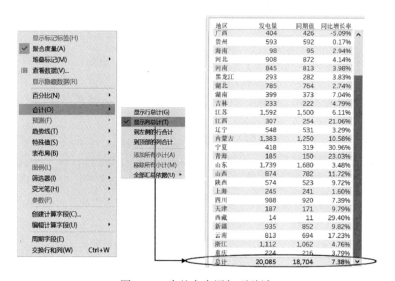

图 4-31   为基本表添加列总计

该表格列出了 2017 年上半年全国不同地区累计发电量和同期变化情况,是最直接的一种数据展示方式。

4.6 压力图

由上一节的示例可以看出,当数据量较大时,分析人员很难通过基本表的方式获取重要信息。这时可选择使用压力图(包括突显表)或树形图。

压力图,又称热图、热力图,是一种对表格中数字的可视化表示,通过对较大的数字以较深的颜色或较大的尺寸、对较小的数字以较浅的颜色或较小的尺寸显示,可以帮助用户快速地在众多数据中识别异常点或重要数据。当仍需要利用表格展示数据且又需要突出重点信息时,可选择使用突显表。

根据上例的结果,可采用压力图继续分析发电量与同比变化率的关系,下面以查找其中的异常点为例,介绍压力图的创建方法。

4.6.1 压力图

(1) 连接"发电量数据"数据源,将"地区"拖至行,将"发电量"拖至标记卡的"大小"上,将"统计周期"筛选为2017年,发电量将自动汇总为2017年上半年累计值,并得到如图4-32所示的压力图。

图4-32 压力图——2017年上半年不同地区累计发电量情况

可以看出,标记的大小代表了发电量的大小,标记越大值越大,标记越小值越小。在图中可以快速地发现重要数据,如江苏、山东和广东的发电量居于前三位。

(2) 可将"同比增长率"拖至"标记"卡的"颜色"上,生成如图4-33所示的压力图,以快速获取两个指标的异常点。

图 4-33　压力图——2017 上半年部分地区累计发电量与同比变化情况（另见彩插）

由图 4-33 可以看出，同比增长率由颜色表示，蓝色越深代表增长越快；橙色越深代表同比降低越多。图 4-33 展示的数据即为图 4-31 基本表中的数据，但与基本表相比，能够快速地展现两个关联指标的关系及异常情况。如宁夏虽然发电量较小，但同比增长最快，北京、广西发电量存在负增长。这一图形可以方便分析人员快速定位数据异常点，结合对明细的钻取和实际经济环境，剖析发生异常的原因。

4.6.2　突显表

突显表是对基本表的一种变形，与压力图类似，目的是帮助分析人员在大量数据中迅速发现异常情况，但因其显示出具体数值后将与基本表一样，当数据量较大时对异常及重要数据难以辨识，故建议不要用突显表表示多个指标的情况，而是仅突出显示一个指标（度量）的异常或重要信息。

下面以分析"2017 年上半年不同地区累计发电量情况"为例，介绍创建突显表的方法。

(1) 将"地区"拖至行功能区，将"发电量"分别拖至"标记"卡的"文本"及"颜色"上，将标记类型改为"方形"，得到如图 4-34 所示的突显表。

可以看出，突显表通过各表格颜色的深浅，能够帮助分析人员非常直观、迅速地从大量数据中定位到关键数据，这一点和压力图使用标记大小帮助定位在本质上是相同的；而且突出表还显示了各项的值，又兼具基本表的优点。例如从该例中，分析人员可以快速发现广东、江苏、山东等地上半年的发电量位居前列且值分别是多少；而像西藏，可知其发电量较少，仅为 14 亿千瓦时。

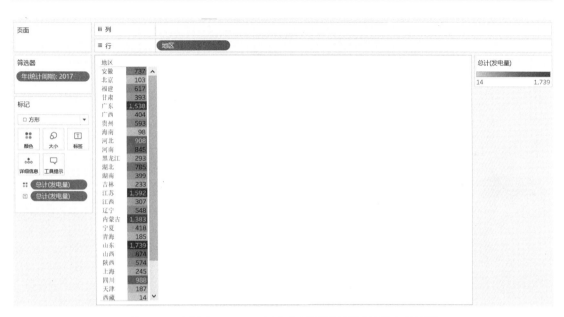

图 4-34　突显表——2017 年上半年不同地区累计发电量情况

　　如需对比不同地区发电量与平均值的关系，可通过编辑颜色实现，单击"颜色图例"右上角的下拉按钮，选择"编辑颜色"。在弹出的对话框中，选择"橙色-蓝色发散"，单击"高级"，设定中心为不同地区发电量平均值 647.9 亿千瓦时，如图 4-35 所示。

图 4-35　编辑发电量的颜色

　　设置完成之后，突显表如图 4-36 所示，可清楚地看出安徽、广东、河北等地区发电量高于平均值，北京、福建、甘肃等地区发电量低于平均值。

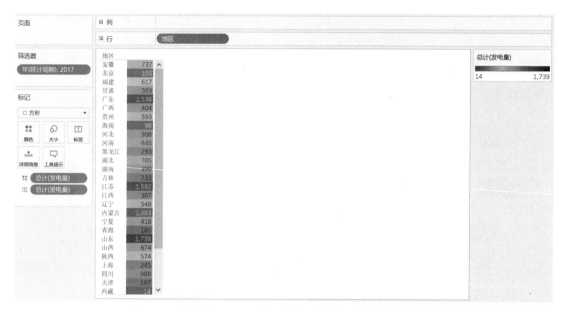

图 4-36 突显表——2017 年上半年不同地区累计发电量情况

(2) 使用突显表分析压力图中的例子：查看不同地区发电量和同比增长的异常点。将"同比增长率"拖至"指标卡"中的"颜色"，生成如图 4-37 所示的视图。

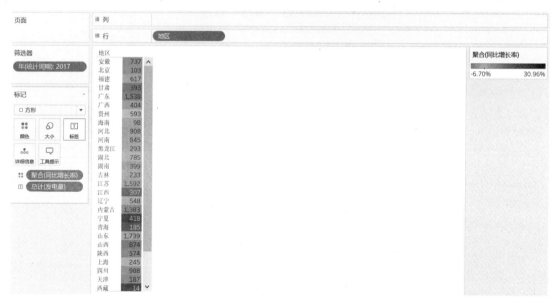

图 4-37 突显表——2017 年上半年不同地区累计发电量及同比增长情况表

图 4-37 中，表格中的数值表示累计发电量的大小，单元格的颜色表示同比增长的大小。由于发电量由数值直接表达，传递信息不够直观，因此无法像压力图那样帮助用户快速看出两个相关联指标的异常情况。通过上例可以发现，突显表在表达关于一个度量"突出值"的情况下是非常有效的。

若需同时展示发电量和同比变化率的数值，同时又需要用颜色来清晰地区别不同地区的差异，可将度量名称拖至列功能区，度量值分别拖至"标记卡"中的"标签"和"颜色"，并筛选度量名称包括"发电量"和"同比增长率"。在颜色图例中，设置"使用单独的图例"，可生成如图 4-38 所示的效果，发电量和同比增长率分别使用不同的颜色图例，用以区分不同地区单个指标的差异。

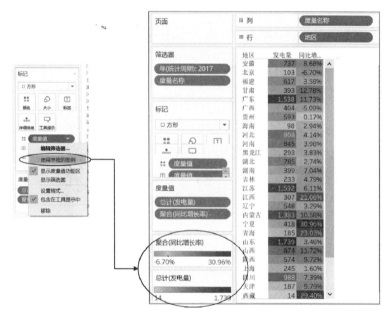

图 4-38　突显表——2017 年上半年不同地区累计发电量及同比增长情况（另见彩插）

4.7　树地图

树地图，也称树状图，使用一组嵌套矩形来显示数据，同压力图一样，也是一种突出显示异常数据点或重要数据的方法。

同样以分析"2017 年上半年不同地区累计发电量及同比增长情况"为例，创建树地图。选择标记类型为方形，将"地区"拖放至"标签"；将"发电量"拖放至"大小"，这时图形的大小代表 2017 年上半年累计发电量；将"同比增长率"拖放至"颜色"，颜色深浅代表大小，生成如图 4-39 所示的树地图。

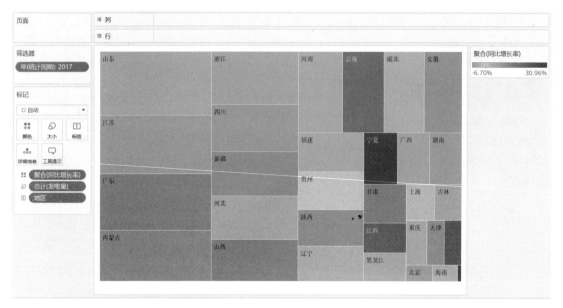

图 4-39   树地图——2017 年上半年不同地区累计发电量及同比增长情况（另见彩插）

可以看出，山东、江苏、广东上半年累计发电量均排名前列；宁夏发电量不多，但增长最快，贵州发电量较大但同比下降。

4.8   气泡图

气泡图，即 Tableau "智能显示"卡上的"填充气泡图"。每个气泡表示维度字段的一个取值，各个气泡的大小及颜色代表了一个或两个度量的值。Tableau 气泡图的特点是具有视觉吸引力，能够以非常直观的方式展示数据。

下面以分析"2017 年 6 月不同地区发电量"为例，介绍创建填充气泡图的操作步骤及分析方法。

(1) 连接"发电量数据"数据源，"统计周期"筛选为"2017 年 6 月"。将"地区"分别拖至"标记"卡的"颜色"和"标签"，将"发电量"拖至"标记"卡的"大小"，并更改标记类型为"圆"，生成如图 4-40 所示的视图。

Tableau 会自动用不同的颜色标示出每个地区，并用气泡的大小标示出各省份当月发电量的大小。可以看出，2017 年 6 月山东和广东的发电量最多。

(2) 将填充气泡图的"标记"由"圆"改为"文本"时，视图将由填充气泡图变为文字云，如图 4-41 所示。

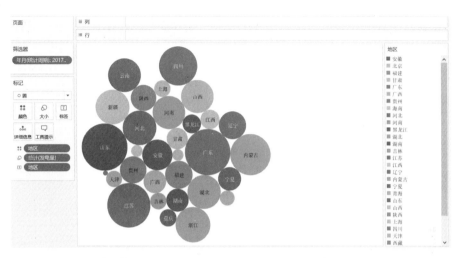

图 4-40　填充气泡图——2017 年 6 月不同地区发电量情况（另见彩插）

图 4-41　文字云——2017 年 6 月不同地区发电量情况

由上例可以看出，文字云和填充气泡图的本质相同，但用"文本"的大小替换"圆"的大小之后，直观性较差，但形式较美观。

4.9　圆视图

圆视图可看作气泡图的一种变形，通过给气泡图添加一个相关的维度，按不同的类别分析气泡，并依据度量的大小，将所有气泡有序地排列起来，表现较气泡图更为清晰。

下面以分析"2017 年 6 月发电量按发电类型的不同地区分布情况"为例，介绍圆视图的创建方法。

(1) 将"地区"拖至列功能区，将"发电量"拖至行功能区，并修改标记的类型为"形状"，得到 2017 年 6 月不同地区分布的圆视图，如图 4-42 所示。

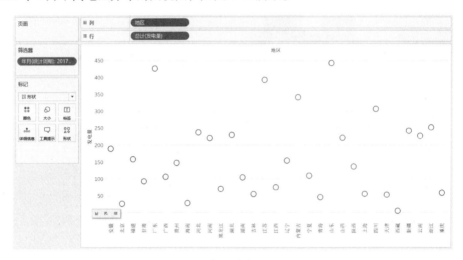

图 4-42   圆视图——2017 年上半年发电量按发电类型圆视图

(2) 分别将"发电类型"拖至"标记"卡上的"颜色"，将"同比增长率"拖至"标记"卡上的"大小"，单击"大小"标签，调整圆圈大小，生成如图 4-43 所示的圆视图。通过图形可以看出，一般情况下，火力发电较多，但太阳能和风力发电量的同比增长较快。

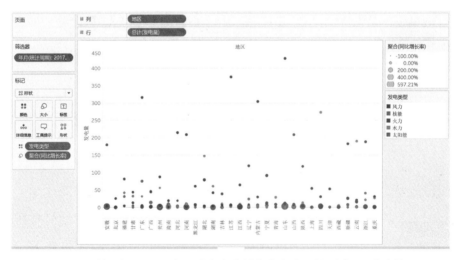

图 4-43   圆视图——2017 年上半年发电量按发电类型的不同地区分布情况

圆视图可以帮助分析人员快速发现每一类别中的异常点或突出数据，例如在图 4-43 中，可以较直观地看到，山东省的火力发电较多，同时太阳能同比增长也最快。

4.10 标靶图

标靶图是指通过在基本条形图上添加参考线和参考区间的方式，帮助分析人员更加直观地了解两个度量之间的关系，常用于实际值与计划值或同期值的比较。

下面以分析"2017 年 6 月不同地区发电量情况"为例，介绍创建标靶图的操作步骤及分析方法。

(1)将"地区"拖至行功能区，将"发电量"拖至列功能区，并将"同期值"拖放到"标记"卡上，创建如图 4-44 所示的条状图。

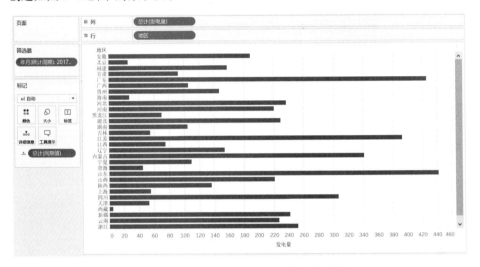

图 4-44 创建标靶图时自动生成的条形图

(2) 添加参考线和参考区间。右键单击视图区横轴的任意位置，在弹出菜单上选择"添加参考线"，在弹出的编辑窗口中选择类型为"线"，并对参考线的范围、值及格式进行设置；再次添加参考线，选择类型"分布"，并对范围、区间的取值和格式进行设置，如图 4-45 所示。

图 4-45 编辑参考线及参考区间

(3) 调整标记的大小，得到标靶图，如图 4-46 所示。可以看出，2017 年 6 月，大部分地区发电量都已达到或超过去年同期，但贵州、广西和福建三省的发电量未与去年持平，需进一步查询和分析原因。

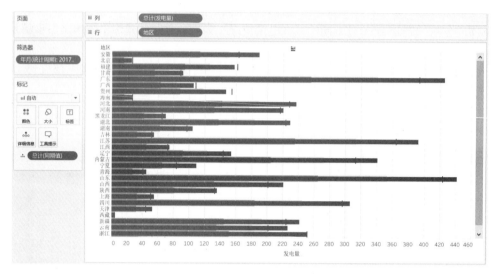

图 4-46　添加参考线、参考区间后的标靶图

4.11　甘特图

甘特图，又称横道图，是以图示的方式通过活动列表和时间刻度形象地表示出任何特定项目的活动顺序和持续时间。甘特图的横轴表示时间，纵轴表示活动（项目），线条表示在整个期间上该活动或项目的持续时间，因此可以用来比较与日期相关的不同活动（项目）的持续时间长短。甘特图也常用于显示不同任务之间的依赖关系，并被普遍用于项目管理中。

下面以"比较各类物料不同供应商的延期交货情况"为例，说明创建甘特图的步骤和方法。

(1) 连接"某单位物资采购情况明细表"后，通过日期型字段"计划交货日期"和"实际交货日期"创建计算字段"延期天数"，如图 4-47 所示。

图 4-47　创建"延期天数"

(2) 将"物资类别"和"供应商名称"拖放至行功能区，将"计划交货日期"拖至列功能区，并通过右键把日期级别更改为"日"。

(3) 将度量"延期天数"拖至"标记"卡上的"大小"后，生成如图 4-48 所示的甘特图。

图 4-48　甘特图

(4) 图 4-48 无法区分出各物资类别不同供应商的延期交货和提前交货情况。可将"延期天数"拖至"标记"卡的"颜色"上，并对其进行编辑，如图 4-49 所示。编辑颜色后的视图如图 4-50 所示。

图 4-49　编辑"延期天数"的颜色（另见彩插）

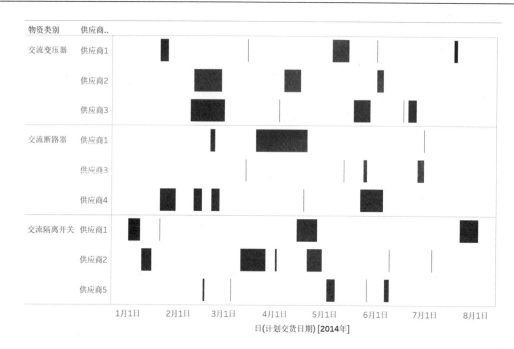

图 4-50 供应商及时供货情况分析（另见彩插）

通过图 4-50，可以分析比较三类物资的不同供应商的交付能力。对于"交流变压器"，供应商 1 的交付能力最好，供应商 3 延期情况最严重；而对于"交流断路器"，则是供应商 3 的交付能力最好；对于"交流隔离开关"，供应商 5 的交付能力最好，而供应商 1 的交付能力最差。该分析结果可对物资部采购人员制定未来采购计划提供帮助。

第5章 高级数据操作

本章主要介绍 Tableau 的高级数据操作方法，包括如何创建分层结构、组、集、参数、计算字段、参考线与参考区间，以及如何灵活运用它们来创建视图。熟悉和掌握这些方法将有助于了解 Tableau 的数据组织形式和基本工作方式，这是进行高级可视化分析的基础，建议在阅读第 6 章之前，首先掌握本章介绍的 Tableau 高级数据操作。

5.1 节和 5.2 节介绍了分层结构和组，两者经常结合使用以实现对数据的上钻和下钻操作；5.3 节介绍了集的创建与使用方法；5.4 节介绍了参数的创建和使用方法；5.5 节介绍了如何创建和使用计算字段，以及表计算、详细级别表达式、百分比这 3 种函数的使用方法；5.6 节介绍了参考线以及参考区间在工作表视图中的使用方法，有效地丰富了所创建的视图。

本章所用到的数据为座席接听统计数据，其中每条记录包括一个座席每天接听电话的统计信息，以及该座席所属中心、部门、组、班、工号、姓名等基本信息。

5.1 分层结构

分层结构（hierarchy）是一种维度之间自上而下的组织形式。Tableau 默认包含对某些字段的分层结构，比如日期、日期/时间和地理角色。以日期维度为例，日期字段本身包含了"年-季度-月-日"的分层结构。

除了 Tableau 默认内置的分层结构外，针对多维数据源，由于其本身包含了维度的分层结构，所以 Tableau 直接使用数据源的分层结构。针对关系数据源，Tableau 允许用户针对维度字段自定义分层结构，在创建分层结构后，将显示在维度窗口中，其字段图标为 品 。

分层结构对维度之间的重新组合有重要作用，上钻（drill up/roll up）和下钻（drill down）是导航分层结构的最有效方法。例如，在查看不同月份的人工服务接听量时，单击列功能区上的 田 控件，可以下钻查看每月各日的接听量；单击列功能区上的 日 控件，上钻查看每月的接听量，如图 5-1 所示。

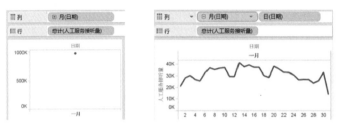

图 5-1　人工服务接听量折线图

下面我们介绍如何在关系数据源中创建和使用分层结构。

5.1.1　创建分层结构

图 5-1 展示的是一个月人工服务接听量的折线图,如果希望查看不同中心以及下级各个部门、各个组的人工服务接听量,依据已有的维度字段"中心""部"和"组"来创建分层结构即可轻松实现。

1. 方式 1:通过拖动方式创建名为"组织"的分层结构

在"维度窗口"中,将字段"部"直接拖放到另一个字段"组"上(字段的放置顺序会影响上下级关系,可进行拖放调整),会弹出窗口,在窗口中键入名称"组织",单击"确定",如图 5-2 所示。

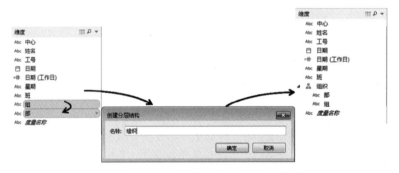

图 5-2　拖动方式,创建"组织"分层结构

字段"中心"也可以拖放到"组织"分层结构中,最终通过调整得到"组织"的分层结构:"中心–部–组"。

当待分层字段出现在文件夹内部时,不能再通过拖放的方式来创建分层结构,如图 5-3 所示。

图 5-3　在"组织基本信息"文件夹中不能拖动创建分层结构

2. 方式 2：通过右键菜单创建名为"组织"的分层结构

在"维度窗口"中，单选或复选目标字段，右键选择"创建分层结构"，出现命名提示后，为该分层结构键入名称"组织"，单击"确定"，如图 5-4 所示。

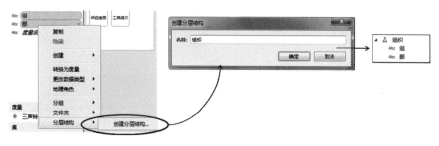

图 5-4 右键菜单直接创建"组织"分层结构

创建好分层结构"组织"后，仍然可以通过拖放位置的方式调整顺序和添加新的层级。当然，还可以通过右键菜单"添加到分层结构"，将遗漏的层级"中心"加入"组织"中，如图 5-5 所示。

图 5-5 添加到已有分层结构

说明 在 Tableau 中，可以通过对分层结构中的维度进行拖放和右键操作将其从分层结构中移除，也可将整个分层结构移除。当所有的层级都从分层结构中移除时，整个分层结构也就被移除了。

5.1.2 使用分层结构

在 Tableau 中，有两种方法可以进行上钻和下钻，一种是单击功能区字段前方的⊞或⊟，另一种是在视图标题上右键选择钻取分层结构。

1. 使用行功能区或列功能区字段进行钻取

根据上一节创建的"组织"分层结构，由"中心"下钻到"部"的示例如图 5-6 所示，单击分层结构上的"加号/减号"符号可以轻松完成钻取工作。不论在哪里使用分层结构（行功能区、列功能区或"标记"卡），一般而言遇到"加号/减号"即可进行钻取操作（加号和减号分别对应下钻和上钻）。

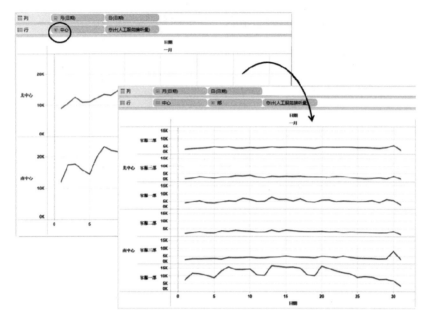

图 5-6 使用行功能区上的"加号/减号"进行钻取

2. 使用视图中的标题进行钻取

另外，通过视图中的标题也可以进行上钻和下钻操作。该方法有两种方式：①右键单击视图标题，然后从上下文菜单中选择"下钻查询"或"上钻查询"（如图 5-7 所示）；②让光标在视图标题上悬浮一会儿，会显示"加号/减号"符号，便可进行下钻和上钻（如图 5-8 所示）。

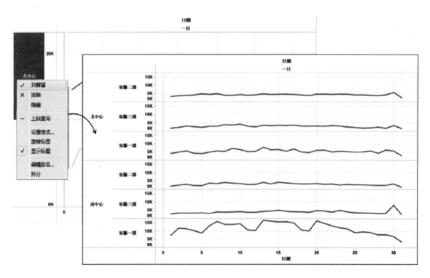

图 5-7 右键单击视图中的标题"下钻/上钻查询"

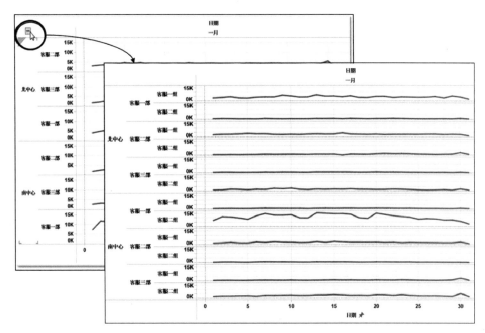

图 5-8　鼠标悬停于视图标题上方，显示"加号/减号"

5.2　组

组（group）是维度成员或者度量的离散值的组合。通过分组，可以实现对维度成员的重新组合，以及度量值的按范围分类，组字段的图标为⬚。

在 Tableau 中，要归类重组维度成员有多种方式，分组是最常见和最快速的方式之一。但是，组是不能用于计算的（计算字段会在 5.5 节中详细介绍），即组不能出现在公式中。

5.2.1　创建组

在座席接听统计数据中，有些班名称不同，但实际为一个班，这时就可以创建组，从而对这些班进行合并处理。

组有两种创建方式：①直接在视图中选择维度成员来创建组；②基于数据窗口中某个维度来创建组。

1. 直接在视图中选择维度成员创建组

在工作表视图中，按住 Ctrl 单击选中维度成员，然后在选中区域悬停选择⬚来创建新的组，或者在选中区域单击鼠标右键，弹出菜单，单击"组"进行创建。如图 5-9 所示，"班"字段包含了"13 班"和"13 班（15 批新人）"，这两类其实都是"13 班"，选择⬚创建组，默认的组名称是"13 班&13 班（15 批新人）"，可重命名为"13 班"。

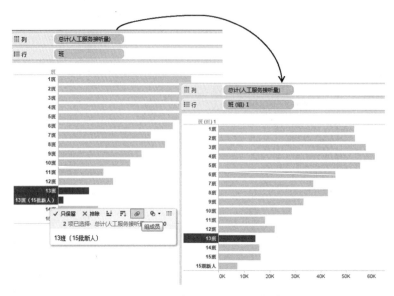

图 5-9　在视图中选择维度成员创建组

当需要取消分组时，只要选择要取消分组的一个或多个维度成员，然后单击工具栏上的"取消成员分组"选项即可，如图 5-10 所示。或单击右键，在弹出对话框中单击"取消成员分组"。

图 5-10　取消成员分组

2. 通过右键菜单创建分组

另一种常用的分组方式就是在维度窗口中，右键"班"字段选择"创建组"，通过这种方式可以进入"创建组[班]"界面（该界面同"编辑组[班（组）]"一致），如图 5-11 所示。

图 5-11　右键菜单创建组

在"创建组[班]"界面中，我们发现"常白 1 班""常白 2 班"等成员可统称为"常白班"，选中这些成员单击"分组"命名为"常白班"（还可使用"添加到"将遗漏成员添加到"常白班"中），如图 5-12 所示。

图 5-12　创建"常白班"分组

当维度中的成员非常多时，为了更快更准确地创建分组，可以使用 Tableau 提供的关键字查找方法进行快速分组。如把班级名称中包含"运行"关键字的班级进行分组，可以采用如下步骤。

(1) 单击对话框底部的"查找"按钮，显示查找选项。

(2) 在"查找成员"文本框中输入要查找的成员名称的全部或一部分，这里输入"运行"。

(3) 从下拉菜单中选择适当的索引方式，有"包含""开头为""精确匹配"3 种方式可供选择，此处选择"包含"。从"范围"中选择待查找的维度成员范围，此处选择"全部"。

(4) 单击"查找全部"按钮。

(5) 单击"分组"并重命名为"运行班"就能得到新的成员结构，如图 5-13 所示。

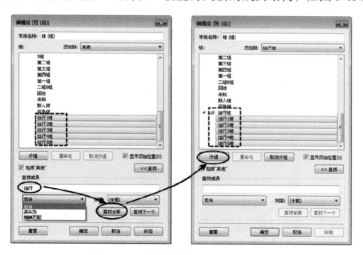

图 5-13　利用关键字查找进行分组

5.2.2　使用组

在上一节中，我们已经对维度"班"中的成员进行了分组，得到了新的"班（组）"字段。本节将介绍"组"的两种使用方式。

1. 展示所有成员

创建后的组的"班（组）"字段包含了已分组的成员和未分组的成员，在绘制视图时，默认将未分组的成员和已分组的成员同时展示，如图 5-14 所示，图中既展示了"常白班""运行班""13 班""15 班"等已分组成员，也展示了"1 班""2 班"等未分组成员。

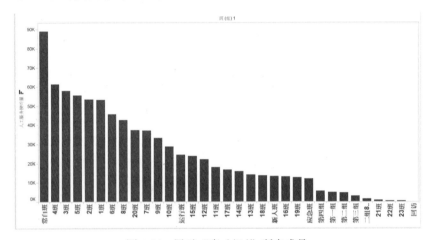

图 5-14　展示"班（组）"所有成员

2. 仅展示定义好的组成员

单击列功能区中"班（组）"的下拉菜单，选择"包括其他"选项，如图 5-15 所示，这样"班（组）"就分为"常白班""运行班""15 班""13 班"和"其他"，即把未定义分组的成员默认分组为"其他"。

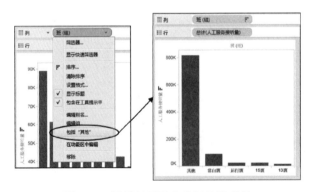

图 5-15　设置仅展示定义好的组成员

Tableau 也可通过在"维度窗口"或工作表中右键单击相应字段，选择"编辑组"，然后在对话框中勾选"包括其他"选项，实现仅展示定义好的组成员。

5.3 集

集（set）是根据某些条件定义数据子集的自定义字段，可以理解为维度的部分成员。Tableau 在数据窗口底部显示集，并使用 ⊘ 作为图标。集能够用于计算，参与计算字段的编辑。

1. 集的分类

根据是否能够随着数据动态变化，集可以分为两大类：常量集和计算集。其中常量集为静态集，不能跟随数据动态变化；计算集为动态集，可以跟随数据动态变化。一般情况下，集的创建针对一个维度进行，但是常量集可以是多个维度的数据子集。常量集与计算集的区别见表 5-1。

表 5-1 集的分类与比较

	常 量 集	计 算 集
随着数据变化	否，静态集	是，动态集
允许使用的维度数量	单个或多个维度	单个维度
创建方式	在视图中直接选择对象创建集	数据窗口右键单击维度创建集

多个集之间可进行合并操作，合并后的集为合并集。

2. 集的作用：选取维度部分成员

集主要用于筛选，通过选取维度的部分成员作为数据子集，以实现对不同对象的选取。集主要有以下两个用处。

(1) 集内外成员的对比分析。Tableau 提供了集的一对特性——内/外（in/out），通过选择"在集内/外显示"可以直接对集内、集外成员进行聚合对比分析。

(2) 集内成员的对比分析。当重点为对集内成员的分析时，可选择"在集内显示成员"，此时集的作用就是筛选器，只展示位于集内的成员。

5.3.1 创建集

本节采用座席接听统计数据，分别介绍如何创建常量集和计算集，以及创建合并集的方式。

1. 创建常量集："平均每日人工服务接听量"由高到低排名前 10 名员工

首先创建基本视图，将"人工服务接听量"拖放到"列功能区"并做平均值聚合运算，将"工号"拖放到"行"功能区，然后按照如下步骤快速创建常量集。

(1) 在视图中，按照"平均每日人工服务接听量"排序，采用降序排列，再用鼠标拖选前 10 名员工。

(2) 在选中区域悬停光标，在弹出的工具提示上，单击"创建集"选项。

(3) 在弹出的"创建集"对话框中，键入名称"平均每日人工服务接听量降序排名前 10 名员工"，单击"确定"，如图 5-16 所示。

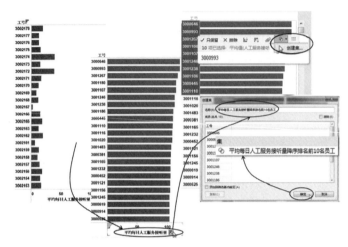

图 5-16   创建"平均每日人工服务接听量降序排名前 10 名员工"常量集

2. 创建计算集："出勤天数"由高到低排名前 1000 名员工

在创建计算集之前，首先梳理员工"出勤天数"的计算方式。数据中每一行记录是特定"工号"员工在某一天的座席接听统计数据，那么该员工的出勤天数就是该工号在所有记录中出现的总行数。据此，"出勤天数"由高到低排名前 1000 名员工集的创建步骤如下。

(1) 右键"维度窗口"中的"工号"，选择"创建集"。

(2) 在弹出的"创建集"对话框中，键入名称"出勤天数降序排名前 1000 名员工"，并在"常规"选项卡中选择"使用全部"。

(3) 单击"顶部"选项卡进行设置，选择"按字段"➤"顶部"➤"1000"，以及"工号"➤"计数"，然后单击"确定"，即创建了"出勤天数"由高到低排名前 1000 名员工集，如图 5-17 所示。

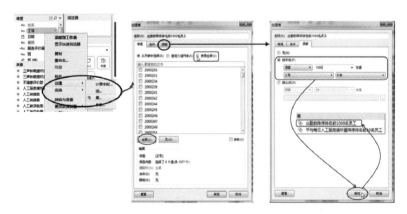

图 5-17   创建"出勤天数降序排名前 1000 名员工"计算集

计算集还可按照"条件"进行设置，以实现对某个字段的值进行筛选，具体方法可参考 2.3.3 节筛选器的介绍。

通过以上创建过程可见，计算集对大量数据创建更为方便，同时能随着导入数据的变化动态变化，而常量集不论导入数据如何变化都是所选择的固定成员。

3. 创建合并集：高出勤且高人工服务接听量的员工

在 Tableau 中，集的合并要遵循相同的维度，比如"平均每日人工服务接听量降序排名前 10 名员工"和"出勤天数降序排名前 1000 名员工"两个集都是以员工为维度进行筛选的。原则上，维度不相同的两个集不能合并，即使合并成功（有些特殊情况）也容易造成误解。

集的合并有 3 种方式：①并集，包含两个集内的所有成员；②交集，仅包含两个集内均存在的成员；③差集，包含指定集内存在而第二个集内不存在的成员，即排除共享成员。

当上述两个集准备完毕后，按照如下步骤创建名为"高出勤且高人工服务接听量的员工"的合并集，即出勤天数前 1000 名且平均每日人工服务接听量前 10 名的员工。

(1) 在"数据窗口"中选择要合并的两个集"平均每日人工服务接听量降序排名前 10 名员工"与"出勤天数降序排名前 1000 名员工"，右键菜单选择"创建合并集"，如图 5-18 所示。

图 5-18　创建合并集"高出勤且高人工服务接听量的员工"

(2) 在"创建集"对话框中，键入新创建的合并集的名称："高出勤且高人工服务接听量的员工"。确认要合并的两个集在两个下拉菜单中都处于选中状态，然后选择合并方式，此处选择"两个集中的共享成员"，最后单击"确定"即可创建合并集。

5.3.2　使用集

1. 集内外成员对比分析

下面以分析"高出勤且高人工服务接听量的员工"（以下简称"勤劳员工"）在各个中心、组的分布情况为例，介绍集内外成员的对比分析方法。

首先创建一个各中心、组的员工人数柱图，将"中心"和"组"拖放到列功能区，"工号"按照"计数（不同）"做聚合后拖到行功能区。然后将集"出勤天数降序排名前 1000 名"拖放到"颜色"。此时，各组内的"勤劳员工"和"其他"员工以不同颜色对比展示，编辑颜色图例别名，集内成员为"勤劳员工"，集外成员为"其他"。将"工号"作聚合后拖到"标签"，选择快速表计算①为"总额百分比"，并编辑表计算依据为"高出勤且高人工服务接听量的员工 内/外"。此时柱图上的百分比标签为各组内"勤劳员工"所占比例，可看出"勤劳员工"全部分布在南中心的客服二组，占客服二组全部员工的 1.83%，如图 5-19 所示。

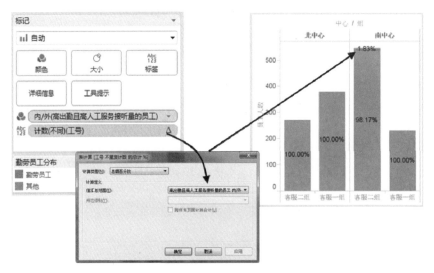

图 5-19　高出勤且高人工服务接听量的员工占比分布

2. 各组内"勤劳员工"占比对比分析集内成员对比分析

下面以分析南北中心在"出勤天数降序排名前 1000 名员工"中的比例为例，介绍集作为筛选器的使用方法。

首先创建一个南北中心员工人数占比的饼图，把"中心"拖放到"颜色"和"标签"，把"工号"拖放到"角度"和"标签"处，并按"计数（不同）"进行聚合。然后将集"出勤天数降序排名前 1000 名"拖放到筛选器，即显示"出勤天数降序排名前 1000 名员工"在南北中心的占比的饼图，如图 5-20 所示。

_____

① 快速表计算将在 5.5.4 节进行详细介绍。

图 5-20 南北中心"出勤天数降序排名前 1000 名员工"人数占比分析

5.4 参数

参数(parameter)是一种可用于交互的动态值。Tableau 在数据窗口底部显示参数,并使用图标#作为标签。

参数是由用户自定义的动态值,是实现控制与交互的最常见、最方便的方法,被广泛地运用在可动态交互的字段(计算集、自定义计算字段等)、筛选器及参考线(包括参考区间等),分析人员可以通过控制参数轻松地与工作表视图进行交互。如图 5-21 所示,通过参数控件,可以调整其他字段,进而控制工作表视图。参数在工作簿中是全局对象,可在任何工作表中单独使用,也可同时应用于多个工作表视图。

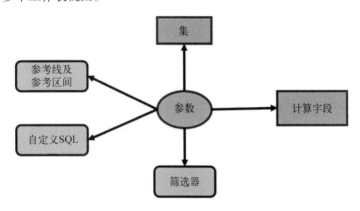

图 5-21 参数的使用

本节主要介绍参数与计算集的配合使用,参数与计算字段的配合使用案例将在 5.5.3 节中详细介绍,参数与参考线的共同使用案例将在 5.7.2 节中展开介绍。

5.4.1 创建参数

参数的创建方式有多种，但总体来说可以归纳为两类：①直接在数据窗口中创建；②在使用计算集、计算字段、参考线及其他功能时创建。

1. 直接在数据窗口创建参数："服务评价满意率阈值"

在数据窗口中创建参数的步骤如图 5-22 所示。

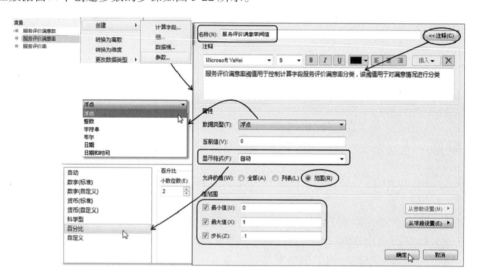

图 5-22　数据窗口创建"服务评价满意率阈值"参数

在数据窗口中，右键单击作为参数基础的字段"服务评价满意率"，弹出菜单选择"创建" ➤ "参数..."，也可以在"数据窗口"右上角的下拉箭头中打开菜单选择"创建参数"。

在弹出的对话框中，设置参数的名称、注释和属性。

(1) 名称：输入想设置的参数名称"服务评价满意率阈值"。

(2) 注释：输入对参数意义的描述，以帮助其他人理解所设参数的含义，此处非强制项，可不设置。

(3) 属性："数据类型"用于指定参数将接受的值的数据类型。"当前值"用于指定参数的默认值。"显示格式"选项用于指定要在参数控件中数值的显示格式。"允许的值"选项用于指定参数接受值的方式，包括 3 种类型，①"全部"表示参数可调整为任意值；②"列表"表示参数设置为列表内的值，有 3 种设置方法，分别是手动输入、从字段中添加或从剪切板粘贴；③"范围"表示参数可在指定值范围内进行调整，可设置最小值、最大值和每次调整的步长，也可从参数设置或从字段设置。一般情况下，作为参数基础的字段是维度时，"允许的值"表现为列表；作为参数基础的字段是度量时，"允许的值"表现为范围。

Tableau 默认的参数属性"数据类型"为"浮点"，"当前值"为 0，"允许的值"是在 0~1 的"范围"。如果不符合实际需求，可随意调整，本处把步长设置为 0.1，把"显示格式"由"自动"

调整为"百分比",并设置展示两位小数。单击"确定"按钮,"服务评价满意率阈值"参数就会显示在数据窗口中。

2. 在使用计算集时创建参数

在计算集中创建参数的步骤如图 5-23 所示。

(1) 右键单击"出勤天数降序排名前 1000 名员工"计算集,在"编辑集"窗口中,修改集名字为"出勤天数降序排名前 N 名员工",在输入数值的下拉菜单中,选择"创建参数"。

(2) 在弹出的对话框中,设置参数的名称、注释、属性,与直接在"数据窗口"中创建参数的方法一致。参数名称为"出勤天数降序 TopN 员工阈值",数据类型设置为"整数","允许的值"为"范围",设置为 1~3000,步长为 1,单击"确定"即成功创建参数。

注意,当"步长"处于非激活状态时,Tableau 会根据数据范围自动选择相应的步长。

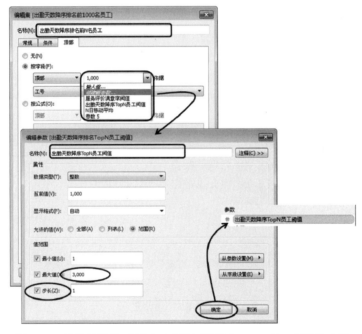

图 5-23　编辑计算集时创建"出勤天数降序 TopN 员工阈值"参数

5.4.2 使用参数

在 5.3.2 节中对"出勤天数降序排名前 1000 名的员工"进行了南北中心的对比分析,如需动态查看出勤天数排名不同的员工数量对比,需要引入参数进行手动改变,设置步骤如下。

(1) 在数据窗口中右击参数"出勤天数降序 TopN 员工阈值",并选择"显示参数控件",此时参数控件将显示在视图区域的右上角。

(2) 单击参数控件的下拉箭头可设置参数的展示形式,包括"编辑标题""设置参数格式""滑块""键入内容"等，其中"设置参数格式"可调整参数标题、正文的字体格式和大小等；当选择"滑块"时，可通过"自定义"选择是否"显示读出内容""显示滑块"和"显示按钮"；当选择"键入内容"时，只展示读出内容。"滑块"和"键入内容"的展示形式如图 5-24 所示。

图 5-24　设置参数控件显示形式

(3) 将集"出勤天数降序排名前 N 名员工"拖入筛选器，调整参数的值，可动态观察不同排名的员工数量在南北中心的分布，如图 5-25 所示。

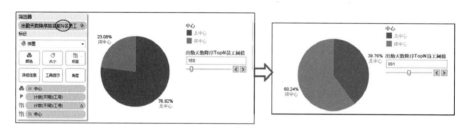

图 5-25　使用参数控件动态调整视图

5.5　计算字段

计算字段（calculated field）是根据数据源字段（包括维度、度量、参数等）使用函数和运算符构造公式来定义的字段。同其他字段一样，计算字段也能拖放到各功能区构建视图，还能用于创建新的计算字段，而且其返回值也有数值型和字符型之分。

计算字段的创建界面如图 5-26 所示，包括输入窗口和函数窗口。

图 5-26　计算字段创建界面

在输入窗口中，可输入计算公式，包括运算符、计算字段和函数。其中，运算符支持加（+）、减（-）、乘（*）、除（/）等所有标准运算符。字符、数字、日期/时间、集、参数等字段均可作为计算字段，Tableau 的自动填写功能会自动提示可使用计算的字段或函数。例如输入"不"之后，Tableau 会提示有度量"不满意评价数"和集"不满意评价数低于 5 的员工"供选择，也可选择 origin 数据源中的度量"不满意数"。

函数窗口为 Tableau 自带的计算函数列表，包括数字、字符串、日期、类型转换、逻辑、聚合以及表计算等，详细介绍参见附录 A。双击该函数即可在"输入窗口"中出现，也可在"输入窗口"中自动补全。

5.5.1　创建计算字段

同参数的创建类似，计算字段的创建方式有两种：①直接在数据窗口中创建计算字段；②在使用计算集、计算字段、参考线及其他时创建。本节主要介绍如何通过"数据窗口"创建计算字段的方法。

1. 创建一个简单的"服务评价满意数"计算字段

按照业务逻辑，"服务评价满意数"为"服务评价推送成功数"和"不满意评价数"的差。创建计算字段只需在数据窗口中的字段上单击右上角小箭头，或右键单击字段，在弹出菜单中选择"创建"➤"计算字段"，如图 5-27 所示，在弹出的对话框中输入公式"[服务评价推送成功数]-[不满意评价数]"，单击"应用"，这样 Tableau 就将对每一条记录按照该公式进行计算，并生成一个新的字段"服务评价满意数"。

图 5-27　创建计算字段"服务评价满意数"

因为该计算返回数字，所以新字段显示在数据窗口的"度量"区域中，并且可以像使用其他任何字段那样使用该新字段。

在公式输入框中，可以使用"//"开头来书写注释。

2. 运用逻辑函数与参数创建"服务评价满意率分类"计算字段

使用参数和 Tableau 的逻辑函数创建计算字段，生成"满意"和"不满意"两个类别，实现对服务评价满意率的分级，通过调节参数"服务评价满意率阈值"，当"服务评价满意率"大于参数阈值时，则服务分级为"满意"，否则为"不满意"，实现灵活分级。

采用 Tableau 的逻辑函数 IF 语句，具体函数使用方式可参考窗口右方的函数描述和示例，计算字段语句为："IF[服务评价满意率]>[服务评价满意率阈值]THEN'满意'ELSE'不满意'END"，具体创建方式如图 5-28 所示。输入公式后，在左下角会提示是否正确，当显示"计算有效"时，单击"确定"，即生成"服务评价满意率分类"字段。

图 5-28　创建计算字段"服务评价满意率分类"

根据返回的数据类型，该计算字段自动显示在数据窗口的"维度"中，使用=Abc 作为标签，如图 5-29 所示。

图 5-29　"服务评价满意率分类"字段

5.5.2　使用计算字段

使用计算字段"服务评价满意率分类"与参数"服务评价满意率阈值"来创建服务评价满意率分析视图，实现对每个员工每天的话务接听量和服务满意率进行综合评价，创建步骤如下。

(1) 将"服务评价满意率"以及"人工服务接听量"分别拖放到行、列功能区，并选择标记类型为"圆"。由于默认是聚合状态，而此处要分析的是每人每天的业务情况，即每条记录的分布，所以取消菜单栏"分析"中的"聚合度量"选项，进行解聚。

(2)将计算字段"服务评价满意率分类"拖放到"颜色"，并且显示参数控件"服务评价满意率阈值"。如图 5-30 所示，可以调整阈值来观察不同阈值条件下每个员工每天的"人工服务接听量"与"服务评价满意率"之间的关系和变化。

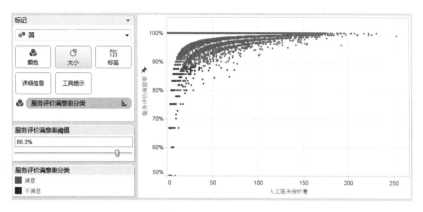

图 5-30　服务评价满意率分类

为了使用户快速看到分析结果，Tableau 提供了在行功能区和列功能区直接输入计算公式的方式，通过这种方式创建的计算字段可即时在视图中看到结果，拖放该字段到数据窗口，即可形成新的字段。

如将图 5-30 中的人工服务接听量的计量单位由"个"修改为"百个"，则在列功能区中双击"人工服务接听量"，直接输入"/100"，此时视图中的 X 轴即修改为"SUM([人工服务接听量])/100"，如图 5-31 所示。

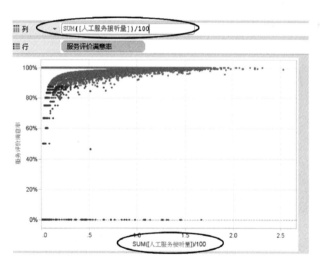

图 5-31　服务评价满意率分类

5.5.3　特殊函数：表计算

表计算是对当前视图中度量值的转换，或理解为"二次计算"。当创建表计算后，在标记卡、行功能和列功能区域，该计算字段就会有正三角标记，如 总计(人工服务接听量) △ 。

在编辑公式时，表计算函数需要明确计算对象、计算类型和计算依据，其中计算依据包括计算范围（分区）、计算方向（寻址）和计算级别等。注意，在使用表计算时必须使用聚合数据。Tableau 10.0 之后，当我们在"表计算"对话框中使用不同的"计算依据"选项时，视图中会以彩色背景突出显示计算依据所涉及的范围和方向，以帮助理解不同选项的影响。可以通过单击"表计算"对话框中的"显示计算帮助"来打开或关闭该功能。

1. 快速表计算

Tableau 把常用的表计算嵌入"快速表计算"中，可以非常快速地使用表计算结果。

如图 5-32 所示，右键单击"总计（人工服务接听量）"或选择下拉箭头，在弹出的菜单中选择"快速表计算" ➤ "差异"。或直接单击"添加表计算"，在弹出的对话框中选择"差异"。此时，默认表计算的逻辑是沿着"表（横穿）"相对于"上一个"顺次计算差值，如 4318 – 3828 得到 490，以此类推。双击该字段，可看到快速表计算的公式为 ZN(SUM([人工服务接听量]))−LOOKUP(ZN(SUM([人工服务接听量])),-1)，其中 ZN 为空值字段的保护函数。

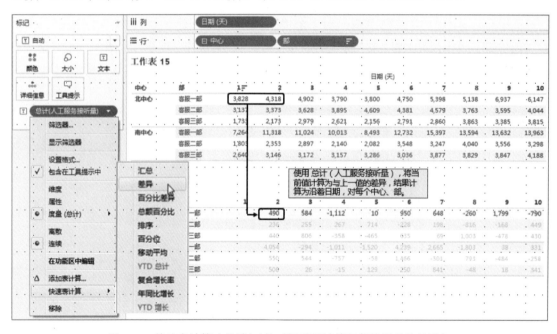

图 5-32　快速表计算（差异）（按时间递延计算相邻接听量的差异）

如果希望获得与"第一个"值（即与该月 1 日数据）的差异，单击"编辑表计算"，在"相对于"下拉列表中选择"第一个"，如图 5-33 所示。或直接单击菜单中的"相对于"，将其修改为"第一个"即可。双击该字段，可看到快速表计算的公式为 ZN(SUM([人工服务接听量]))−LOOKUP(ZN(SUM([人工服务接听量])),FIRST())。

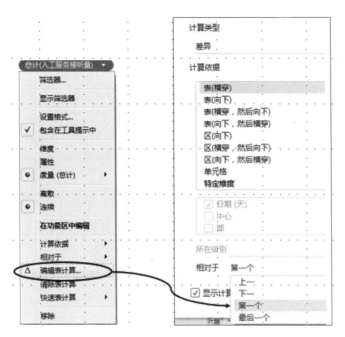

图 5-33　编辑表计算

这样就可以获得每一个值与第一个值的差值，如图 5-34 所示。

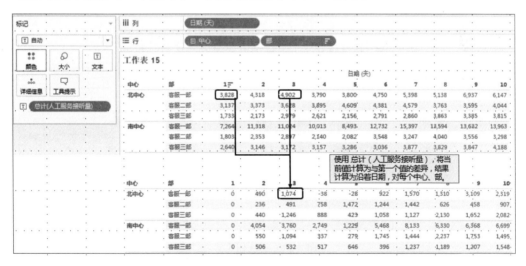

图 5-34　编辑表计算（沿着日期对每个"中心–部"下人工服务接听量计算其与第一个的差异）

在高级分析中，"快速表计算"是比较常用的方式。Tableau 共嵌入了汇总、差异、百分比差异、总额百分比、排序、百分位、移动平均、YTD 总计（本年迄今总计）、复合增长率、年同比增长和 YTD 增长（本年迄今增长）共计 11 个快速表计算，可实现对表中一组数据的快速计算总计、差异、移动平均等。

除了快速表计算，Tableau 还提供了多种表计算函数，便于灵活编辑公式。其中，自定义表计算将在后文介绍。

2. 了解计算依据

计算依据包括计算范围（分区）、计算方向（寻址）和计算级别等要素。Tableau 中已嵌入常用的计算依据类型，主要为以下 3 大类。

● **表（横穿）及表（向下）**

表（横穿）可以理解为对每一个分区沿着水平方向进行特定的计算，即将寻址设置为计算整个表，并且沿水平方向移动计算每个分区，这是 Tableau 默认的计算依据。

如图 5-35 所示，表上横向排列的维度是寻址字段，即"日期"，而所有其他维度（"中心""部"）均为分区字段。

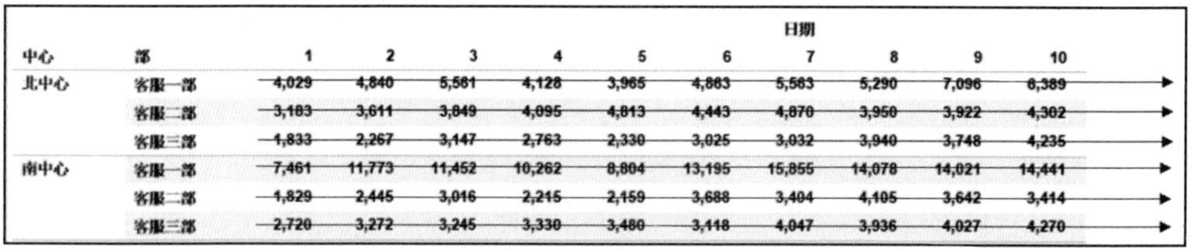

图 5-35　表（横穿）

同理，表（向下）可以理解为对每一个分区沿着垂直方向进行特定的计算，如图 5-36 所示。此时其寻址字段为"中心""部"，分区字段为"日期"。

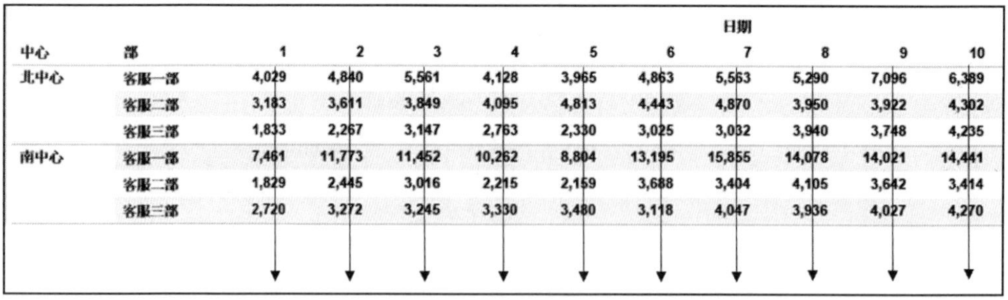

图 5-36　表（向下）

● **表（横穿，然后向下）及表（向下，然后横穿）**

表（横穿，然后向下）将寻址设置为先横向后竖向计算整个表，即表中横向和竖向排列的字段都是寻址字段，其顺序为"中心" ➤ "部" ➤ "日期"，但没有分区字段，其计算过程为：横向计算，移至下一行从左向右继续横向计算，以此类推，如图 5-37 所示。

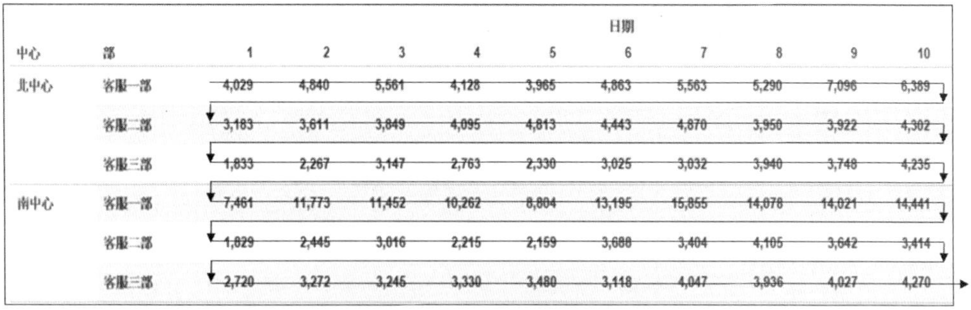

图 5-37　表（横穿，然后向下）

同理，表（向下，然后横穿）的寻址字段依次为"日期"➤"中心"➤"部"，没有分区字段，两者的区别在于寻址字段的顺序，如图 5-38 所示。

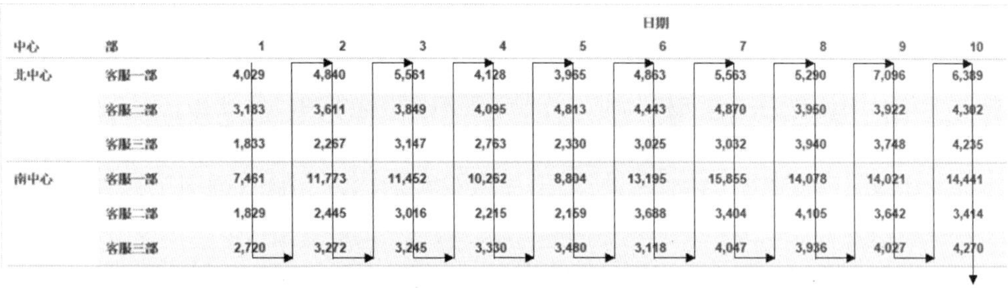

图 5-38　表（向下，然后横穿）

● 区（向下）

区（向下）将对表中的区向下进行计算，其中，"中心""日期"为分区字段，"部"是寻址字段，如图 5-39 所示。

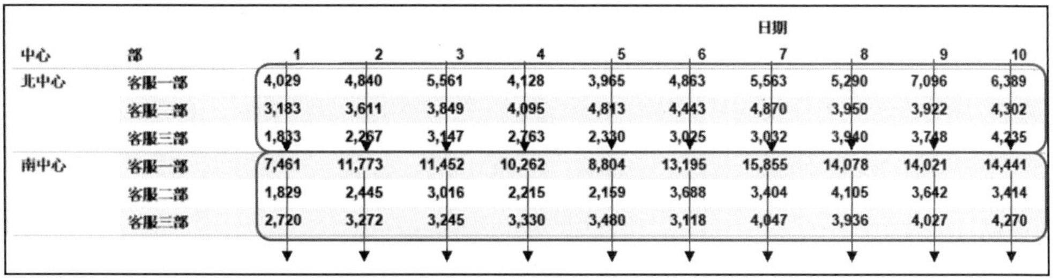

图 5-39　区（向下）

以差异计算为例，计算依据为区（向下）相当于对每一个分区单独进行向下的差异计算，结果如图 5-40 所示。

其他和区相关的计算范围，比如区（横穿）、区（横穿，然后向下）以及区（向下，然后横穿），都是针对每个区进行的计算，其区别只是寻址方式的不同。

中心	部						日期				
		1	2	3	4	5	6	7	8	9	10
北中心	客服一部	4,029	4,840	5,561	4,128	3,965	4,863	5,563	5,290	7,096	6,389
	客服二部	3,183	3,611	3,849	4,095	4,813	4,443	4,870	3,950	3,922	4,302
	客服三部	1,833	2,267	3,147	2,763	2,330	3,025	3,032	3,940	3,748	4,235
南中心	客服一部	7,461	11,773	11,452	10,262	8,804	13,195	15,855	14,078	14,021	14,441
	客服二部	1,829	2,445	3,016	2,215	2,159	3,688	3,404	4,105	3,642	3,414
	客服三部	2,720	3,272	3,245	3,330	3,480	3,118	4,047	3,936	4,027	4,270

中心	部						日期				
		1	2	3	4	5	6	7	8	9	10
北中心	客服一部										
	客服二部	-846	-1,229	-1,712	-33	848	-420	-693	-1,340	-3,174	-2,087
	客服三部	-1,350	-1,344	-702	-1,332	-2,483	-1,418	-1,838	-10	-174	-67
南中心	客服一部										
	客服二部	-5,632	-9,328	-8,436	-8,047	-6,645	-9,507	-12,451	-9,973	-10,379	-11,027
	客服三部	891	827	229	1,115	1,321	-570	643	-169	385	856

图 5-40　区（向下）计算结果

　　除了可以按照表、区进行计算依据设置外，在 Tableau 中还可以根据单元格、特定维度进行计算依据设置。

- ❑ 单元格：当设置为"单元格"时，所有字段都是分区字段。在计算总额百分比时，此选项通常最有用。
- ❑ 特定维度：当设置为"特定维度"时，下方列表会出现当前视图所涉及的全部维度字段，以支持将寻址设置为一个或多个特定字段。此选项的好处是可以绝对控制计算方式，即使更改视图方向，表计算也将继续使用相同的寻址和分区字段。但请注意，对特定字段寻址意味着如果重新排列表，计算可能不再与表结构匹配。此外，还可以在列表中向上或向下拖动维度以设置计算顺序，灵活地使用表计算。

3. 自定义计算依据

选中"编辑表计算"，用户可以自定义表计算的计算依据，如图 5-41 所示。

图 5-41　设置差异计算范围

在表计算中，有两种类型的字段：分区和寻址。简单来说，分区划定计算范围，寻址用于确定计算方向。

- □ 分区字段。用于定义计算分组方式（即定义执行表计算所针对的数据范围）的维度称为分区字段。Tableau 在每个分区内单独执行表计算。
- □ 寻址字段。执行表计算所针对的其余维度称为寻址字段，用于确定计算方向。

分区字段会将视图拆分成多个子视图（或子表），然后将表计算应用于每个此类分区内的标记。计算方向（例如，在计算汇总或计算值之间的差值过程中）由寻址字段来决定。因此，在从上到下对"表计算"对话框的"特定维度"中的字段进行排序时，将通过分区中的各个标记指定计算的移动方向。

当使用"计算依据"选项添加表计算时，Tableau 会根据你的选择自动将某些维度确定为寻址维度，将其他维度确定为分区维度。但是，在使用特定维度时，则由你来决定哪些维度用于寻址，哪些维度用于分区。

仍以差异计算为例，"表计算"对话框中，在计算依据中选中"特定维度"，并让"中心"和"部"处于选中状态，它们都成为寻址字段，未选中的"日期"成为唯一的分区字段，如图 5-42 所示。

图 5-42　分区和寻址

4. 自定义表计算

自定义表计算就是在创建计算字段时使用表计算函数进行编辑，Tableau 10.5 提供了 35 个表计算函数，详细见附录 A。本节以使用 WINDOW_AVG 函数计算移动平均值为例，介绍自定义表计算的方法。

(1) 创建参数"N 日移动平均"，数据类型为"整数"，允许的值为"范围"，最小值为 1，最大值为 31，步长为 1，如图 5-43 所示。

图 5-43   创建参数

(2) 创建计算字段"移动平均",公式为 WINDOW_AVG(SUM([人工服务接听量]),-[N 日移动平均],0),其中 WINDOW_AVG 将返回前面 N 行到当前行的平均值,如图 5-44 所示。

图 5-44   含有参数的移动平均公式

(3) 单击"默认表计算",进行设置,此处与快速表计算的编辑表计算功能一致,如图 5-45 所示。

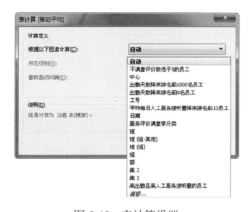

图 5-45   表计算设置

(4) 拖放"日期"和"人工服务接听量"到视图区域，生成每日人工服务接听量趋势。拖放"移动平均"到行功能区，设置计算依据为"日期"，生成双线图，如图5-46所示。

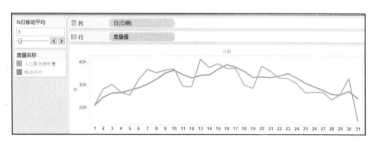

图 5-46　移动平均

这样就创建了以"N日移动平均"为参数进行移动平均的线图，可以通过参数动态调整移动平均的步长。

5. 表计算筛选器

将维度或度量放在"筛选器"功能区上时，Tableau 会筛选出基本数据以及视图中的数据。在使用运行汇总、百分比或移动平均等表计算时，此筛选操作将导致视图中的数据发生更改，再执行表计算就不正确了。根本原因在于 Tableau 的执行顺序，维度筛选器和度量筛选器的执行顺序优先于表计算，因此单纯添加维度筛选器和度量筛选器就会导致基础数据被筛选。

Tableau 10.3 新增了基于表计算的筛选器，但不会筛选出基础数据，而是会在视图中隐藏数据，并允许在视图中隐藏维度成员，而不影响视图中的数据。

例如，如果希望获得某个班或某些班在某日的人工服务接听量总量占比，可以通过使用表计算筛选器来解决。首先将"日期"拖放到筛选器，选中需要分析的特定日期，将"班"拖放到行功能区，将"人工服务接听量"拖放到标记卡上的"文本"。右键单击"人工服务接听量"，在弹出的菜单中选择"快速表计算" ➤ "总额百分比"。结果如图5-47所示。

图 5-47　创建快速表计算"总额百分比"

然后，创建"班查找筛选器"字段，公式为 lookup(ATTR(([班])),0)，将其拖放到"筛选器"卡中，并显示筛选器，如图 5-48 所示。接下来，即可对当前视图中的结果应用该表计算筛选器了。

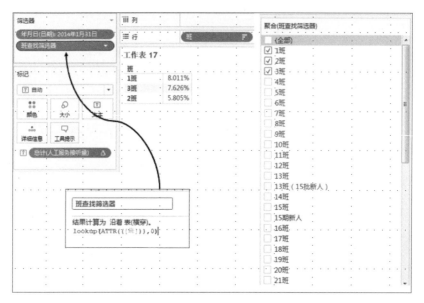

图 5-48   创建并应用表计算筛选器

5.5.4   特殊函数：详细级别表达式

在 Tableau 中，我们可以通过将数据拖到视图的部分区域来实现不同明细程度的聚合与可视化展示。这些视图区域包括行功能区、列功能区，以及标记卡中的颜色、大小、标签、详细信息及路径。如果分析过程中需要添加某一维度，其明细程度高于或低于已有视图的可视化明细程度，但又不希望改变现有图形展示内容，可采用 Tableau 9.0 及以上版本提供的详细级别表达式功能。通过它无须将这些维度拖入已有视图中，即可独立于可视化详细级别，自定义数据以何种详细级别来进行计算。

详细级别表达式共有 3 种函数，分别是 INCLUDE、EXCLUDE、FIXED，每种函数可实现不同明细程度的聚合。其中，INCLUDE 函数可用于创建明细程度高于可视化展示内容的计算字段，EXCLUDE 函数可用于创建明细程度低于可视化展示内容的计算字段，FIXED 函数的应用不受可视化明细程度的限制，可用于创建指定明细程度的计算字段，其计算结果可以比可视化展示内容明细程度更高或更低，如图 5-49 所示。

Tableau 支持针对最新版本的 Oracle、Teradata、Microsoft SQL Server、SAP HANA、Spark、MySQL 等数据源创建和应用详细级别表达式，而不支持 Microsoft Excel、Microsoft Access 和文本等数据源，如有分析需求，可先进行数据提取再创建。

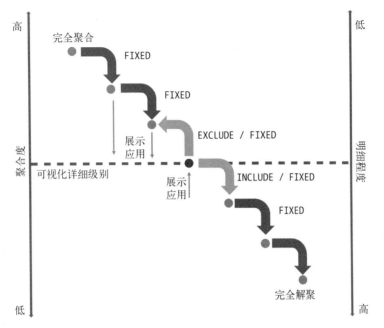

图 5-49 详细级别表达式的计算原理

另外，INCLUDE 和 EXCLUDE 创建形成的计算字段只能当作度量使用，而 FIXED 函数创建形成的计算字段可用作维度，也可用作度量。

1. INCLUDE 函数

以"座席接听统计数据"为例，如果我们想了解哪个中心（地区）平均的员工服务接听量最大，需要计算出每个员工的服务接听量后再按所属地区计算平均值。在 Tableau 9.0 及以上版本中，借助详细级别表达式，可以轻松解决这个问题。在图 5-50 中，仅有[中心]一个维度，通过创建计算字段[员工服务接听量] = {INCLUDE [员工 ID]:SUM[人工服务接听量]}，可以将[员工服务接听量]纳入视图中，计算各中心（地区）每位员工的服务接听量，而 INCLUDE 表达式再以平均值被聚合，得到的就是该中心（地区）员工服务接听量的平均值。

图 5-50 利用 INCLUDE 函数计算不同地区平均的员工服务接听量

从图 5-50 可以看出，左侧条形图表示各中心（地区）平均的员工服务接听量（通过详细级别表达式计算得出），而右侧条形图表示各地区的平均接听量（按照数据源的最明细行项目，即接听记录进行平均值）。

2. EXCLUDE 函数

以"座席接听统计数据"为例，如果我们想了解每天的总接听量和每个中心（地区）的总接听量。为此，需要执行如下算法：在计算总接听量中将中心（地区）排除，在计算各中心（地区）接听量时将地区包括在内。在图 5-51 中，有[中心]和[日期]两个维度，通过添加计算字段[人工服务接听量总计] = {EXCLUDE [中心]:SUM([人工服务接听量])}可以把视图中已有的[中心]维度排除在聚合计算之外，计算的是各中心（地区）接听量的总和。

图 5-51 利用 EXCLUDE 函数计算每日的总接听量

从图 5-51 可以看出，每天的总接听量（以条形图的颜色表示）依据 EXCLUDE 函数计算得出，按中心（地区）计算的总接听量（以条形图的长度表示）为源数据的简单聚合，于是实现了在同一可视化视图中展示两种不同明细程度的效果。

3. FIXED 函数

以"座席接听统计数据"为例，创建一个名为"每位员工服务接听量"的计算字段，如图 5-52所示。

图 5-52 利用 FIXED 函数计算每位员工服务接听量

该表达式可指示 Tableau 为每个员工工号执行聚合操作，借助该表达式，可以计算每位员工的服务接听量之和。将该新字段拖入视图中，我们就能计算出每位员工的服务接听量。

4. 详细级别表达式与表计算的区别

详细级别表达式与表计算有着不同的运算方式。表计算完全由查询结果生成，而详细级别表达式通常是作为针对基础数据源查询的一部分而生成；表计算总是以生成度量作为结果，而详细级别表达式则能创建度量、聚合度量或维度。在 Tableau 8.0 或者更早版本的软件中，有时会用到表计算来指定计算的聚合级别。但是，由于表计算从查询结果聚合而来，所以只能生成聚合度/粒度等于或高于/低于可视化详细级别的结果。在 Tableau 9.0 及以上版本中，借助详细级别表达式可以很好地解决这一问题，使得数据分析的过程更加清晰、简洁。

5.5.5 特殊函数：百分比

在使用 Tableau 时，我们常需要计算数据的百分比。例如，在"座席接听统计数据"中，为了评价每位员工的工作情况，可能不需要查看每位员工的服务接听量，而只需查看每位员工的服务接听量占所有员工总接听量的百分比即可。

1. 计算百分比

进行百分比计算时，需要指定分母的数据范围。Tableau 默认分母的数据范围是整个表。不过，在"分析" ➤ "百分比"菜单中可以自定义设置，可以修改为一行、一列或一个区等，如图 5-53 所示。

图 5-53 "百分比"菜单项

2. 百分比与聚合

一般情况下，百分比是基于度量的聚合值进行计算的，在实际应用中往往容易忽略这一点。标准聚合包括总和、平均值以及若干其他聚合。例如，我们想了解每个员工"服务接听量"在总体接听量中的占比，则计算方式为该员工接听量之和（{FIXDE [员工 ID]:SUM([人工服务接听量])}）除以总体接听量（SUM(人工服务接听量)）。

5.6 变换

Tableau 只针对字符型字段和日期型字段具备变换功能。使用变换功能可以将单列中的复合数据拆分成多个字段，也可以将日期字段自定义为年、月、周等精度，即无须编辑数据源即可实现对数据的重新分配。

5.6.1　变换日期型字段

Tableau 可针对日期进行变换，生成不同精度的日期字段或数字字段，本节以座席接听统计数据中的"日期"为例，介绍变换的方式。

右键单击维度窗口中的"日期"字段，选择"变化" ➤ "创建自定义日期"，在弹出的窗口中，设置生成字段的名称、详细信息和格式，其中可设置的日期格式包括日期部分和日期值两种，如图 5-54 所示，选择"日期值"生成的字段仍为日期格式，选择"日期部分"生成的字段为数字格式。

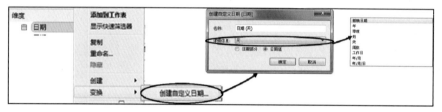

图 5-54　自定义拆分设置

以选择详细信息为"天"，格式为"日期部分"为例，生成的字段信息如图 5-55 所示，生成数型字段"日期（天）"。

图 5-55　生成"日期（天）"字段

5.6.2　变换字符型字段

Tableau 对字符型字段的变换包括拆分和自定义拆分两种形式，其中拆分为 Tableau 默认的拆分方式，可以将数字与文本进行拆分；自定义拆分可以根据数据的格式自定义拆分方式，包括拆分使用的分隔符、拆分后生成字段的个数，如图 5-56 所示。

图 5-56　自定义拆分设置

本节以"班"字段为例，介绍 Tableau 默认的拆分功能。右键单击维度窗口中的"班"字段，选择"变化"➤"拆分"，此时，在维度窗口中，生成了新的字段"班-拆分 1"，通过对比可发现，Tableau 自动将字段中的数字拆分出来，生成了数字型的字段，如图 5-57 所示。

图 5-57 使用默认拆分生成新的字段

5.7 参考线及参考区间

Tableau 在分析中嵌入了参考线（Reference Line）、参考区间（Reference Band）、分布区间（Distribution Band）和盒须图（Box Plot），来标记轴上的特定值或区域。

1. 参考线

参考线即在轴上添加一条线，用来标记某个常量或计算值位置。该计算值可基于指定的字段或参数生成，常用的有该轴的平均值、最小值、最大值等。参考线可基于表、区或单元格进行设置。以设置平均值为例，基于"表""区""单元格"的设置效果如图 5-58 所示。

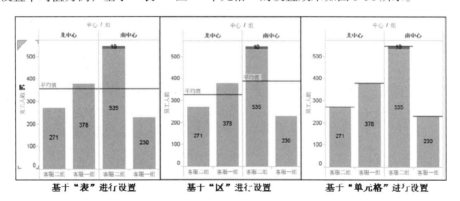

图 5-58 "人工服务接听量"平均值参考线

2. 参考区间

参考区间是指在轴上添加一个区间，用来标记某个范围，将视图标记之后，轴上两个常量或计算值之间的区域显示为阴影，如图 5-59 所示。

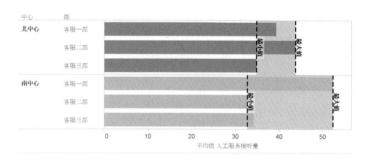

图 5-59   "人工服务接听量"最小值 – 最大值每区参考区间

3. 分布区间

分布区间是指通过添加阴影梯度或组合参考线来指示沿轴的数值分布情况，如图 5-60 所示。该分布可以通过置信区间、百分比、百分位、分位数或标准差来定义。

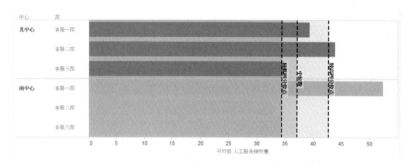

图 5-60   "人工服务接听量"四分位分布区间

4. 盒须图

盒须图是用来显示一组数据分散情况的统计图，能提供有关数据位置和分散情况的关键信息。如图 5-61 所示，从左到右的 5 条线分别表示最小值、下四分位数、中位数、上四分位数和最大值。Tableau 提供了多种样式，并且允许配置"须"线的位置和其他信息，具体内容请参见 6.2 节。

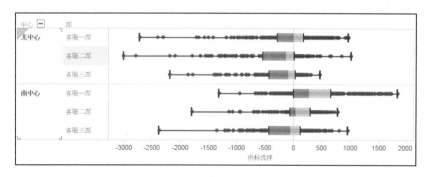

图 5-61   盒须图示例

在分析窗口中，Tableau 将常用的功能在"汇总"中进行了列示，包括常量线、平均线、含四分位点的中值、盒须图和合计。

由于分布区间的创建和使用与参考线、参考区间非常相似，且盒须图在 6.2 节有详细介绍，因此本节将重点介绍参考线及参考区间的创建和使用方法。

5.7.1　创建参考线及参考区间

在创建参考线之前，需要构建基本视图，首先构建一个平均"人工服务接听量"条形图，如图 5-62 所示。

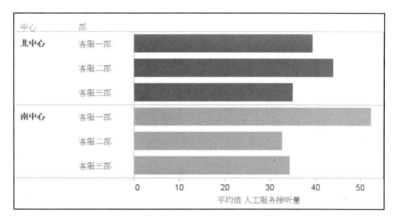

图 5-62　各中心、部门平均"人工服务接听量"条形图

1. 参考线：添加"人工服务接听量"平均值参考线

为掌握各个中心的"人工服务接听量"平均值，以对比各个部的接听量多少，需在各中心添加中心内的"人工服务接听量"平均值，添加方法如图 5-63 所示，拖放"分析窗口"➤"汇总"下的"平均值"到视图中，并在弹出的对话框中选择"区"即可。通过添加参考线可看出，南中心每人每天的接听量大于北中心，并且南中心客服一部的平均接听量远远大于中心平均值。

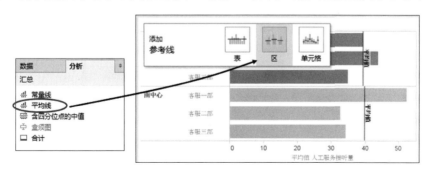

图 5-63　各中心、部门平均"人工服务接听量"条形图

2. 参考线：添加"服务满意评价满意数"平均值参考线

除快速添加常用参考线外，Tableau 有两种方式可添加参考线：①拖放分析窗口处的"参考线"到视图中；②右键单击对应的轴，在弹出的菜单中选择"添加参考线"，这两种方式的效果是一致的。

在对比各个中心的工作时，除接听量为考核指标外，每天服务评价的满意程度也是重要的指标，因此添加"服务评价满意数"为参考线，对比各中心、各部的接听量和服务满意数的差别。下面以拖放"参考线"到视图为例，介绍参考线的添加和设置方式。

(1) 为使用"服务评价满意数"创建参考线，首先拖放该字段到"详细信息"中。

(2) 直接拖放分析窗口中的"参考线"到视图中，在弹出的对话框中设置参考线的"范围"为"每单元格"，将线的值选为"平均值（服务评价满意数）"，将标签设为"值"（标签为显示在视图中的内容，包括"无""值""计算"和"自定义"4 种模式），样式为默认选项，如图 5-64所示。

创建后的视图如图 5-65 所示。添加参考线之后，可右键单击该参考线，在弹出的菜单中选择相应的选项进行设置，其中单击"平均值"可修改参考线的计算方式，包括平均值、最小值和最大值等；单击"编辑"，弹出参考线的设置界面，可对参考线重新进行设置；单击"设置格式"，在边条上显示参考线、标签的格式设置选项；单击"移除"可直接删除参考线。

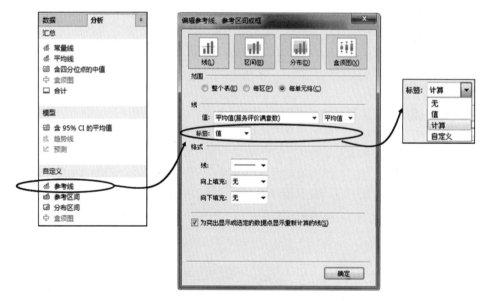

图 5-64　创建"服务评价满意数"平均值参考线

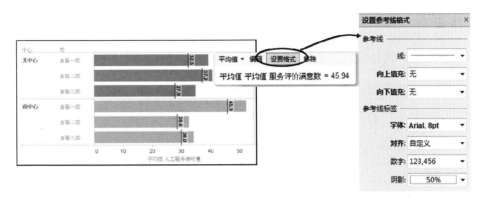

图 5-65 添加"服务评价满意数"后的视图

5.7.2 创建参考区间

为对比中心各部的人工服务接听量的大小,可添加中心内各部的接听量最小值和最大值的参考区间。Tableau 有以下两种方式添加参考区间。

❑ **方式 1**:直接拖放分析窗口中的"参考区间"到视图中,在弹出的对话框中设置参考线的"范围"为"每区",将区间开始的值选为"平均值(人工服务接听量)"的"最小值",区间结束的值选为"平均值(人工服务接听量)"的"最大值",样式为默认选项,生成的视图如图 5-66 所示。

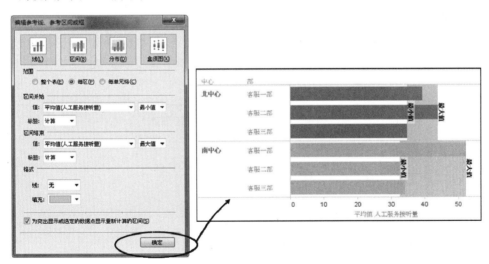

图 5-66 对每区的平均"人工服务接听量"创建最小值–最大值参考区间

❑ **方式 2**:右键单击 X 轴,选择"添加参考线",在弹出的对话框中,选择"区间",其他设置同方式 1。

第6章　高级可视化分析

本章将综合运用上一章介绍的 Tableau 高级数据操作方法来创建高级视图，包括帕累托图、盒须图、瀑布图、范围–线图和网络图，详细介绍它们的创建和使用。

6.1　帕累托图

帕累托（Pareto）图是按照一定的类别根据数据计算出其分类所占的比例，用从高到低的顺序排列成矩形，同时展示比例累积和的图形，主要用于分析导致结果的主要因素。帕累托图与帕累托法则（又称为"二八原理"，即80%的结果是20%的原因造成的）一脉相承，通过图形体现两点重要信息："至关重要的极少数"和"微不足道的大多数"。

本节以某企业的物资采购金额数据为例创建一个帕累托图，帮助大家迅速发现隐藏在数据中的重要信息。该图由柱形图、折线图和参数控件3部分组成。其中，横轴为供应商数量占总供应商数量的累计比例，柱形图显示由大到小的各供应商的应付金额情况，折线图显示金额累计百分比沿着横轴的变化情况，参数控件帮助快速定位参考线的位置。如图6-1所示，当参数调整到80%时，这时横轴的参考线为13.7%，表示该企业80%的物资采购的应付金额集中于13.7%的供应商，因此这13.7%的供应商值得我们重点关注。

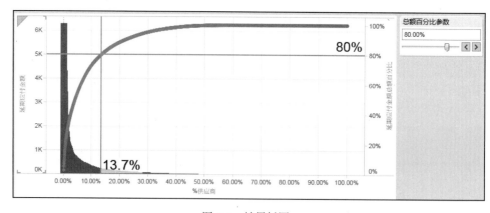

图6-1　帕累托图

说明 供应商百分比化：将供应商对应于0%~100%的区间。比如有200个供应商，按照一定顺序排列，若某供应商处于第60位，则其百分比为60/200*100%＝30%（代表着按照该顺序降序排序前30%的供应商）。

1. 数据准备
导入物资采购金额数据，完成本案例所需的字段为"供应商名称"和"应付金额"。

2. 创建累计百分比图
利用表计算函数RUNNING_SUM和TOTAL创建计算字段"应付金额总额百分比"，该字段可求出某供应商之前（按照横轴从左往右）的所有供应商应付金额总和占总应付金额的百分比，如图6-2所示。

图6-2 应付金额总额百分比

将"供应商名称"拖放到列功能区，将"应付金额总额百分比"拖放到行功能区，计算依据选择"供应商名称"。为显示所有供应商，选择视图为"适合宽度"，如图6-3所示。

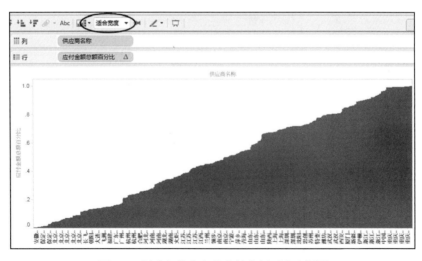

图6-3 创建各供应商的应付金额百分比视图

对"供应商名称"进行排序,按照"应付金额"字段的"总计"值进行降序排列。在"标记"卡中将图形选择为"线图",即完成累计百分比图,如图 6-4 所示。

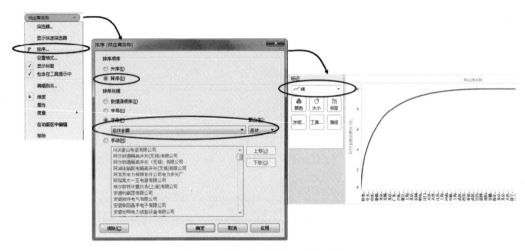

图 6-4   应付金额总额百分比图

3. 创建柱形图

在图 6-4 的基础上将字段"应付金额"拖放到行功能区,调整"标记"卡中"应付金额"为条形图。请在字段"应付金额"上单击右键,在弹出的下拉列表中选择"双轴",这时两个图形将按双轴合并。此时请调整"应付金额"和"应付金额总额百分比"两个字段的左右顺序,使"应付金额"显示在左轴,如图 6-5 所示。

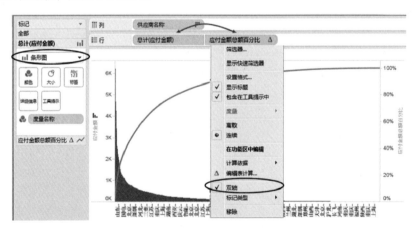

图 6-5   应付金额柱形图

此刻横轴的供应商较多,为了更好地表示分布,我们将横轴转换为供应商总数量的百分比进行展示。

创建计算字段"%供应商"，公式为 index()/size()，指该供应商之前（排序后从左往右数）的供应商数量占总供应商数的百分比。将创建的字段拖放到列功能区，并单击右键，在弹出的下拉列表中选择"计算依据"➤"供应商名称"，将原有字段"供应商名称"拖放到"标记"卡上的"全部"页签内，如图 6-6 所示。

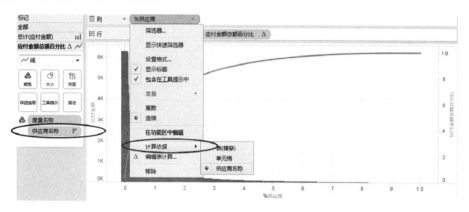

图 6-6　帕累托图

注意　创建的计算字段默认显示为小数，需要设置坐标轴的展示数字格式为百分比。

4. 创建动态参数

图 6-6 已生成了基本的帕累托图，但该图还不能直观地显示"至关重要的极少数"是多少。为了快速获取这些信息，现在介绍利用参数、自定义计算字段和参考线综合实现的方式。

创建参数"总量百分比参数"，作为应付金额总额百分比（线图）纵轴的参考线，其数据类型为浮点数，允许选择的最小值为 0，最大值为 1，步长为 0.01，具体设置如图 6-7 所示。

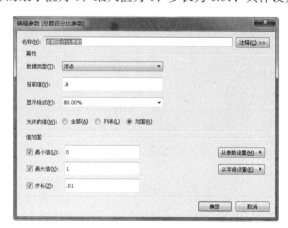

图 6-7　创建总额百分比参数

为了让累计百分比图的横轴参考线和纵轴参考线的交点落在累计百分比图上，我们需要创建一个新的字段作为横轴参考线的值的依据。

创建字段"横轴参考线（百分比）"，计算公式为 IF [应付金额总额百分比]<=[总额百分比参数] THEN [%供应商] ELSE NULL END，如图 6-8 所示。

图 6-8   创建横轴参考线（百分比）字段

图 6-9 为"应付金额总额百分比"纵轴添加参考线，其值为"总额百分比参数"，标签为"值"，并设置线的形状、颜色等；为横轴添加参考线，其值为"横轴参考线（百分比）"的"最大值"，同样设置其标签为"值"，并调整线的形状和颜色，最终生成如图 6-1 所示的效果，当调整参数"总额百分比参数"时，"横轴参考线（百分比）"动态变化，两个参考线的交点始终落在线图上。

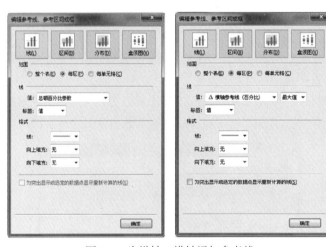

图 6-9   为纵轴、横轴添加参考线

6.2   盒须图

盒须图又叫箱线图，是一种常用的统计图形，用以显示数据的位置、分散程度、异常值等。箱线图主要包括 6 个统计量：下限、第一四分位数、中位数、第三四分位数、上限和异常值，如图 6-10 所示。

- **中位数**：数据按照大小顺序排列，处于中间位置，即总观测数 50%的数据。
- **第一四分位数、第三四分位数**：数据按照大小顺序排列，处于总观测数 25%位置的数据为第一分位数，处于总观测数 75%位置的数据为第三分位数。四分位全距是第三分位数与第一分位数之差，简称 IQR。
- **上限、下限**：Tableau 可设置上限和下限的计算方式，一般上限是第三分位数与 1.5 倍的 IQR 之和的范围之内最远的点，下限是第一分位数与 1.5 倍的 IQR 之差的范围内最远的点。也可直接设置上限为最大值，设置下限为最小值。
- **异常值**：在上限和下限之外的数据。

一般来说，上限与第三四分位数之间以及下限与第一四分位数之间的形状称为**须状**。

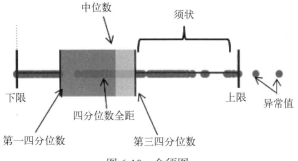

图 6-10　盒须图

通过绘制盒须图，观测数据在同类群体中的位置，可以知道哪些表现好，哪些表现差；比较四分位全距及线段的长短，可以看出哪些群体分散，哪些群体集中。

这里以座席接听统计数据为例，对南北中心各部人员平均呼入通话时长进行分析做出箱线图，如图 6-11 所示。

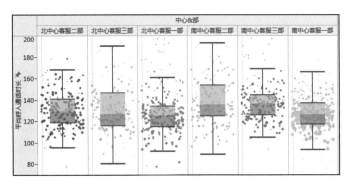

图 6-11　箱线图

6.2.1　基础应用

本节基于实例介绍如何创建盒须图，以便分析数据的中心位置及离散情况。

1. 数据准备

导入座席接听统计数据，完成该案例需要的维度字段有"中心"和"部"，度量字段包括"呼入通话时长（秒）"和"人工服务接听量"。

2. 创建箱线图

● **步骤 1：创建所需字段**

(1) 中心分为南中心和北中心，每个中心各有 3 个部，因此需要将字段"中心"和"部"进行合并，以创建字段"中心&部"，其计算公式如图 6-12（左）所示，或直接使用创建合并字段功能。

(2) 为分析每个人接听电话的平均通话时长，我们需要创建字段"平均呼入通话时长"，计算原理为一个人一个月总通话时长除以总接听量，计算公式如图 6-12（右）所示。

图 6-12　创建所需字段

● **步骤 2：生成基本视图**

(1) 将创建好的字段"平均呼入通话时长"和"中心&部"分别拖放到行功能区和列功能区。

(2) 拖放"工号"到"标记"卡，图形选择"圆"视图。这时视图中每一个圆点即代表一个工号，字段"平均呼入通话时长"会对每一个工号计算其平均通话时长，如图 6-13 所示。

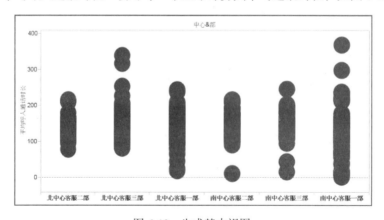

图 6-13　生成基本视图

● **步骤 3：创建箱线图**

(1) Tableau 有两种创建盒须图的方式：单击"智能显示"➤"盒须图"完成盒须图视图；拖放"分析"窗口中的"盒须图"到视图中。

(2) 对第一种方式创建的盒须图，右键单击纵轴，选择"编辑参考线"，在弹出的对话框中设置盒须图的格式，如图 6-14 所示；或直接单击盒须图，选择"编辑"进行设置。第二种方式创建的盒须图会直接弹出设置界面。请设置盒须图的样式，包括样式、填充、边界等的格式。

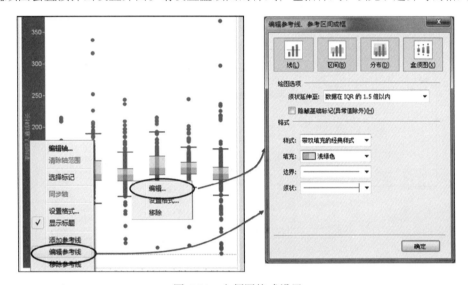

图 6-14　盒须图格式设置

(3) 设置成功后，单击"确定"，生成盒须图，如图 6-15 所示。

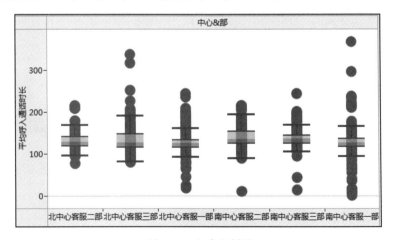

图 6-15　生成盒须图

6.2.2　图形延伸

在图 6-15 中，所有的点都落在了一条垂直线上，一个点代表一个工号，由于工号较多，很多点都是重叠覆盖的，不能直观地展示各部之间人员数量的比较，也无法直观显示各部内员工的分布。这里介绍将圆点水平铺开的方法，最终生成的效果如图 6-16 所示。

(1) 创建自定义计算字段"将点散开"，计算公式为 index()%30。

(2) 将其拖放到列功能区"中心&部"的右边，设置"计算依据"为"工号"，各个圆点即水平展开，展开幅度为 30。我们可调整"将点散开"的公式来调整散开的幅度。

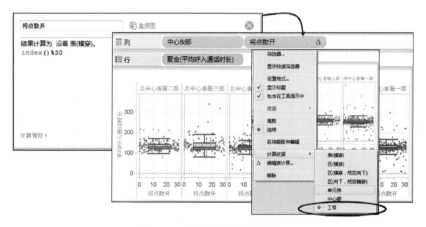

图 6-16　设置将点散开效果

(3) 为了分析平均呼入通话时长的异常点问题所在，我们将"人工服务接听量"拖放到选项卡中的"大小"，同时为了使图形更美观，将"中心&部"拖放到"颜色"，生成结果如图 6-17 所示。

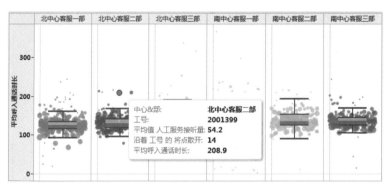

图 6-17　设置将点散开效果

通过图形分析可看出，平均呼入通话时长异常的点（须外的点），人工服务接听量普遍较少，不具有分析价值。而我们应重点关注通话时长异常并且接听量也较多的员工，如北中心客服中心二部的 2001399 号员工，平均每天接听 54.2 个电话，每个电话均长达 208.9 秒，值得重点关注。

6.3　瀑布图

　　瀑布图是数据可视化分析中常见的一种图形，采用绝对值与相对值结合的方式，适用于表达数个特定数值之间的数量变化关系。对于一系列具有累计性质的正值/负值具有很好的展示功能，既可以辅助理解数据的大小，又能直观地展示出数据的增减变化，反映数据在不同时期或受不同因素的影响结果。

　　以某地区各单位预转资对折旧费的影响为例，使用"影响折旧费"数据创建如图 6-18 所示的瀑布图，从左往右直观展示了各单位预转资对折旧费的影响。其中左起第 1 个到第 7 个柱形代表对折旧费的影响为正值（即超时预转资），第 8 个到第 9 个柱形代表对折旧费的影响为负值（即提前预转资），最右端的"总计"为影响折旧费的总计值。

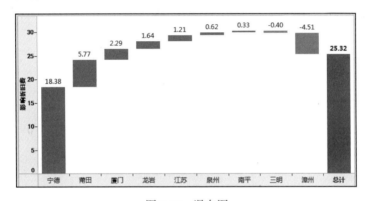

图 6-18　瀑布图

6.3.1　基础应用

　　本节基于实例介绍如何创建瀑布图，以有效展示数值间的变化关系。

1. 数据准备

　　导入影响折旧费数据，完成折旧费影响分析需要数据表中的"单位名称"和"影响折旧费"这两个字段。

2. 创建瀑布图

　　在 Tableau 中，瀑布图是由甘特图生成的。首先画出各单位影响折旧费的累计柱形图，再将柱形图转换为甘特图，最后再次利用折旧费影响值定义甘特图的大小即可。下面将分步骤介绍瀑布图的完成方法。

　　● **步骤 1：完成甘特图**

　　(1)将"单位名称"和"影响折旧费"分别拖放到列功能区和行功能区，并对"影响折旧费"添加快速表计算"汇总"，计算依据为"单位名称"，生成柱形图。

(2) 在"标记"卡中选择图形为甘特图，如图 6-19 所示。

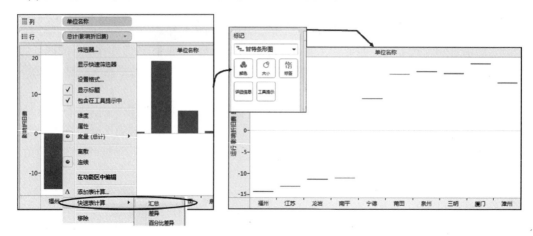

图 6-19　完成甘特图

● **步骤 2：完成基本的瀑布图**

(1) 创建计算字段"-影响折旧费"，定义为"影响折旧费"的负值，将其拖放到"标记"卡中的"大小"里，值的大小显示为柱子的高低，值的正负显示为不同的方向，即以甘特图的位置为基准。若"-影响折旧费（万元）"为正，则方向向上；若"-影响折旧费"为负，则方向向下，如图 6-20 所示。

图 6-20　完成甘特图

(2) 对各单位进行排序，按照"影响折旧费"字段的值从大到小降序排列。右键"影响折旧费"或左键"影响折旧费（万元）"右侧小三角形，选择"排序"，在弹出的对话框中选择"降序"，按字段"影响折旧费"的总计作为排序依据，单击"确定"，如图 6-21 所示。

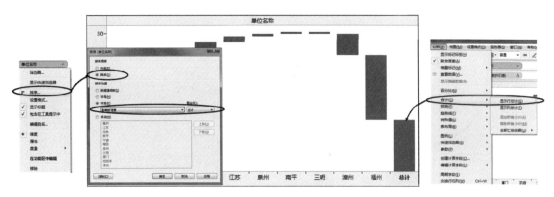

图 6-21 完成排序

(3) 在菜单栏选择"分析"➤"合计"➤"显示行总计",此时生成各单位影响因素的总和,即折旧费的变化。

● **步骤 3:根据字段"影响折旧费"值的正负定义单位的不同颜色**

(1) 将字段"影响折旧费"拖放到"标记"卡中的"颜色"里,在弹出的颜色图例中"编辑颜色"。

(2) 在弹出的颜色编辑框中,将"颜色渐变"选择为二阶,单击"高级",为中心选择"0",这时就以 0 为划分两阶的依据,如图 6-22 所示。

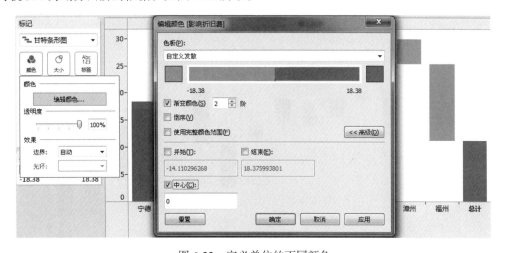

图 6-22 定义单位的不同颜色

(3) 若需要"总计"与各单位的柱形图颜色有所区别,可创建计算字段"影响类别"(其计算公式为 IF [影响折旧费]>=0 THEN '正向' ELSE '负向' END);然后拖放到"标记"卡中的"颜色"中,修改为"属性",如图 6-23 所示,通过编辑"颜色"可修改各字段的颜色。

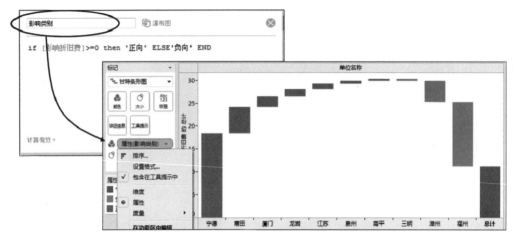

图 6-23   自定义"总计"颜色

6.3.2   图形延伸

Tableau 做瀑布图的过程可延伸出"变化排序"的图形，用来展示多维信息。以展示不同单位 2013 年和 2014 年售电量的变化为例，如图 6-24 所示，虚线表示各单位 2013 年的售电量，柱形大小表示 2014 年减去 2013 年的差值以表示变化，其中绿色表示上升，红色表示下降，柱子的末端为各单位 2014 年的售电量。我们可以直观地看出各单位 2014 年售电量的排名、2013 年的售电量情况以及各单位的同比变化情况。

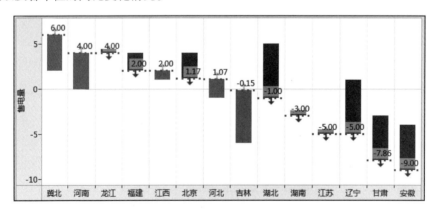

图 6-24   "变化排序"图（另见彩插）

"变化排序"图的作图方式与瀑布图类似，以"2014 年各省市售电量明细表"数据为例，主要步骤如下。

(1)将"省市"和"同期值"分别拖放到列功能区和行功能区，筛选"统计周期"为 2014 年，并将图形修改为"甘特条形图"。

（2）创建计算字段"同比变化量"，计算公式为"[当期值]-[同期值]"；创建计算字段"增加 or 减少"，计算公式为 IF ([当期值]-[同期值])>=0 THEN '增加' ELSE '减少' END。拖放"同比变化量"到"大小"，"增加 or 减少"到"颜色"，如图 6-25 所示。

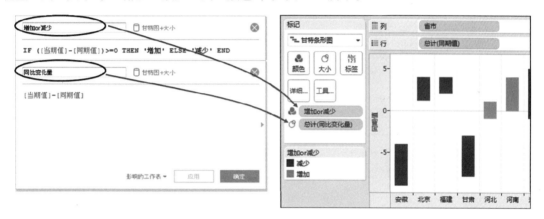

图 6-25　创建计算字段，生成基本视图

（3）拖放字段"当期值"到行功能区，设置图形为"形状"，拖放"增加 or 减少"到"标记"卡中的"颜色"和"大小"中，单击双轴，并同步轴，如图 6-26 所示。

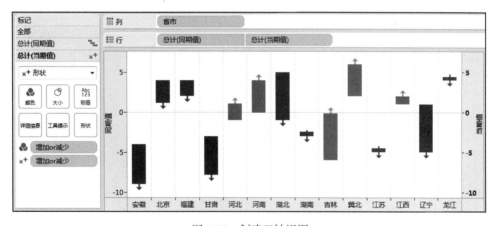

图 6-26　创建双轴视图

（4）为"当期值"添加参考线，针对每个单元格设置参考线为"当期值"，标签为"值"，格式为虚线。

（5）单击"省市"进行排序，按照"当期值"降序排列。

（6）单击"当期值"的纵轴，选择"显示标题"，取消该轴的显示；单击"同期值"的纵轴进行编辑，修改标题为"售电量"，如图 6-27 所示，完成以上 6 步操作后，最终生成效果如图 6-24 所示。

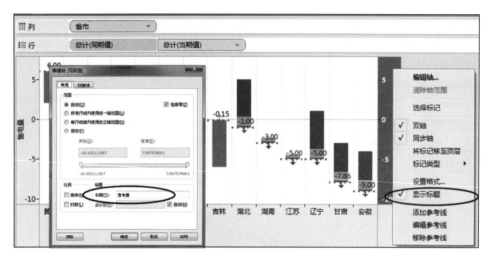

图 6-27   设置轴的显示效果

6.4   范围–线图

折线图是常见的可视化图形，但其包含的信息量少，在做深化分析时往往需要进行优化。

以座席接听统计数据为例，某员工某月各日的接听量趋势如图 6-28 中的单一折线图所示（图中只展示了上班的日期），但该图并不能反映这名员工在整个员工群体中所处的位置。**范围–线图**（range-line chart）将群体数据的部分统计特征（如均值、中位数、最大值、最小值、分位数等）展示在图形中，既可以说明群体的信息，也可以展示个体的信息，还可以比较个体与整体的相对位置关系，展示的信息更为丰富。以图 6-28 为例，选取群体的最大值、最小值和均值在图中展示，可看出该员工基本日接听量都在平均线以上，但并不是最优秀的，因为与最好的员工相比（最大值）还有一定距离。

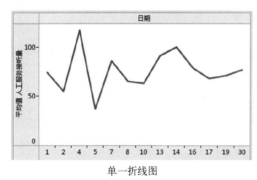

单一折线图

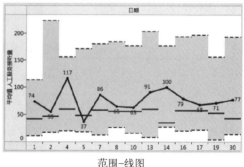

范围–线图

图 6-28   单一折线图和范围–线图对比

1. 数据准备

范围–线图中的最大值、最小值和均值是依据字段"人工服务接听量"添加的参考区间和参考线。但因为折线展示的字段是单个人的"人工服务接听量",Tableau无法对同一个字段既展示整体又展示个体,因此我们需要改变思路,调整数据源以实现展示效果。

在数据中为每一行数据添加三列,这三列分别为:每日所有员工的人工服务"接听量最大值""接听量平均值"和"接听量最小值"。数据源改变后如图6-29所示。

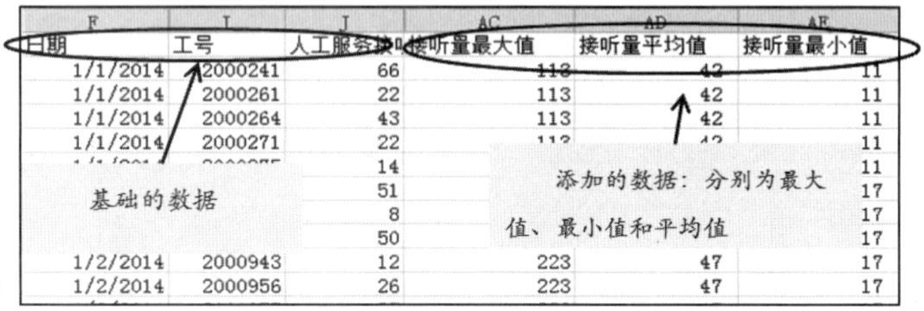

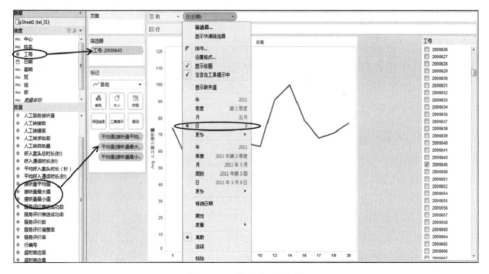

图6-29 数据准备

2. 创建范围 线图

● **步骤1:生成基本视图**

(1) 将"日期"和"人工服务接听量"拖放到行功能区和列功能区,其中"日期"显示形式为"离散"的"日"。

(2) 将"接听量平均值""接听量最大值"和"接听量最小值"拖放到"标记"卡中的"详细信息"中,聚合方式为"平均值"。

(3) 将"工号"拖放到"筛选器"卡中,并任意选择一个工号,如图6-30所示。

图6-30 拖放相关字段

● 步骤2：添加参考线和参考区间

(1) 添加参考区间：选择"区间"，为范围选择"每单元格"，为最小值选择"平均值（接听量最小值）"，为最大值选择"平均值（接听量最大值）"。

(2) 添加参考线：选择"线"，为范围选择"每单元格"，为线选择"平均值（接听量平均值）"如图6-31所示。

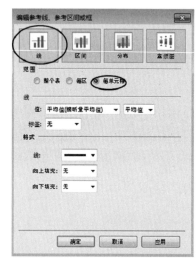

图6-31　添加参考线及参考区间

完成以上操作后，最终生成图形如图6-28（右）所示。

6.5　网络图

在分析时，为了更清楚各运行设备的负载情况，需要基于GIS信息展示各变电站、线路的实际地理位置及其负载信息，这就需要用到网络图。

网络图主要由两个图组成：线图和圆图。线图利用指定点连线的原理做出输电线路的各条路线，圆图则做出主变电站的位置。在创建复杂网络图之前，我们首先介绍线图的连接原理。

1. 指定点连线原理介绍

网络图的难点在于如何让两点进行连线，下面以5个点的简单案例介绍如何实现连接效果。

以图6-32中所示的数据结构为例，X、Y为对应的横纵坐标，已知5点的位置可生成包含5个点的点图。如要实现B点和C点的连接，则需告知Tableau连接的依据，因此新增字段ID，对B、C两点设置其ID均为4，这样Tableau会将ID相同的点进行连线，即实现了B、C两点的连接。同理，设置其他待连接点的ID，最终生成如图6-32（左下）所示的新数据，最终实现AD、AE、AB、BC、DC和DE的连接，如图6-32（右下）所示。

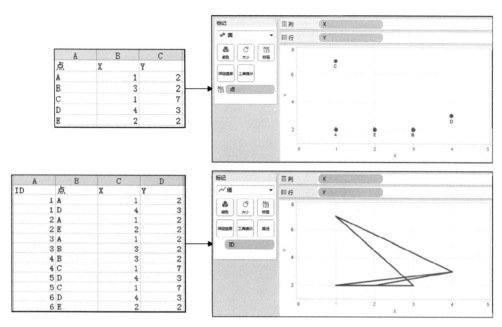

图 6-32　指定点连线原理

2. 数据准备

本节将基于"变压器、输电线路负载情况"介绍网络图的创建方式。变电站数据中的原始字段包括变电站名称、变电站所属单位、变电站数量、#1主变、#2主变、#3主变、负载率和投运年限。

本案例的数据准备工作较为繁重，首先需要在导入背景图片后生成各变电站的坐标 X、Y，如图 6-33（左）所示。然后我们根据"指定点连线原理"确定连接依据 ID 字段，在本例中为"线路"字段，其业务含义为连接两个变电站的输电线路名称，如变电站 t 和变电站 v 由"500kV 云天线"连接，最终数据结构如图 6-33（右）所示。

变电站	X	Y	变电站所属单位	变电站数量	#1主变	#2主变	#3主变	负载率	投运年限
深圳	262.43	107.46	深圳供电局	3	0.86	0.66	0.8	65%	5
罗洞	212.04	121.71	罗洞供电局	2	0.6	0.6	0	65%	5
江门	227.75	97.59	江门供电局	2	0.4	0.67	0	65%	5
嘉应	356.02	173.25	惠州供电局	3	0.4	0.77	0.45	65%	5
惠州	285.34	129.39	惠州供电局	3	0.4	0.65	0.59	28%	5
500kV花都	224.48	138.7	肇庆供电局	3	0.9	0.8	0.95	28%	5
贺州	96.2	159.54	西电	0	0	0	0	28%	5
桂林	95.55	171.6	西电	0	0	0	0	98%	8
广南	225.78	111.29	东莞供电局	2	0.67	0.66	0	65%	5
东莞	255.89	122.26	东莞供电局	3	0.66	0.89	0.56	65%	5
蝶岭	109.29	63.05	韶关供电局	2	0.5	0.67	0	65%	5
沧江	177.36	92.11	阳江供电局	1	0.54	0	0	28%	5
梧州	92.93	142.54	西电	0	0	0	0	65%	5
y	399.87	171.6	阳江供电局	0	0	0	0	65%	5
x	390.05	151.86	阳江供电局	2	0.6	0.6	0	65%	5
w	375.65	118.42	阳江供电局	0	0	0	0	88%	5
v	357.98	139.25	清远供电局	0	0	0	0	65%	5
u	327.88	110.2	清远供电局	0	0	0	0	65%	5
t	325.26	128.83	清远供电局	0	0	0	0	84%	8

线路	变电站	X	Y	变电站所属单位	变电站数量	#1主变	#2主变	#3主变
500kV云天线	t	325.26	128.83	清远供电局	0	0	0	0
500kV云天线	v	357.98	139.25	清远供电局	0	0	0	0
a<->b	a	11.76	78.94	中山供电局	0	0	0	0
a<->b	b	45.75	78.96	中山供电局	0	0	0	0
a1<->1	1	224.48	128.83	中山供电局	0	0	0	0
a1<->1	a1	242.15	121.66	中山供电局	0	0	0	0
a1<->m	m	248.04	132.22	东莞供电局	0	0	0	0
a1<->花都	500kV花都	224.48	138.7	肇庆供电局	3	0.9	0.8	0.95
a1<->花都	a1	45.75	78.96	中山供电局	0	0	0	0
b<->蝶岭	蝶岭	109.29	63.05	韶关供电局	2	0.5	0.67	0
c<->蝶岭	c	41.98	100.63	韶关供电局	0	0	0	0
c<->蝶岭	蝶岭	109.29	63.05	韶关供电局	2	0.5	0.67	0
d<->沧江	沧江	130.23	94.3	阳江供电局	0	0	0	0
e<->沧江	e	186.52	108.55	阳江供电局	1	0.54	0	0
e<->沧江	沧江	177.36	92.11	阳江供电局	1	0.54	0	0
f<->罗洞	f	201.57	116.23	阳江供电局	0	0	0	0
f<->罗洞	罗洞	212.04	121.71	罗洞供电局	2	0.6	0.6	0
g<->江门	江门	227.75	97.59	江门供电局	2	0.44	0.67	0
h<->广南	广南	202.22	88.53	东莞供电局	0	0.67	0.6	0
h<->广南	广南	225.78	111.29	东莞供电局	2	0.44	0.67	0
i<->江门	江门	227.75	97.59	江门供电局	2			

图 6-33　数据准备

3. 创建线图

● **步骤 1：添加背景图片**

首先在 Tableau 中添加网络图的背景图片。

● **步骤 2：生成基本线图**

(1) 拖放 "X" 到列功能区，"Y" 到行功能区，并且将其显示方式改为 "维度"。

(2) "标记" 卡处的标记类型改为 "线" 图，拖放 "线路" 字段到 "标记" 卡处。

● **步骤 3：改变颜色，添加工具提示**

(1) 创建计算字段 "输电线负载类别"，将线路的负载率分为 "轻载" "正常" "重载" "过载" 4 种类型。创建好后拖放到 "颜色"，并编辑合理的颜色。

(2) 拖放 "投运年限" 和 "负载率" 到 "标记" 卡中，作为工具提示的内容。因为改变数据结构后，每条线路有两行数据，因此将聚合计算的方式改为 "平均值"。

(3) 单击 "工具提示"，对格式和内容进行设置。

4. 创建圆图

● **步骤 1：生成基本圆图**

(1) 在创建线图之后，拖放字段 "Y" 到行，并且将第二个视图的标记类型改为 "圆"，拖放变电站到 "标记" 卡处，这时每个点代表一个变电站。

(2) 源数据中变电站较多，如果只想显示较大的变电站，可以创建 "大小" 字段，为每个变电站赋予不同的 "值"，以实现突出显示部分变电站的效果。在实际应用中，我们可将变电站的运行容量作为判断变电站大小的依据。将 "大小" 拖放到 "标记" 卡中，将聚合计算方式改为 "平均值" 即可。

● **步骤 2：添加圆图颜色**

变电站一般有多个主变压器，其中任意一个主变压器的负载率大于 80% 即为重载。因此，我们创建 "变电站负载类别" 字段，创建好以后拖放到 "颜色"，并编辑选择合适的颜色。

● **步骤 3：添加圆图工具提示**

圆图的工具提示包括变电站名称、所属单位，并且采用条形图直观展示各个主变压器的负载率。

(1) 创建辅助字段。为在工具提示中实现条形图效果，以 #1 主变为例，先自定义计算字段 "#1 百分比"，因为一个变电站在源数据表中存在多个行，对于字段 "#1 主变" 非空的值进行平均运算。随后利用 "#1 百分比" 定义字段 "#1 柱形图"（计算公式如图 6-34 所示），生成条形图字段。同理对 #2 主变、#3 主变创建同样的字段。

图 6-34　创建工具提示字段

(2) 拖放字段"#1 百分比""#1 柱形图""#2 百分比""#2 柱形图""#3 百分比""#3 柱形图"
"变电站所属单位""变电站数量"到"标记"卡中，单击"工具提示"，对工具提示的内容和格
式进行编辑，如图 6-35 所示。

图 6-35　生成工具提示

6

● **步骤 4：双轴合并**

单击行功能区的 Y 字段进行双轴合并；添加变电站标签，隐藏横纵轴标题，即可完成最终
的网络图。

第 7 章

统计分析

前面讨论了如何利用 Tableau 的基本特性和高级特性创建各种视图，本章主要介绍 Tableau 自身及集成统计分析与数据挖掘工具 R 语言之后在预测建模分析方面的能力。

7.1 节介绍如何创建各种散点图，以及如何运用散点图分析变量（度量字段）之间的相关关系。

7.2 节介绍回归分析及相关模型的基本概念，以及如何在散点图上拟合回归线，还详细介绍了如何进行回归模型的评价。

7.3 节介绍如何利用 Tableau 自带的指数平滑方法针对时间序列数据进行预测，并以座席接听统计数据中人工服务接听量的预测结果为例介绍了预测模型的评价方法。

7.4 节介绍 Tableau 自带的聚类分析方法，并以鸢尾花卉数据集为例，介绍如何使用模型进行鸢尾花卉属别分类，并参考实际属别对模型效果进行评价。

R 和 Python 都是用于探索和理解数据、预测分析和数据可视化的语言。7.5 节介绍了 R 语言的基本知识，以及在 Tableau 中集成 R 语言的详细方法和具体步骤，并以座席细分为例介绍了如何在 Tableau 中集成 R 语言进行主成分分析和座席人员细分。7.6 节介绍了 Tableau 如何实现与 Python 的集成，并以超市数据为例介绍如何在 Tableau 中集成 Python 语言进行产品数量预测。

本章所用到的数据有：①"座席接听统计数据"，其中每条记录包括一个座席在每天平均接听电话情况的统计信息，以及该座席的所属中心、部门、组、班、工号、姓名等基本信息；②鸢尾花卉数据（Iris flower data set）；③Tableau 提供的超市销售数据。

7.1 散点图与相关分析

散点图是一种常用的表现两个连续变量或多个连续变量之间相关关系的可视化展现方式，通常在相关性分析之前使用。借由散点图，我们可以大致看出变量之间的相关关系类型和相关强度，理解变量之间的关系。

7.1.1 创建基本散点图

在 Tableau 中创建基本散点图，需分别在行列功能区上放置一个度量。以座席接听统计数据为例，为直观显示"人工服务接听量"与"服务评价满意率"两个连续变量之间的关系，创建散点图的步骤如下。

(1) 把所需度量字段"人工服务接听量"与"服务评价满意率"分别拖至行功能区和列功能区，此时视图区会把这两个度量按照"总计"聚合，如图 7-1（左）所示。

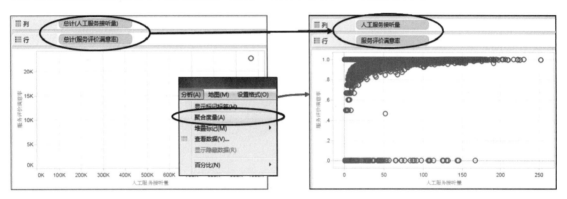

图 7-1　生成散点图

(2) 选择菜单"分析"➤"聚合度量"，移除选中标记，即解聚这两个度量字段，视图区将会以散点图的形式显示数据源中的所有数据（每一个标记是数据源中的一行记录）。

7.1.2　创建高级散点图

上一节通过简单操作创建了一个基本的散点图，如果想了解每个座席人员平均呼入通话时长与人工平均服务接听量之间的关系，可以通过创建合并字段和计算字段来实现。

(1) 创建计算字段"平均呼入通话时长"，计算公式为 SUM([呼入通话时长(秒)])/SUM([人工服务接听量])，如图 7-2 所示。之后把"平均呼入通话时长"拖至列功能区，把"人工服务接听量"拖至行功能区并按平均值聚合。

图 7-2　创建计算字段"平均呼入通话时长"

(2) 在"维度"窗口，按住 Ctrl 同时选中"中心"和"部"，在右键弹出的菜单上选择"合并字段"，创建合并字段"部&中心（已合并）"，右键单击选择"编辑合并的字段"，在弹出的对话框中编辑合并字段的名称为"中心与部"。

(3) 把合并字段"中心与部"拖至"标记"卡上的"颜色"，并把"工号"字段拖放至"标记"卡上，单击"大小"调节视图的显示效果，如图 7-3 所示。

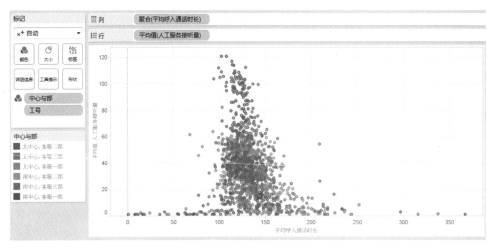

图 7-3   创建高级散点图（解聚后）

(4) 单击横轴，在弹出的"添加参考线"对话框中选择依据"平均呼入通话时长"的平均值添加横轴参考线，同时为了使参考线更加醒目，把参考线的颜色由默认颜色改为红色，如图 7-4 所示。

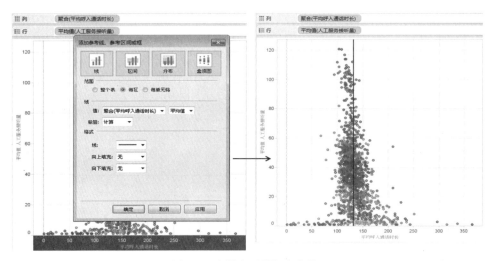

图 7-4   为散点图增加参考线

从图 7-4 可看出：①平均呼入通话时长服从正态分布，均值为 131.9 s，绝大多数座席人员的平均通话时长集中在 100~160 s；②平均人工服务接听量的数据分布比较分散。

7.1.3   创建散点图矩阵

散点图矩阵是散点图的高维扩展，可以帮助探索两个及以上变量的两两关系，从一定程度上克服了在平面上展示高维数据的困难，在数据探索阶段具有非常重要的意义。

（1）把所需度量字段"三声铃响接听量""不满意数""人工服务接听量""平均呼入通话时长（秒）""平均呼入案头时长（秒）"等分别拖至行功能区和列功能区，并通过菜单"分析"➤"聚合度量"对各个度量进行解聚，如图 7-5 所示。

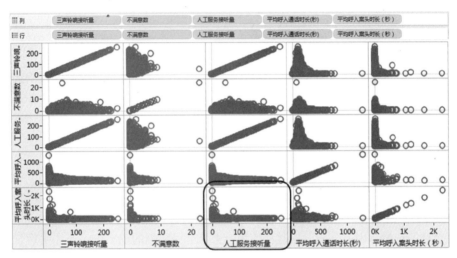

图 7-5　创建散点图矩阵（解聚后）

从图 7-5 可以看出，行功能区和列功能区变量次序相同，对角线上的散点图是一条直线，代表同一变量之间的线性关系，对角线上半部分和下半部分相同。以"平均呼入通话时长"和"人工服务接听量"为例，可以看出"人工服务接听量"数据分散度非常高，而"平均呼入通话时长"分散度很低，随着"人工服务接听量"数据大于一定阈值，"平均呼入通话时长"的集中度更高。

（2）把合并字段"中心与部"拖至"标记"卡上的"颜色"，即可创建如图 7-6 所示的散点图矩阵，不同颜色代表不同"中心"不同"部"的组合。

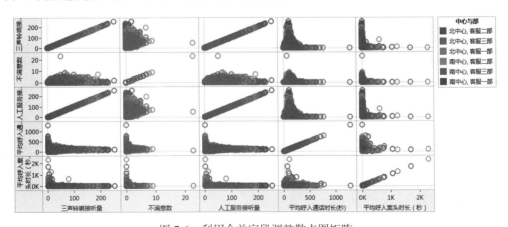

图 7-6　利用合并字段调整散点图矩阵

7.2   回归分析

本节利用 Tableau 的趋势线进行回归分析。在创建散点图之后，通过观察图形，我们可通过添加趋势线对可能存在相关关系的变量进行回归分析，拟合其回归直线或曲线。通过这种分析，我们可以将视图中的趋势线延伸至已有事实数据以外，预测未来值。

7.2.1   模型简介

在向视图添加趋势线时，Tableau 将构建一个回归模型，即趋势线模型。通过趋势线模型可以对两个变量的相关性进行分析，通过相关系数及其显著性检验（p 值）可以衡量相关关系的密切程度。**显著性检验**指两个变量之间是否真正存在显著的相关关系：只有显著性水平较高时，相关系数才是可信的；相关系数值越大，表示相关性越强。

Tableau 中内置了线性模型、对数模型、指数模型和多项式模型等趋势线模型。

❏ **线性模型**。不对解释变量或自变量执行转换，公式为：$Y = b_0 + b_1 \times X + e$。

❏ **对数模型**。解释变量或自变量在构建模型之前需进行对数转换，公式为：$Y = b_0 + b_1 \times \ln(X) + e$。由于不能对小于零的数字定义对数，因此在估算模型之前解释性变量为负的值将会被筛选掉。因此分析时应避免使用会丢弃某些数据的模型，除非你明确知道筛选掉的数据是无效的。

❏ **指数模型**。响应变量或因变量在构建模型之前需进行对数转换，公式为：$\ln(Y) = b_0 + b_1 \times X + e$。由于不能对小于零的值定义对数，因此在估算模型之前响应变量为负的值将会被筛选掉。

❏ **多项式模型**。响应变量被转换为解释变量的多项式序列，公式为：$Y = b_0 = b_1 \times X + b_2 \times X^2 + \cdots + e$。Tableau 中，我们可以选择介于 2 和 8 之间的"度"（也称为"次"）。较高的多项式度数会放大数据值之间的差异，带来较高的模型复杂度，从而造成过拟合。一般来说，n 次多项式模型生成 $n-1$ 个弯曲的曲线。

说明　(1) 线性回归统计模型中，X 是解释变量（或者预测变量），Y 是响应变量，b_0 表示截距项，b_i 表示相关系数，e 表示随机误差。随机误差互不关联，与解释变量也不关联，并且具有相等的方差。相关系数的含义是当其对应的解释变量改变一个单位时，其他所引起的 Y 的改变量。

(2) 过拟合是指随着模型复杂度的上升，训练集误差和测试集误差随之下降，但当复杂度到达一临界点后，对训练数据的拟合越来越好，但对于新数据的预测效果逐渐变差。

7.2.2   模型构建

本节将基于实例介绍如何应用 Tableau 的趋势线功能实现多种回归模型。

(1) 把度量字段"人工服务接听量""呼入案头总时长（秒）"分别拖至列功能区和行功能区，然后将"工号"拖至"标记"卡中，生成基本散点图。

(2) 为散点图添加趋势线有两种方式：①方式1，在散点图上任意一点单击右键，选择"趋势线"➤"显示趋势线"；②方式2，拖放"分析"窗口处的"趋势线"到视图中。这两种方式的区别是：方式1默认构建线性模型，方式2可选择构建模型的类型，如图7-7所示。

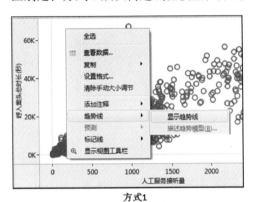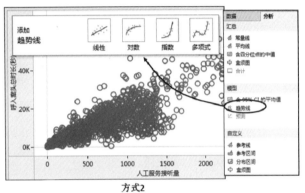

图 7-7　两种方式创建趋势线

(3) 以"线性模型"为例，生成趋势线后将鼠标悬停在趋势线上，这时可以查看趋势线方程和模型的拟合情况。

如图 7-8 所示，拟合的线性方程为"呼入案头总时长（秒）= 16.0037 *人工服务接听量+1179.95"，显著性 p 值 < 0.0001。其中 1179.95 是截距，16.0037 是回归系数，含义是"人工服务接听量"每增加一个单位，因变量"呼入案头总时长（秒）"将增加人工服务接听量的 16.0037 倍。p 值是检验模型是否存在显著的相关关系的指标：p 值越小，代表模型的显著性越高；一般 p 值等于或小于 0.05 代表模型是显著的。

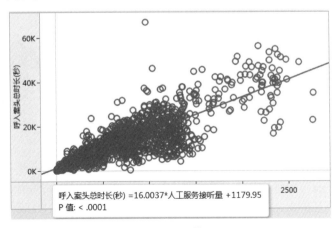

图 7-8　线性模型

（4）在视图上任意一点单击右键，选择"趋势线"➤"编辑趋势线"，Tableau 打开"趋势线选项"窗口，此时可编辑趋势线，如图 7-9 所示。

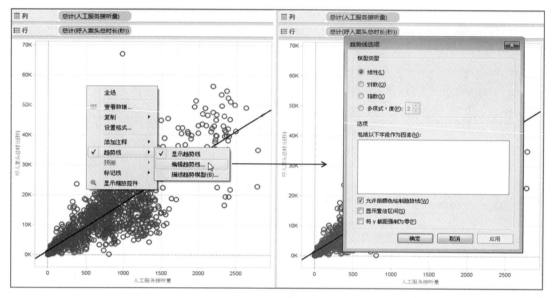

图 7-9   编辑趋势线

在"趋势线选项"窗口上，我们可以选择"线性""对数""指数"或"多项式"模型类型。"显示置信区间"会显示上和下 95% 置信区间线，但"指数"模型不支持置信区间。如果需要让趋势线从原点开始，可以设置"将 y 截距强制为零"。

选择不同的模型类型，生成的趋势线效果如图 7-10 所示。

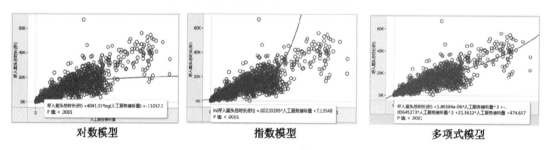

图 7-10   不同的趋势线模型

（5）按颜色绘制趋势线。Tableau 还允许按照颜色绘制趋势线。首先勾选"趋势线选项"窗口中的"允许按颜色绘制趋势线"选项，然后把"中心"字段拖到"标记"卡中的"颜色"上，即在散点图上增加两条趋势线，其中橙色趋势线拟合南中心员工的数据，而蓝色趋势线拟合北中心员工的数据，如图 7-11 所示。

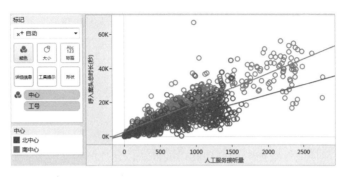

图 7-11　按颜色绘制趋势线（另见彩插）

(6) 有两种方式可以移除已绘制的趋势线：①方式 1，通过选择"分析"➤"趋势线"➤"显示趋势线"移除选中标记；②方式 2，在视图区中的趋势线上右击，在弹出窗口上移除"显示趋势线"选中标记。通过以上方式移除，下次启用趋势线时将会保留这些趋势线选项。但若在不显示趋势线的情况下关闭工作簿，则趋势线选项会恢复为默认设置。

7.2.3　模型评价

在添加趋势线后，若想查看模型的拟合优度，我们只需在视图中任意一点右击并选择"趋势线"➤"描述趋势模型"来打开"描述趋势模型"页面即可，如图 7-12 所示。

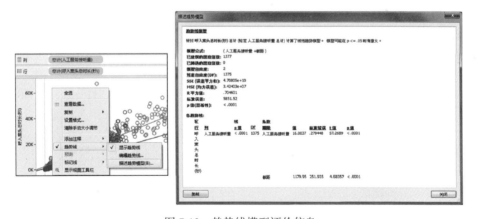

图 7-12　趋势线模型评价信息

通过图 7-12 中的各统计量数据，我们可以获取以下对模型的主要评价信息。

(1) **模型自由度**。指定模型所需的参数个数。线性、对数和指数趋势的模型自由度为 2。多项式趋势的模型自由度为 1 加上多项式的次数。

(2) **R 平方值**。模型的拟合优度度量，用于评价模型的可靠性，数值大小可以反映趋势线的估计值与对应的实际数据之间的拟合程度，取值范围为 0~1。如值为 0.704 601，则表明模型可以解释服务评价满意率 70.4601% 的方差。

(3) p 值（显著性）。模型显著性 p 值越小，代表模型的显著性越高，值小于 0.0001 说明该模型具有统计显著性。p 值大于 0.05 可以得出该度量字段与响应变量（服务评价满意率）无关的结论。本例中只用到一个用作预测变量的度量字段，即人工服务接听量，该度量字段 p 值小于 0.0001，表明回归系数显著。

7.3   时间序列分析

Tableau 内嵌了对周期性数据的预测功能，可自动拟合预测模型，分析数据变化规律，定量预测数据，同时也可对预测模型的参数进行调整，并评价预测模型的精确度。但 Tableau 嵌入的预测模型主要考虑数据本身的变化特征，无法充分考虑外部影响，因此适用于周期波动特征明显的数据预测。

7.3.1   时间序列图

时间序列图是一种特殊的散点图，时间作为横轴，纵轴放置不同时间点上变量的取值，可以帮助我们直观地了解数据的变化趋势和季节变化规律。

要绘制时间序列图，我们需要按照时间顺序采集足够多的样本数据，否则它很难反映出数据的规律，时间单位可以是年、季度、月、日，也可以是小时、分钟等。

下面以座席接听统计数据为例，创建各个中心各客服部一个月之内每一天的人工服务接听总量的时间序列图。

(1) 把"日期"字段拖至列功能区，把"人工服务接听量"和"中心"拖至行功能区。Tableau 会自动把日期类型字段，按照年、季、月、日等维度调整，本例中自动按"年"维度调整，为此视图上看到的只有两个标记。

(2) 在列功能区上的"日期"字段上单击右键，在弹出窗口中选择"日"连续日期级别，切换日期字段的级别，之后视图区即显示出 1 月份 31 天的时间序列图，如图 7-13 所示。

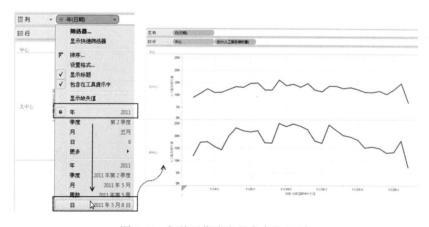

图 7-13   切换日期字段的角色和级别

(3) 把"部"拖至"标记"卡中的"颜色"上，视图中的每个区会创建三条时间序列折线，不同颜色代表不同的客服部。可以看出，南中心客服一部每天的人工服务接听量远远高于其他客户部，且每天波动较大，如图 7-14 所示。

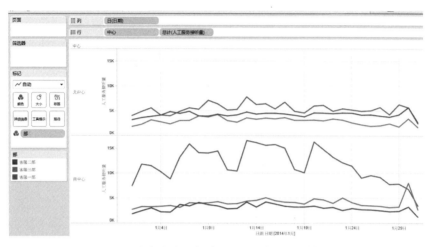

图 7-14 为每个中心创建不同客服部的时间序列图

(4) 为了确认人工服务接听量的时间序列数据是否具备"周"波动的特性，为视图增加以周为周期的参考线（为周日添加参考线，一共 4 条参考线）。

在横轴上单击右键，在弹出窗口上选择"添加参考线"，在"每区"上增加参考线，线的取值分别为常量值：2014/1/5、2014/1/12、2014/1/19 和 2014/1/26，如图 7-15 所示。

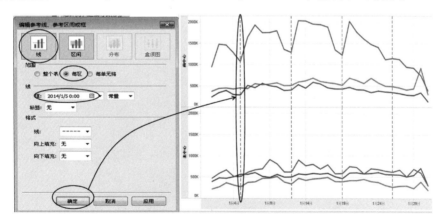

图 7-15 添加参考线

由图 7-15 可知，南中心客服一部以周为周期的变化趋势非常明显，每周的前五天具有稳中上升的趋势，周六周日的接听量急速下降。这可能是因为南中心客服一部服务地区的用户大多数为商业、大工业或非普工业用户。

7.3.2   时间序列预测

时间序列预测是利用原始时间序列数据拟合一个模型，分析研究数据的发展变化规律，从而得出观测数据的统计特征，再依据拟合到的模型外推预测目标的一种定量预测方法。当要预测的度量在进行预测的时间段内呈现出趋势或季节性时，带趋势或季节组件的指数平滑模型十分有效。"趋势"指数据随时间增加或减小的趋势，"季节性"指值的重复和可预测的波动特性。

Tableau 嵌入了"指数平滑"的预测模型，即基于历史数据引入一个简化的加权因子，即平滑系数，以迭代的方式预测未来一定周期内的变化趋势。该方法之所以称为指数方法，是因为每个级别的值都受前一个实际值的影响，影响程度呈指数下降，即值越新权重越大。

在预测时，Tableau 针对某个季节周期进行测试，自动找到对估计预测的时间系列而言最典型的时间长度。即如果原始时间序列按月聚合，则 Tableau 将寻找 12 个月的周期；如果原始时间序列按季度聚合，则 Tableau 将寻找 4 个季度的周期；如果原始时间序列按天聚合，则 Tableau 将寻找一周的周期。因此，如果按月时间序列中有一个 6 个月的周期，则 Tableau 可能会寻找一个 12 个月的模式，其中包含两个类似的子模式。

通常，时间序列中的数据点越多，所产生的预测就越准确。如果要进行季节性建模，那么具有足够的数据尤为重要，因为模型越复杂，就需要越多的数据训练集，这样才能达到合理的精度级别。

下面以座席接听数据为例介绍创建时间序列预测模型的方法。

(1) 创建"日期"和"人工服务接听量"的时间序列图后即可构建预测模型，Tableau 有 3 种方式生成预测曲线：①选择"分析" ➤ "预测" ➤ "显示预测"；②在视图上任意一点单击右键，选择"预测" ➤ "显示预测"；③拖放"分析"窗口中的"预测"模型到视图中。这 3 种方式创建的效果一致。

预测值在视图中显示在实际历史记录值的右侧，并以其他颜色显示，如图 7-16 所示。

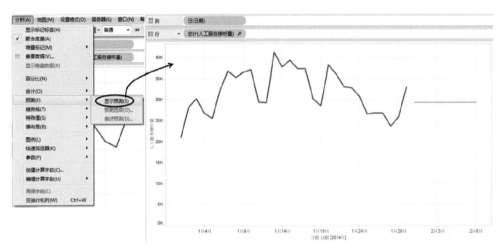

图 7-16   创建预测曲线

(2) 改变预测选项，优化预测模型。Tableau 默认的预测模型可能不是最优的，例如图 7-16 中对未来 9 天的预测值全部是一条直线，不符合期望。Tableau 可选择"分析"➤"预测"➤"预测选项"，打开"预测选项"窗口，查看 Tableau 默认的模型类型和预测选项并进行修改，如图 7-17 所示。

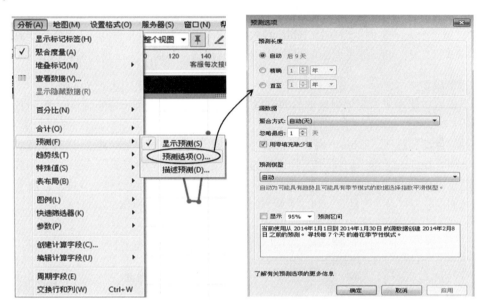

图 7-17　修改预测选项

预测选项的设置包括以下几项。

1. 预测长度

预测长度功能用于确定预测未来时间的长度，包括"自动""精确"和"直至"3 个选项：①"自动"指自动选取预测长度，本例中 Tableau 默认选择的是预测未来 9 天；②"精确"指将预测指定长度和粒度的单位，本例中如果把"精确"选项设置为 1 月，将会预测 2014 年 2 月一个月的人工服务接听值；③"直至"指 Tableau 将预测扩展至未来的指定时间点，本例中如果把"直至"选项设置为 2 月，将会预测把人工服务接听量预测到 2014 年 2 月 28 日（包含 2 月 28 日）。

2. 源数据

源数据功能用于指定源数据的聚合、期数选取和缺失值处理方式，包括"聚合方式""忽略最后"和"用零填充缺少值"3 个选项。

❑ "聚合方式"指定时间序列的时间粒度，使用默认值"自动"时，Tableau 将选择最佳粒度进行估算。此粒度通常与可视化项的时间粒度（即预测所采用的日期维度）匹配。当可视化项中的时间序列太短从而无法进行估算时，有时可能并且需要使用比可视化项更精细的粒度来估算预测模型。

- ❑ "忽略最后"指定实际数据末尾的周期数,这些周期在估算预测模型时会被忽略。使用这一功能可以修剪掉可能会误导预测的不可靠或部分末端周期。如果经过"忽略最后"选项中指定的周期数筛选后而得到的数据周期数小于 5,则在"预测选项"窗口底端会显示"时间序列太短,无法预测"。在本例中,实际数据有 31 期,如果"忽略最后"选项的设置大于等于 27,则无法预测。

- ❑ "用零填充缺少值"选项指 Tableau 将会把缺失的期数值填充为 0。如果尝试预测的度量缺少值,则 Tableau 将无法创建预测,选择此选项可以防止无法预测的错误发生。

3. 预测模型

预测模型功能用于指定如何生成预测模型,包括"自动""自动不带季节性"和"自定义"3 个选项。

选择"自动"选项,Tableau 会选择它认为最佳的模型(本例即是如此)。选择"自动不带季节性"选项,Tableau 会使用不带季节性组件的最佳模型。选择"自定义"选项,"预测选项"对话框中将会出现两个子选项"趋势"和"季节",用于指定模型的趋势和季节特征;两个子选项的取值相同,包括"无""累加"和"累乘"3 个取值,如图 7-18 所示。

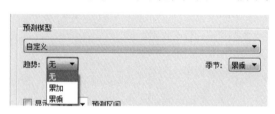

图 7-18　预测模型选项

如果"趋势"选择"无",该模型将不针对趋势评估数据;如果选择"累加"模型,指多个独立因素的组合影响是每个因素的孤立影响的总和,可以评估时间序列中的数据以获得累加趋势;如果选择"累乘"模型,指多个独立因素的组合影响是每个因素的孤立影响的乘积,可以评估时间序列中的数据以获得累乘趋势。同理,对季节也是同样的设置效果。

如果一个视图中存在多个时间序列,预测模型选择"自定义"选项,将强制使用同一自定义模型所设置的"趋势"选项值和"季节"选项值。另外,如果要预测的度量的一个或多个值小于或等于零,或者甚至是其中一些数据点相对于其他数据点非常接近于零,则不能使用"累乘"模型。

4. 预测区间

我们可以通过"显示预测区间"设置预测的置信区间为 90%、95%、99%,或者输入自定义值,并可设置是否在预测中包含预测区间。本例中,如果将预测区间设置为 95%,则将在预测图中显示 95%预测区间的阴影区域,表示该预测模型已确定人工服务接听量位于预测周期的阴影区域内的可能性为 95%。

5. 预测摘要

"预测选项"对话框底部的文本框提供了当前预测的描述。每次更改上面的任一预测选项时，预测摘要都会更新。如果预测有问题，则该文本框会提供错误消息，该消息可能有助于解决问题。

如果尝试在"预测选项"窗口中把"预测模型"选项设置为"自定义"，并把"趋势"子选项设置为"无"，将"季节"子选项设置为"累加"，同时设置"预测区间"为 95%，将会有如图 7-19 所示的预测结果。

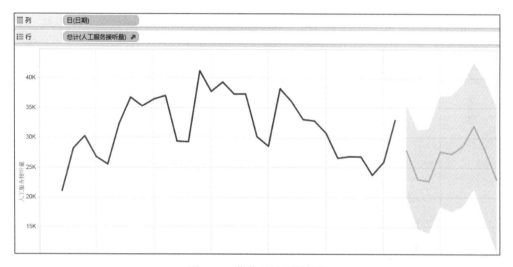

图 7-19　优化后的预测结果

说明　Tableau 需要时间序列中具有至少 5 个数据点才能预测趋势，以及具有用于至少两个季节或一个季节加 5 个周期的足够数据点才能估计季节性。例如，需要至少 9 个数据点才能估计具有一个四季度季节周期（4+5）的模型，需要至少 24 个数据点才能估计具有一个 12 个月季节周期（2*12）的模型。如果对不具有支持准确预测的足够数据点的视图启用预测，Tableau 会为了实现更精细的粒度级别来查询数据源，从而提取足够的数据点来产生有效预测。

7.3.3　预测模型评价

选择"分析"➤"预测"➤"描述预测"打开"描述预测"对话框，这样可以查看关于预测模型的详细描述信息。"描述预测"对话框有两个选项卡：摘要"选项卡和"模型"选项卡，如图 7-20 所示。

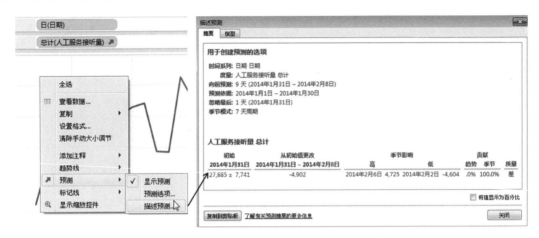

图 7-20 预测模型描述（摘要选项卡）

在"摘要"选项卡中，Tableau 描述了已创建的预测模型以及 Tableau 发现的一般模式。上半部分汇总了 Tableau 创建预测所用的选项，一般由 Tableau 自动选取，也可在"预测选项"对话框中指定。

- □ 时间序列：用于定义时间序列的连续日期字段。
- □ 度量：估计值时使用的度量。
- □ 向前预测：预测的长度和日期范围。
- □ 预测依据：创建预测所用实际数据的日期范围。
- □ 忽略最后：实际数据末尾的周期数将被忽略，该数值用于确定预测数据显示的周期数，此值由"预测选项"对话框中的"忽略最后"选项决定。
- □ 季节模式：在数据中找到的季节周期长度。如果在任何预测中都找不到季节周期，则为"无"。

在"摘要"选项卡中，对于预测的每个度量将显示一个摘要表。一般而言，预测摘要表中的字段主要包括以下几项。

- □ 初始：第一个预测周期的值和预测间隔。
- □ 从初始值更改：第一个和最后一个预测估计点之间的差值（这两个点之间的间隔显示在列标题中）。注意，当值以百分比形式显示时，此字段会显示相对于第一个预测周期的百分比变化。
- □ 季节影响：这些字段将针对具有季节性（随时间变化的重复模式）的模型而显示。它们将显示实际值和预测值的合并时间序列中上一个完整季节周期的季节组件的高值和低值。
- □ 贡献：趋势和季节性对预测的贡献程度，并且这些值始终以百分比形式表示，且总和为 100%。
- □ 质量：指示预测与实际数据的相符程度（可能的值为好、确定和差）。

说明	自然预测的定义为：下一周期的值估计将与当前周期的值相同。质量以与自然预测相比较的结果表示。例如，"OK"表示相比自然预测，预测误差更小；"GOOD"表示预测误差要小一半以上；而"POOR"则表示预测的误差更大。

在"模型"选项卡中，Tableau提供了更详尽的统计信息以及霍尔特－温特斯（Holt Winters）指数平滑模型的平滑系数值。对于预测的每个度量将显示一个表，用来描述Tableau为该度量创建的预测模型。

"模型"选项卡中包含"模型""质量指标"以及"平滑系数"，如图7-21所示。

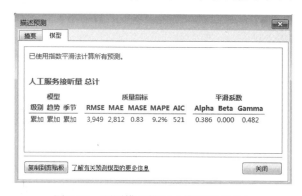

图7-21　预测模型描述（模型选项卡）

❑ "模型"指定"级别""趋势"或"季节"组件是否是用于生成预测模型的一部分，并且每个组件在创建整体预测值时，可以是"无""累加"或"累乘"。

❑ "质量指标"中提到的5个指标也是在常规的时间序列预测中经常用到的判断指标：RMSE（均方误差）、MAE（平均绝对误差）、MASE（平均绝对标度误差）、MAPE（平均绝对百分比误差）以及常用的AIC（Akaike信息准则）。

❑ "平滑系数"的拌合参数（包括Alpha级别平滑系数、Beta趋势平滑系数和Gamma季节平滑系数），是根据数据的级别、趋势或季节组件的演变速率对平滑系数进行优化，使得较新数据值的权重大于较早数据值，这样就会将样本向前一步预测误差最小化。平滑系数越接近1，执行的平滑越少，从而可实现快速组件变化且对最新数据具有较大依赖性；平滑系数越接近0，执行的平滑越多，从而可实现逐渐组件变化且对最新数据具有较小依赖性。

7.4　聚类分析

聚类分析是对具有共同趋势或结构的数据进行分组的一种分析，其特点是将数据项分组成多个簇（群集），簇之间的数据差别应尽可能大，簇内的数据差别应尽可能小，即"最小化簇间的相似性，最大化簇内的相似性"。

7.4.1　常用聚类算法简介

常用的聚类算法有以下 4 种。

- 基于划分的聚类：对于给定的数据集合，事先指定划分为 k 个类别。典型算法有 k 均值和 k 中心点。
- 基于层次的聚类：对于给定的数据集合进行层次分解，不需要预先给定聚类数，但要给定终止条件，包括凝聚法和分裂法两类。典型算法有 CURE、Chameleon 和 Agglomerative。
- 基于密度的聚类：只要某簇邻近区域的密度超过设定的阈值，则扩大簇的范围，继续聚类，这类算法可以获得任意形状的簇。典型算法有 DBSCAN、OPTICS 和 DENCLUE 等。
- 基于网格的聚类：首先将问题空间量化为有限数目的单元，形成一个空间网格结构，随后聚类在这些网络之间进行。典型算法有 STING、WareCluster 和 CLIQUE 等。

Tableau 10.0 版本内嵌了聚类分析功能，使用 k 均值算法，即对于给定的簇（即"群集"）数量 k，将数据集分成 k 个群集，将各个群集内的所有数据样本的均值作为该群集的中心（质心）。然后通过迭代过程，使评价聚类性能的准则函数（Tableau 使用 Calinski-Harabasz 标准来评估群集质量）达到最优，从而使同一个类中的对象相似度较高，而不同类之间对象的相似度较低。在 Tableau 中，你可以指定所需的群集数，或者让 Tableau 测试不同的 k 值并给出最佳群集数建议。

7.4.2　聚类分析应用

本节采用著名的鸢尾花卉数据集（Iris flower data set）进行聚类分析应用示例说明，该数据集包含了 150 个样本、4 个度量字段和 1 个维度字段。4 个度量字段被用作样本的定量分析，它们分别是花萼和花瓣的长度和宽度；1 个维度字段（字段名"属别"），被用作标注鸢尾属下的 3 个亚属，分别是山鸢尾、变色鸢尾和维吉尼亚鸢尾。

你可以访问 http://aima.cs.berkeley.edu/data/iris.txt 了解鸢尾花卉数据集的详细介绍，访问 http://aima.cs.berkeley.edu/data/iris.csv 获取该数据集。

把度量字段"花瓣宽度"与"花瓣长度"分别拖至行功能区和列功能区，此时视图区会把这两个度量按照"总计"聚合，选择菜单"分析" ➤ "聚合度量"，移除选中标记进行解聚。从"分析"窗口中拖动"群集"并将其放在视图中，即可创建群集，如图 7-22 所示。Tableau 会把创建的群集结果放到"标记"卡的"颜色"上，如果"颜色"中已经存在字段，则 Tableau 会将该字段移到"详细信息"上，并在"颜色"上将该字段替换为群集结果。

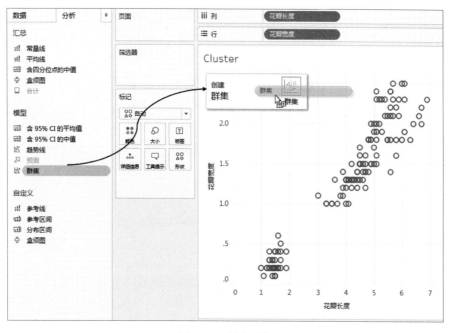

图 7-22 创建群集

当将群集添加到视图中或者在群集上右键点击"编辑群集"时，Tableau 将显示一个对话框，在此对话框中，可以对变量进行设置（添加或移除变量），也可以输入想要的群集数目（可让 Tableau 自动确定群集数目），如图 7-23 所示。

图 7-23 编辑群集

将"群集"从"标记"卡拖放到"数据"窗口，将创建一个 Tableau 组。该组和原始群集相互分离，即编辑群集不会影响组，编辑组也不会影响群集结果。这样创建的组与任何其他 Tableau 组具有相同的特征，是数据源的一部分。接下来，我们重命名保存的群集组为"群集结果"，并将其中的 3 个分组分别命名为：山鸢尾、变色鸢尾和维吉尼亚鸢尾，如图 7-24 所示。

图 7-24　重命名编辑群集

为了说明 Tableau 聚类分析的效果，我们将上述创建的群集属别与真实属别做对比分析。方法为创建两个视图，并拖放到仪表板（创建仪表板的方法详见第 8 章）中，左视图为真实属别，右视图为群集属别，如图 7-25 所示。对比发现，在 150 个样本中，Tableau 正确分类了 144 个，错误分类了 6 个，其中，4 个维吉尼亚鸢尾错误分类为变色鸢尾，2 个变色鸢尾错分为维吉尼亚鸢尾。另外，为了更直观地了解分类准确性，你还可以创建布尔字段，公式为[群集结果]=[属别]，以该字段和记录数字段创建视图，这里不再赘述。

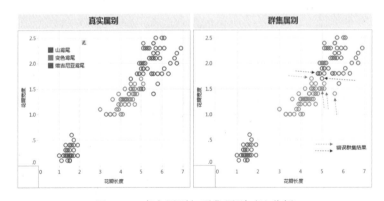

图 7-25　真实属别与群集属别对比分析

7.4.3　聚类分析模型评价

上一节我们介绍了如何利用鸢尾花的真实属别来直观评价 Tableau 聚类分析的效果，但是很多时候，我们并不知道样本的真实属别，此时可以通过 Tableau 提供的"描述群集"功能，了解模型的描述信息和用以评估群集质量的统计数据。

当视图包含群集时，右键单击"标记"卡上的群集，选择"描述群集"，打开"描述群集"对话框，该对话框提供两个选项卡："摘要"和"模型"，如图 7-26 所示。

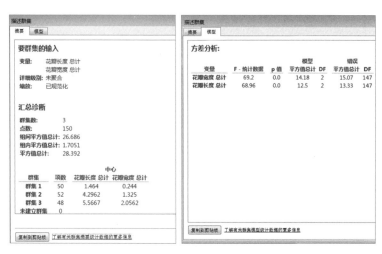

图 7-26 "描述群集"选项卡

在"摘要"选项卡中，Tableau 提供了用于生成群集的输入信息和描述群集特征的统计数据。

❑ 要群集的输入：所使用的变量名称、详细级别（模型使用的维度字段名称）和用于数据预处理的标准化方法，Tableau 采用 Min-max 标准化方法对原始数据进行线性变换。

❑ 汇总诊断：群集数（群集数量）、点数（样本数量）、组间平方值总计（值越大，群集之间的间隔就越好）、组内平方值总计（值越小，群集的内聚性就越高）和平方值总计。

❑ 群集统计数据：项数（每个群集内的样本数量）、中心（每个群集内，每个度量变量的均值）、最常用（每个群集内，每个维度变量的最常用值）。

在"模型"选项卡中，Tableau 提供了单因素方差分析表（ANOVA Table），用于帮助判断每个纳入模型的变量，在区分群集时是否为有效变量。

❑ F-统计数据：组间平方值总计与平方值总计的比值，值越大，表明对应变量越能更好地区分群集。

❑ p 值：统计显著性指标，如果 p 值低于指定的显著性水平（通常为 0.05），则可以拒绝零假设 H0（接受 H1，表明对应变量在分类的差别上具有统计学意义，即该变量在区分群集时为有效变量）。

❑ 模型平方值总计及自由度 DF：模型平方值总计是组间平方值总计与模型自由度的比值，组间平方值总计是对群集均值之间差值的度量，值越大表明对应变量对群集之间的区别越大。模型的自由度为 $k-1$，其中 k 为群集数。

❑ 错误平方值总计及自由度：错误平方值总计是组内平均值总计与误差自由度的比值，组内平方值总计测量每个群集内的观察值之间的差值。误差自由度为 $N-k$，其中 N 是群集的样本数量（行数），k 为群集数。

7.5　Tableau 与 R 语言

Tableau 通过四大表计算函数嵌入 R 语言，从而可以借助 R 语言强大的数据分析挖掘功能实现高级分析的功能拓展。

7.5.1　R 语言简介

R 语言（简称 R）是一种基于对象的开源软件编程语言，也是现今最受欢迎的数据分析和可视化工具之一，由一个庞大且非常活跃的全球性研究型社区维护，并可运行于多种平台之上，包括 Windows、UNIX 和 mac OS。R 提供了一套完全免费的数据分析解决方案，有非常多优秀的特性和能力，主要体现在以下几个方面。

1. 轻松处理各种数据源

R 可以识别和处理手工输入数据，亦可轻松地从各种外部数据源导入数据，这些数据源包括文本文件、数据库管理系统、电子表格、统计软件等，如图 7-27 所示。

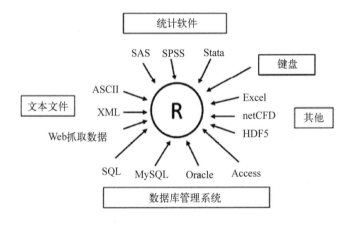

图 7-27　可供 R 导入的数据源

2. 提供丰富的 R 包

包是 R 函数、数据、预编译代码以一种定义完善的格式组成的集合。R 基本安装中就内置了数以百计的用于数据管理、统计分析和绘图的基础包，如 base、datasets、utils、grDevices、graphics、stats 及 methods 等。不过，R 更多的增强功能来自 R 社区开发的数以千计的优秀扩展包，这些包提供了横跨各种领域、数量惊人的新功能，包括地理数据分析和处理、文本数据处理及挖掘、蛋白质质谱分析、心理测验分析等功能。

目前，R 的各种扩展包已经超过 5000 个，读者可到一些镜像站点自行下载和安装，然后在 R 会话中使用 library() 命令载入下载的扩展包，即可使用扩展包中提供的函数。

3. 交互式的数据分析和探索平台

R 是一个可进行交互式数据分析和探索的强大平台，任意一个分析步骤的结果均可被轻松保存、操作，并作为进一步分析的输入，支持典型的数据分析步骤（如图 7-28 所示），几乎可以满足任何类型的数据分析需求。

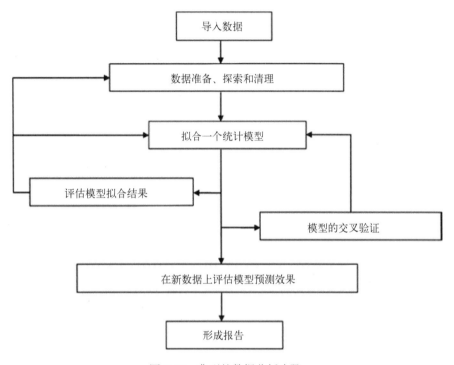

图 7-28　典型的数据分析步骤

说明　在 R 中，对象是可以赋值给变量的任何事物，包括常量、数据结构、函数，甚至是图形。与其他同类软件（如 SAS、SPSS 和 Stata）中的数据集类似，数据框（data frame）是 R 中用于存储数据的最主要数据结构，其中列表示变量（Tableau 中称为字段），行表示观测（记录）。

R 的功能非常丰富，但由于许多功能都是由独立贡献者编写的可选模块提供的，相关文档可能比较零散，所以 R 的学习曲线较为陡峭。另外，要想深入掌握 R 需要具有一定统计学知识和一定的编程基础。Tableau 完全不受这些方面的限制，可以灵活使用，这是 R 和 Tableau 最重要的区别。集成 R 在数据处理、高级统计分析和预测性建模分析方面的能力，可以很好地弥补 Tableau 在这些方面的不足。

7.5.2　Tableau 与 R 集成

自 Tableau 8.1 以来，Tableau 就可以利用四大表计算函数与 R 的脚本实现集成。具体来说，用户在 Tableau 环境中，通过 Tableau 的表计算函数把待处理的数据以参数形式传递给 R，R 利用函数和 R 包来处理数据或建立预测模型，然后把处理结果或者预测模型的输出结果通过表计算函数返回给 Tableau，最后 Tableau 对结果进行可视化展示和分析。Tableau 与 R 的集成可大大增强 Tableau 在数据处理，尤其是高级统计分析和预测性分析方面的能力。

本节假设用户已经安装好了 R，并掌握了 R 的一些基础知识。要实现 Tableau 与 R 的集成，主要需要以下 3 个步骤。

1. 安装并运行 Rserve，启动 Rserve 服务进程

Rserve 基于 TCP/IP 协议，是允许 R 语言与其他编程语言通信的程序包，支持 C、C++、Java、Python 等。所以，如果要实现 Tableau 与 R 的集成，我们首先需要使用 R 中的 Rserve 程序包。可以在 R 会话中执行如下代码来获取 Rserve 程序包：

```
> install.packages("Rserve")
```

成功安装 Rserve 包后就可以加载并运行 Rserve，以便启动 Rserve 服务进程，而启动 Rserve 服务进程就意味着在计算机上运行了能向应用程序提供 R 语言功能的服务器（不止是 Tableau 这样的程序能使用 R 功能，其他应用程序也可以）。在 R 会话中键入如下命令即可：

```
> library(Rserve)
> Rserve()
```

第一个语句执行加载 Rserve 程序包的命令，第二个语句单独启动一个 Rserve 服务进程，这样就启动了 Rserve 服务器。用户可以在任务管理器中查看 Rserve 服务进程是否已启动，也可以手动终止已经启动的 Rserve 服务进程。

说明　通过使用 Rserve，应用程序能借助 TCP/IP 或本地套接字（Sockets）访问 R。其中，在类 UNIX 系统下，Rserve 服务器将以守护进程（daemon）的模式启动，而在 Windows 系统下，Rserve()通过设置环境变量 PATH 包含当前 R.dll 文件来运行 Rserve 服务器。

　　7.5.2 节和 7.5.3 节中所有的 R 代码均以>开头。

---

2. 在 Tableau 中配置 Rserve 连接

为了在 Tableau 中使用 R 程序，我们还需要在 Tableau 中配置 Rserve 连接，具体步骤如下。

(1) 在 Tableau 中的"帮助"菜单上选择"设置和性能"➤"管理外部服务连接"以打开连接对话框。

(2) 使用域或 IP 地址输入或选择服务器名称（本机下配置则是 localhost），并且指定端口（端口 6311 是 Rserve 服务器的默认端口）。

(3) 如果 Rserve 服务器需要凭据，请指定用户名和密码。

这样就能成功连接 Tableau 到 Rserve，并进行测试连接了。如果服务器正常，那么就会返回

"成功连接到 Predictive Service"（如图 7-29 所示），如果无法建立连接，就会显示错误消息。如果有错误消息，你可以单击消息中的"显示详细信息"查看服务器返回的诊断信息。

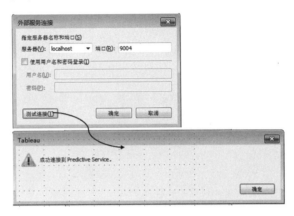

图 7-29　将 Tableau 连接到 Rserve

值得注意的是，Tableau 无法验证使用 R 的工作簿在 Tableau Server 上能否正确呈现。可能存在这样的情形：需要的统计库在用户计算机上可用，但在 Tableau Server 运行的 Rserve 实例上不可用。并且，如果要将依赖 Rserve 连接的工作簿发布到 Tableau Server，应将 Tableau Server 配置为具有自己的 Rserve 连接。我们可通过使用 tabadmin set 配置设置来完成此操作（这些设置等同于在"Rserve 连接"对话框中设置的值）：

❑ tabadmin set vizqlserver.rserve.host；
❑ tabadmin set vizqlserver.rserve.port；
❑ tabadmin set vizqlserver.rserve.username；
❑ tabadmin set vizqlserver.rserve.password。

无论是将包含 R 功能的工作簿发送到其他用户，还是用户自行从 Tableau Server 下载包含 R 功能的工作簿，用户都必须首先在计算机上配置 Rserve 连接，然后才能够在收到或下载到的 Tableau 工作簿中使用 R 功能。

3. 在 Tableau 中使用 R 脚本

在 Tableau 中，R 脚本以表计算函数嵌入到 Tableau 中，运行时 Tableau 通过 Rserve 触发 R Engine 并传递参数给 R，运行结果（数据处理、统计分析和预测建模结果）将以创建新的计算字段的方式返回给 Tableau。

Tableau 提供了 4 种 R 脚本表计算函数：SCRIPT_BOOL、SCRIPT_INT、SCRIPT_REAL、SCRIPT_STR，你可使用这 4 个函数将 R 脚本传递给 Rserve 服务器并获取结果。

❑ SCRIPT_BOOL：返回指定 R 表达式的布尔结果。
❑ SCRIPT_INT：返回指定 R 表达式的整数结果。
❑ SCRIPT_REAL：返回指定 R 表达式的实数结果。
❑ SCRIPT_STR：返回指定 R 表达式的字符串结果。

下面以 SCRIPT_INT 为例介绍如何在 Tableau 的表计算函数中嵌入 R 表达式脚本。

语法：SCRIPT_INT（'R 语言表达式脚本（含参数）'，来自 Tableau 的传入参数 1，来自 Tableau 的传入参数 2，…）。

在"R 语言表达式脚本（含参数）"中，我们编写包含占位符的 R 语言脚本，可在 R 语言表达式脚本中通过".argn"的方式引用来自 Tableau 的传入参数（来自 Tableau 的传入参数一般是聚合后的 Tableau 字段）。同样以 SCRIPT_INT 为例，我们给出一个进行聚类分析的例子：

```
SCRIPT_INT('result <- kmeans(data.frame(.arg1, .arg2, .arg3), 3);result$cluster;', SUM([A]),
SUM([B]),SUM([C]))
```

对于 R 语言来说，实际执行的代码如下：

```
>result <- kmeans(data.frame(SUM([A]), SUM([B]),SUM([C])), 3)
>result$cluster
```

熟悉 R 语言的读者会很清楚，这两行代码首先构造了一个包含 3 个列向量（.arg1、.arg2、.arg3）的数据框，然后通过 k 均值算法使用这 3 个变量对所有观测记录进行聚类，并指定聚类的数量为 3 类，最后将各观测记录所属聚类结果的类别返回。这里使用了".argn"的方式来传入参数，将 Tableau 中字段 A、B 和 C 的总计聚合值作为参数，依次替代了 R 脚本中标示出来的 3 个占位符.arg1、.arg2 和.arg3。

7.5.3　用 R 进行高级分析

本节以座席接听统计数据为例，介绍如何利用 R 进行主成分分析和座席行为分类。

1. 分析思路

本节使用的座席接听统计数据中涉及的字段比较多，包括"工号""人工服务接听量""三声铃响接听量""呼入通话时长（秒）""呼入案头总时长（秒）""服务评价推送成功数"和"服务评价满意数"，共计 7 个字段。其中可能部分属性与数据分析任务不相关，是冗余的。为了更好地依据除"工号"外的 6 个字段进行聚类分析，我们需要进行数据降维。

具体分析思路：以"工号"为聚合依据，对 6 个字段使用主成分分析法进行数据降维，最后运用 k 均值法对座席人员进行聚类，最后将聚类结果进行可视化展示。

说明　**主成分分析**（principle components analysis）是一种运用线性变换简化数据集的技术，旨在利用降维的思想把多指标转化为少数几个综合指标。为了全面、系统地分析问题，我们必须考虑众多影响因素（变量），因为每个变量都在不同程度上反映了所研究问题的某些信息，并且指标之间彼此有一定的相关性，因而所得的统计数据反映的信息在一定程度上有重叠，所以我们需要主成分分析。

　　　　聚类分析（cluster analysis）是根据"物以类聚"的道理，对大量样品（或指标）在没有任何先验知识的情况下进行分类。其中，k 均值算法是典型的基于距离的聚类，采用距离作为相似性的评价指标，即认为两个对象的距离越近，相似度就越大。

---

2. 借助 R 进行主成分分析（选取主成分）

在进行主成分分析时，首先需要分析一些指标来判断如何选取主成分，而这部分内容在 Tableau 中实现起来比较困难，所以我们使用 R 来进行主成分分析。执行如下 R 脚本即可完成主成分分析：

```
> PCA <- prcomp(data, scale = TRUE)
```

确定主成分需要先了解各个主成分的摘要情况（见表 7-1），并依据累计方差累计贡献率达到 85% 以上（所选主成分对信息的利用率达 85% 以上）这一准则进行主成分选择。执行如下 R 脚本可以获得各个主成分的摘要信息：

```
> summary(PCA)
```

表 7-1　主成分摘要表

	PC1	PC2	PC3	PC4	PC5	PC6
标准差	2.027	1.038	0.8962	0.095 23	0.009 561	0.000 443 7
贡献率	0.685	0.1796	0.1339	0.001 51	0.000 020	0.000 000 0
累计贡献率	0.685	0.8646	0.9985	0.999 98	1.000 000	1.000 000 0

从表 7-1 主成分摘要表中可以发现，第一主成分 PC1 和第二主成分 PC2 的累计贡献率为 86.46%，所以我们保留两个 PC1 和 PC2 主成分用作聚类分析。

3. 把两个主成分定义为 Tableau 计算字段

下面为两个主成分创建计算字段，一个命名为"第一主成分"，另一个命名为"第二主成分"，如图 7-30 所示。

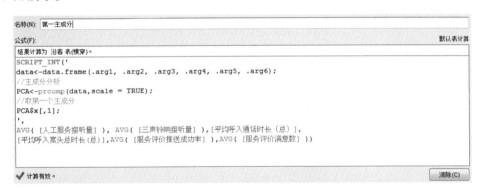

图 7-30　创建"第一主成分"计算字段

这里主要使用了 R 中的语句 PCA$x[,1] 与 PCA$x[,2] 来获取主成分分析结果中的第一主成分和第二主成分。第二主成分计算字段的创建与其非常类似，这里不再赘述。

4. 依据两个主成分对座席人员进行聚类，创建"聚类类别"计算字段

我们采用 R 中的 k 均值法，使用两个主成分将对座席人员分组，以观察组间行为的差异性及

组内的相似性。

首先创建"聚类类别"计算字段，公式如下所示：

```
SCRIPT_INT('result <- kmeans(data.frame(.arg1, .arg2), 4); result$cluster;',
[第一主成分], [第二主成分])
```

对座席人员进行聚类分析的结果如图 7-31 所示。

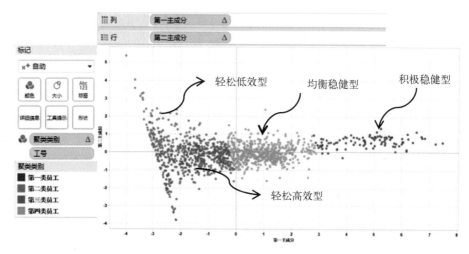

图 7-31   座席人员聚类分析结果

5. 解释成分载荷与聚类结果

为了解释主成分，进而更好地理解聚类结果，我们需要使用 R 语言进一步分析成分载荷，根据载荷矩阵对这种结果做出某种解释。通过 Rsw 脚本获得的主成分载荷矩阵如表 7-2 所示。

表 7-2   载荷矩阵

字 段	第一主成分	第二主成分
人工服务接听量	0.99	0.10
三声铃响接听量	0.99	0.10
呼入通话时长	−0.29	0.71
呼入案头总时长	−0.28	0.73
服务评价推送成功数	0.99	0.11
服务评价满意数	0.99	0.11

从表 7-2 可以看出主成分的含义：第一主成分与人工服务接听量、三声铃响接听量、服务评价推送成功数以及服务评价满意数都是正相关的，而第二主成分与呼入通话时长、呼入案头总时长之间正相关。为了更好地理解，我们可以为这些主成分提供解释，第一主成分代表了座席人员接听服务的质与量，第二主成分代表了座席人员处理业务的时间效率。

基于座席人员行为，我们把座席人员分为四类：第一类员工，接听服务质与量高且处理效率正常，代表了"积极稳健型"座席；第二类员工，接听服务质与量较低且处理效率低，代表了"轻松低效型"座席；第三类员工，接听服务质与量低但是处理效率较高，代表了"轻松高效型"座席；第四类员工，接听服务质与量中等且处理效率正常，代表了"均衡稳健型"座席。

7.6 Tableau 与 Python

Python 是一种使用广泛的通用编程语言，拥有大量优秀的 Python 库，可用于执行数据处理、统计分析、预测分析或机器学习算法。自 10.2 版本起，Tableau 通过 TabPy（Tableau Python Server）支持与 Python 集成。此集成功能支持在 Tableau 中直接调用 Python 代码（本节仅介绍该方法的具体应用）以及将 Tableau 外部编写的 Python 代码部署至 Tabpy 服务器（以提升代码可复用性），开展高级数据可视化分析、复杂数据处理和预测建模分析。与 R 的集成相似，Python 集成也是借助四大表计算函数实现的，Tableau 将脚本和数据发送给 TabPy 服务器，随后结果会返回到 Tableau，供 Tableau 可视化引擎使用。

7.6.1 Tableau 与 Python 集成

本节假设用户已经了解和掌握了 Python 语言、Anaconda 环境和 Jupyter Notebook 的基础知识。要实现 Tableau 与 Python 集成，有以下 3 个步骤。

1. 安装并运行 TabPy，启动 TabPy 服务

TabPy 使用流行的 Anaconda 环境，能够预装许多常见的 Python 包（如 scipy、numpy 和 scikit-learn）。请读者访问 Tableau 公司的 GitHub 主页（https://github.com/tableau/TabPy），点击 "Clone or download" 按钮，将 TabPy 套件（ZIP 文件）下载到本地或者远程服务器，并解压缩。该套件包含以下两个组件。

❑ Tabpy Server：远程服务器，用于运行从 Tableau 传递过来的 Python 代码。

❑ Tabpy Client：用于将用户建立的数据分析或数据挖掘的模型发布到 Tabpy Server，增强代码可重用性。

不同系统的安装方法不同。

❑ Windows：使用命令行导航到包含 setup.bat 的文件夹，然后键入 setup.bat 安装。

❑ Linux：导航到终端窗口中包含 setup.sh 的文件夹，然后键入 ./setup.sh 安装。

❑ macOS：键入命令 chmod + x setup.sh 来为文件授予授权安装。

依次执行上述脚本，自动安装步骤如下：(1) 下载并安装 Anaconda（除非 Anaconda 在 PATH 或文件夹 Anaconda 在当前文件夹中找到）；(2) 创建一个名为 Tableau-Python-Server 的 Python 环境（如果尚不存在）；(3) 将所需的 Python 包安装到新环境以及客户端软件包中，这是 TabPy 服务器所依赖的常用包；(4) 初始化服务器，显示安装位置和下次启动服务的说明。

如果读者熟悉 Python 环境并且已经安装，或者不喜欢 Anaconda，并且只想启动服务器进程，

也可选择手动安装。

安装成功后，在 Users\yourname\anaconda\envs\Tableau-Python-Server\Lib\site-package 目录下，你会看到一个名为 tabpy_server 的文件夹（以 Windows 环境为例），里面包含了一个用于启动 TabPy Server 的 startup.bat 文件，双击即可启动 TabPy Server，如图 7-32 所示。

图 7-32   成功启动 TabPy Server

2. 在 Tableau 中配置 TabPy 连接

在 Tableau 中的"帮助"菜单上选择"设置和性能" ➤ "管理外部服务连接"以打开连接对话框。配置服务器名称（本机下配置则是 localhost），并且指定端口（端口 9004，TabPy Server 的默认端口），点击"测试连接"，如果服务器正常，就会返回"成功连接到 Predictive Service"，如图 7-33 所示。至此，你已经完成了 TabPy 连接，接下来可以使用 Python 脚本作为 Tableau 中计算字段的一部分。

图 7-33   配置 TabPy 连接

7.6.2   用 Python 进行高级分析

本节以 Tableau 官方的"示例-超市数据"为例，介绍如何利用 Python 进行时间序列预测分析。

1. 确定分析思路

针对某地区历史上所售产品的数量，预测未来一段时间可能售卖的产品数量。由于预测目的是为每月一次的备货提供参考依据，要求按月进行预测即可。

了解业务目标后，确定分析思路为：考虑到产品售卖有较强的季节性和趋势性，采用 ARIMA 模型来预测。另外为防止需求的多变性，可视化展示时预设参数。

2. 数据预处理

原始数据的日期字段精确至天，需要格式化处理，改为精确至月，创建字段"OrderDateByMonth"，如图 7-34 所示。另外定义预测日期字段"Forecast date"，其中 Months Forecast 是预测的时间长度参数。

图 7-34 创建日期计算字段

3. 定义参数

ARIMA 是自回归综合移动平均模型，是著名的时间序列预测分析方法之一。ARIMA 有 3 个参数 p、d 和 q，其中，p 为自回归（AR）项数，q 为滑动平均（MA）项数，d 为使之成为平稳序列所做的差分次数（阶数）。由于篇幅所限，这里不对该模型进行详细介绍，而是关注如何将 Python 中的该预测模型灵活运用到 Tableau 中。

将模型所需的 3 个输入，在 Tableau 中定义为参数，如图 7-35、图 7-36 和图 7-37 所示。

图 7-35 模型参数-AR

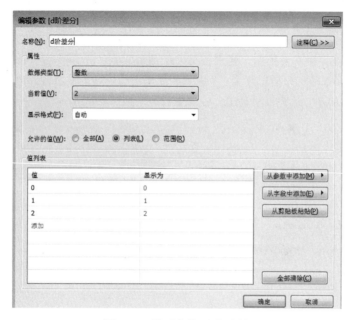

图 7-36   模型参数-差分阶数

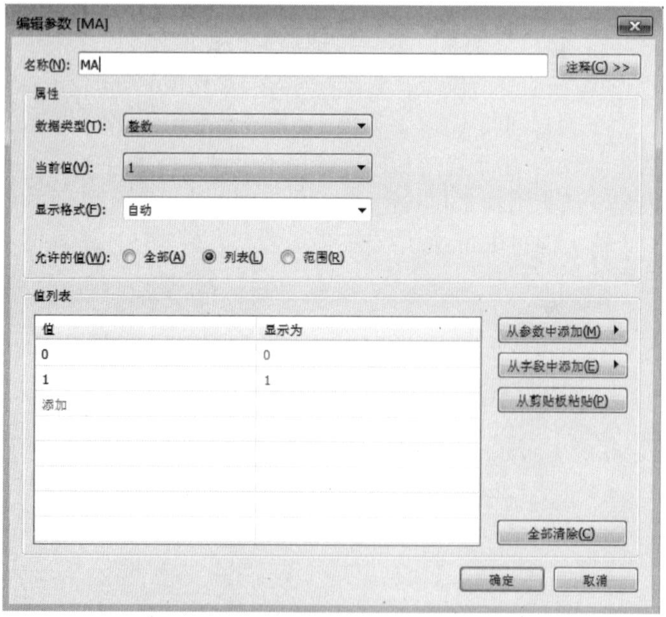

图 7-37   模型参数-MA

最后定义 Months Forecast 参数，以便预测的时间长度可动态调整，如图 7-38 所示。

图 7-38 预测时间长度参数

4. 定义预测字段

现在我们可以定义表计算字段 "Forecast"，在 Tableau 中嵌入 Python 代码了，如图 7-39 所示。

```
Forecast                              订单 (示例 - 超市)

结果计算为 沿着 表(横穿).
SCRIPT_REAL('import pandas as pd
import numpy as np
import matplotlib.pylab as plt
from matplotlib.pylab import rcParams
dates = _arg1
productcount = _arg2
order_arima = min(_arg3)
seasonal_diff = min (_arg4)
ma_param = min (_arg5)
months_forecast = min(_arg6)
ts = pd.DataFrame({"dates": dates,"productcount": productcount})
ts["productcount"] = ts["productcount"].astype("float64")
ts = ts.set_index(["dates"])
ts_log = np.log(ts)
ts_log.index = pd.to_datetime(ts_log.index)
ts_log_diff = ts_log - ts_log.shift()
ts_log_diff["productcount"][0] = 0
from statsmodels.tsa.arima_model import ARIMA
model = ARIMA(ts_log_diff, order=(order_arima, seasonal_diff, ma_param))
results_ARIMA = model.fit(disp=-1)
predictions_value = results_ARIMA.forecast(months_forecast)[0]
from dateutil.relativedelta import relativedelta
add_month = relativedelta(months=1)
predictions_dates = list()
for i in range(months_forecast):
 predictions_dates.append ( results_ARIMA.fittedvalues.index[-1] + ((i+1)*add_month))
forecast_log_diff = pd.Series(predictions_value, index=predictions_dates)
predictions_ARIMA_diff = pd.Series(results_ARIMA.fittedvalues, copy=True)
predictions_ARIMA_diff_cumsum = predictions_ARIMA_diff.cumsum()
predictions_ARIMA_log = pd.Series(np.asscalar(ts_log.ix[0]), index=ts_log.index)
predictions_ARIMA_log = predictions_ARIMA_log.add(predictions_ARIMA_diff_cumsum,fill_value=0)
predictions_ARIMA = np.exp(predictions_ARIMA_log)
forecast_log_diff_ARIMA = pd.Series(forecast_log_diff, copy=True)
forecast_ARIMA_log_diff_cumsum = forecast_log_diff_ARIMA.cumsum()
forecast_ARIMA_log = pd.Series(np.asscalar(ts_log.ix[-1]), index=forecast_log_diff_ARIMA.index)
forecast_ARIMA_log = forecast_ARIMA_log.add(forecast_ARIMA_log_diff_cumsum,fill_value=0)
forecast_ARIMA = np.exp(forecast_ARIMA_log)
forecast_ARIMA_2 = predictions_ARIMA.append(forecast_ARIMA)
forecast_ARIMA_2 = forecast_ARIMA_2[len(forecast_ARIMA):]
return list(forecast_ARIMA_2)',

ATTR([OrderDateByMonth]), sum([数量]), min([AR]), MIN([d阶差分]),
MIN([MA]), MIN([Months Forecast]))
```

图 7-39 Tableau 中嵌入 Python

此外，为了在图形中更好地区分实际值和预测值，需要定义如图 7-40 所示的表计算字段。

图 7-40　自定义表计算

5. 可视化展示

最好，进行可视化展示。将"Forecast date"拖放到列功能区，将"Forecast"拖放到行功能区，将如上定义的 4 个参数选择"显示参数控件"，最后将"实际 or 预测"拖放到"标记"卡颜色上，即可得到如图 7-41 所示的可视化效果。

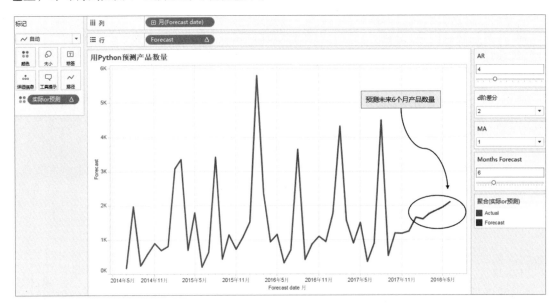

图 7-41　产品数量预测

本章前四节介绍的是 Tableau 自带的分析功能，虽然简单实用，但是并不能满足复杂的分析需求。完善的分析平台或工具必须具备与其他高级分析技术集成的能力。欣慰的是，从 7.1 版本的 R 集成，到 10.2 版本的 Python 集成，到 10.4 版本的 Matlab 集成（篇幅所限，Matlab 的集成和应用本书未做介绍），Tableau 在高级分析方面的能力持续增强，Tableau 已凭借其分析深度成为数据分析师和数据科学家手中的一件强大武器。

尚不完美的是，在 Tableau 中集成高级分析技术的实际应用过程中，需要进行实时表计算，因此，对于大规模的数据可视化分析比较耗时。但是我们有理由相信，Tableau 逐步发布的更新版本将能够与高级分析技术更完美地融合。

第 8 章

分析图表整合

8

前面探讨了如何利用 Tableau 进行数据分析和可视化展示，本章将介绍如何利用 Tableau 的仪表板功能进行分析图表的整合。

8.1 节介绍仪表板相关的一些基本概念，包括对象、布局容器、布局方式、交互操作等。

8.2 节通过详细介绍一个实例的设计配置步骤展示仪表板的创建方法。

本章所用数据源为"示例–超市数据"中的"订单"sheet 页，每条记录包括行 ID、订单 ID、订单日期、发货日期、客户 ID、客户名称、细分、地区、产品 ID、类别、子类别、产品名称、销售额、数量、利润等字段。

8.1　仪表板简介

仪表板指显示在单一面板的多个工作表和支持信息的集合，便于同时比较和监测各种数据，并可添加筛选器、突出显示、网页链接等操作，实现工作表之间层层下钻，进行更具交互性的工作成果展示。

8.1.1　工作区

仪表板工作区环境界面如图 8-1 所示。

❑ **工作表窗口**。工作表窗口列出当前在工作簿中的工作表，新建工作表后，仪表板窗口会自动更新，这样在添加至仪表板时，所有工作表都始终可用。

❑ **对象窗口**。对象是指除工作表外可用于辅助监测主题展示的要素，包括图片、文本、网页和空白等。

容器可用于在仪表板中组织工作表和其他对象。新增容器会在仪表板中创建一个区域，在此区域中，对象根据容器中的其他对象自动调整自己的大小和位置。

❑ **布局窗口**。布局窗口的平铺和浮动选项可用于调整工作表或对象的布局方式，其下方通过树形结构展现了视图中各工作表和对象的层级结构。

❑ **仪表板窗口**。仪表板窗口可用于调整视图中各工作表或对象等的大小和位置，以及仪表板整体的大小，如图 8-2 所示。仪表板默认大小为"台式机浏览器"，即 1000×800 像素。我们可通过下拉菜单来调整仪表板尺寸，其中"自动"指仪表板自动填充整个窗

口，"固定大小"指仪表板始终保持固定大小，"范围"指仪表板中的所有对象将在指
定的最大值和最小值之间进行缩放并展示。

□ **视图区**。视图区是创建和调整仪表板的工作区域，可以添加工作表及各类对象。

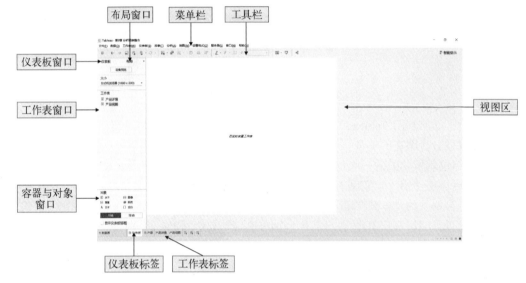

图 8-1   仪表板工作区环境

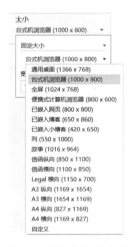

图 8-2   调整仪表板大小

8.1.2　对象

在 Tableau 仪表板中，文本、图像、网页、空白等都可以被当作对象添加至仪表板中，以丰
富展示内容，优化展示效果。

1. 文本

通过文本对象，我们可向仪表板添加文本块，以用于添加标题、说明等。文本对象将自动调整大小，以最佳方式适应仪表板中的放置位置；用户也可以通过拖动文本对象的边缘手动调整其大小。默认情况下，文本对象是透明的，用户可以右击选择设置文本格式。

2. 图像

通过图像对象，我们可向仪表板中添加静态图像文件，如公司 Logo 或描述性图表。在添加图像对象时，系统会提示从计算机中选择图像，此时可进一步调整图像的显示方式（如大小、对齐方式）并允许为图像添加网页链接。

3. 网页

通过网页对象，我们可将网页嵌入到仪表板中，以便将 Tableau 内容与其他应用程序中的信息进行组合。添加完成后，链接将自动在仪表板中打开，而不需打开浏览器窗口。

4. 空白

通过空白对象，我们可向仪表板添加空白区域以优化布局，并可通过单击并拖动区域的边缘调整空白对象的大小。

8.1.3 布局容器

布局容器是仪表板的基本构成单元，也是仪表板布局的框架。分为水平和垂直两种，用来放置工作表、快速筛选器、图例、图片、文本和网页等。

1. 水平容器

水平容器为横向左右布局，如图 8-3 所示，用户可通过拖放的方式添加工作表或对象，添加完成后其宽度会自动调整，以均等填充容器宽度。

图 8-3　水平布局容器

8

2. 垂直容器

垂直容器为纵向上下布局，如图 8-4 所示，用户可通过拖放的方式添加工作表或对象等，添加完成后其高度会自动调整，以均等填充容器高度。

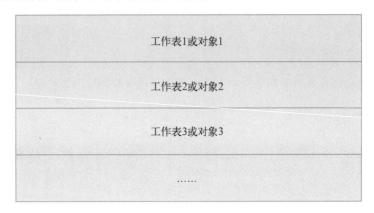

图 8-4　垂直布局容器

8.1.4　布局方式

布局方式指仪表板中各容器、工作表及图片等其他对象的放置方式，分平铺和浮动两种。

1. 平铺布局

Tableau 默认采用的是平铺布局方式，如图 8-5 所示，即所选工作表或者对象平行分布而互不覆盖。平铺对象排列在一个单层网格中，Tableau 会根据整个仪表板大小和其中的对象自动分布宽度与高度。用户可以通过单击并拖动区域的边缘进行手动调整。

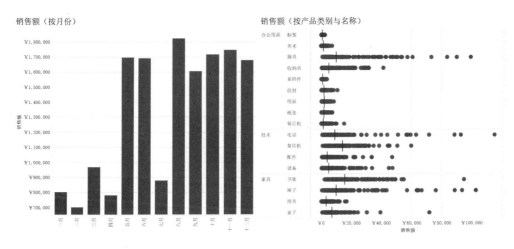

图 8-5　平铺布局方式

2. 浮动布局

Tableau 还支持采用浮动布局方式，如图 8-6 所示，即所选工作表或者对象浮动并覆盖展示于背景视图中，此时用户可选中各对象随意调整其大小与位置。如采用存在较大空白区域的对象时，可以通过采用浮动布局的工作表、快速筛选器、图例、文本、图像等来填充相应的空白区域，以实现更好的展示效果。

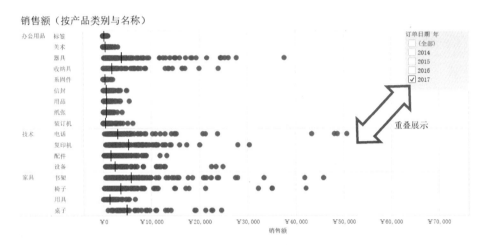

图 8-6　浮动布局方式

8.1.5　交互操作

交互操作指选中仪表板上的某工作表或对象时，仪表板上的其他工作表或对象也能够与之关联并展示对应的交互内容。Tableau 提供了 3 种灵活的交互方式，包括表间筛选、突出显示和网址链接，详见 8.2.3 节。

8.2　操作步骤

本节将详细解析图 8-7 中实例的配置步骤，介绍仪表板的创建方法。为减少初学者搜集练习数据与工作簿的烦恼，该实例的原型为 Tableau 示例工作簿"示例-超市"中的"产品"仪表板。读者可从 Tableau desktop 的起始页选中打开，直接启动练习（修改部分内容并不会造成影响），也可从图灵社区本书主页 http://www.ituring.com.cn/book/2444 下载修改版本作为参考。

创建仪表板的前提是提前准备好配置仪表板所需的"零件"——工作表。本实例中为"产品视图""产品详情"工作表。在示例"产品"仪表板中，该工作表默认为隐藏状态，读者可从左侧仪表板窗口中选中工作表名称，右击取消隐藏。

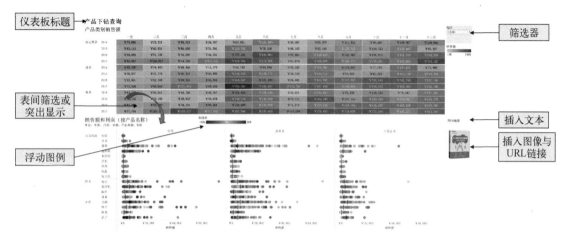

图 8-7   仪表板实例

8.2.1   新建布局

新建布局是仪表板配置的首要工作。本节将通过实例介绍如何在 Tableau 中新建垂直、水平及混合布局方式。

1. 新建仪表板

在菜单栏中选择"仪表板" ➤ "新建仪表板",如图 8-8 所示,或直接单击 "新建仪表板"标签来创建一个新的仪表板。Tableau 将自动生成仪表板名称,第一个仪表板名为"仪表板 1",第二个为"仪表板 2",以此类推。你可以右键单击仪表板标签并选择"重命名仪表板",也可以通过双击仪表板标签键入新名称。

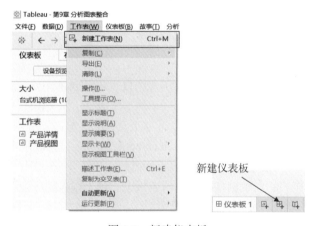

图 8-8   新建仪表板

2. 确定布局大小

图 8-2 中显示了仪表板中可选的布局大小，在每次配置 Tableau 之前，最好明确展示介质（如笔记本、平板电脑或手机）及具体尺寸，在配置时即采用相对应的宽度和高度，保证最好的展示效果。图 8-9 展示的是 Tableau 默认的仪表板尺寸。

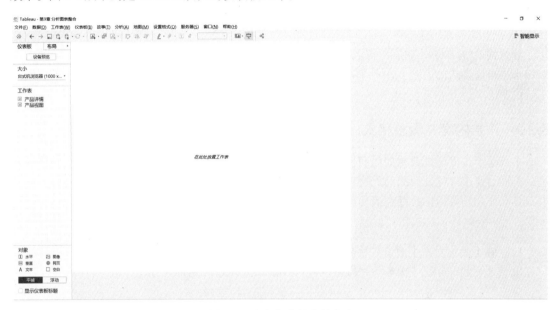

图 8-9　确定仪表板布局大小

3. 分析布局方式

图 8-10 显示了仪表板实例的布局方式，其中区域 1 为含有单一对象横向水平布局容器，配置时直接添加对象即可。如果出现多个对象，配置时需先添加"水平"容器，再依次添加内容。

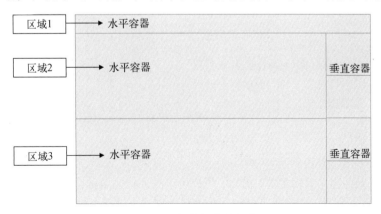

图 8-10　仪表板布局方式

注意，图中区域 2 和区域 3 的布局方式均为横向水平布局与纵向垂直布局的组合。

在 Tableau 中布局该区域时必须遵守如下操作顺序：

(1) 添加水平容器；

(2) 在水平容器中添加内容；

(3) 在最右侧添加垂直容器；

(4) 在垂直容器中添加内容。

如果调换(2)、(3)的顺序，仪表板视图区的水平容器会被平铺的垂直容器所覆盖，导致无法添加水平布局方式的内容。后续讲解将按照正确的操作顺序展开，针对可能的错误操作不再做进一步说明。

8.2.2 添加内容并调整格式

本节基于实例详细介绍如何向仪表板中添加视图、对象等内容，以及如何进行格式调整以满足分析展示要求。此处介绍的配置方式遵循最基本的顺序，读者在熟练操作 Tableau 之后，会发现其具有很大的灵活性，存在诸多便捷方式，比如在添加工作表时，软件默认自带了一个容器，步骤 2 可以省略。

1. 区域 1 添加文本生成仪表板标题

从"对象窗口"把"文本"字段拖放至"视图"区，如图 8-11 所示。

图 8-11 区域 1 添加文本对象

Tableau 会自动弹出"编辑文本"窗口，用户可以录入标题名称，同时可以使用与 Word 类似的工具栏调整字体、字号、粗体、斜体、字体颜色、对齐方式等，如图 8-12 所示。

图 8-12 在文本对象弹出窗口中录入标题名称

此时，由于文本对象的布局方式为平铺，展示效果为充满整个水平容器，如图 8-13 所示。

图 8-13 录入"标题名称"后的视图窗口

2. 区域 2 添加水平布局容器

从"对象窗口"把"水平"对象拖放至"视图窗口"中现有内容的下方阴影处，如图 8-14 所示。

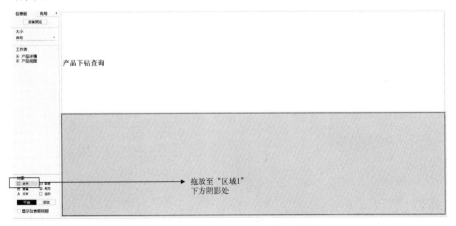

图 8-14 添加区域 2 水平布局容器

此时，可选中区域 1 中的文本或对象的下方边缘，调整其高度，如图 8-15 所示。

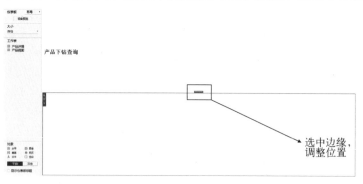

图 8-15　可以改变区域 1 文本或图像的高度

3. 区域 2 添加工作表

从"工作表窗口"把工作表"产品视图"拖放至区域 2"水平容器"，如图 8-16 所示。

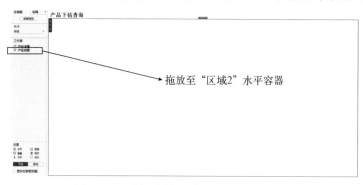

图 8-16　区域 2 添加工作表 "产品视图"

添加"产品视图"后的展示效果如图 8-17 所示，可以发现工作表的筛选器、图例被随机地置于整个仪表板的最右侧。这种展示方式不符合目标仪表板样式，我们稍后一并修改。

图 8-17　添加"产品视图"后的展示效果

4. 区域 2 添加垂直布局容器

目前区域 2 中为水平容器，而目标实例中的筛选器、图例应垂直放置在右侧，所以需要在现有水平容器中内置一个垂直容器。方法是从"对象窗口"把"垂直"字段拖放至"视图窗口"区域 2 中现有内容的最右侧灰色阴影处，如图 8-18 所示。

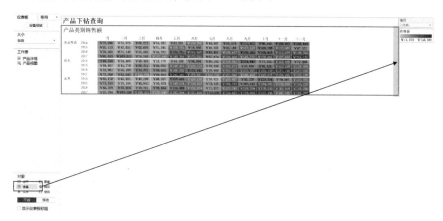

图 8-18 添加区域 2 垂直布局容器

5. 区域 2 调整筛选器和图例位置

选中筛选器"地区"和图例"销售额"的上方，将其拖放至区域 2 的垂直容器中，如图 8-19 所示。

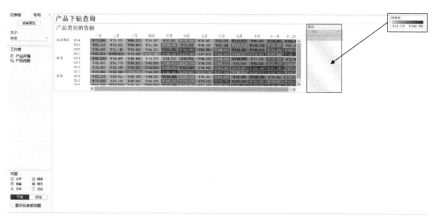

图 8-19 拖放"地区"筛选器和"销售额"图例至区域 2 的垂直容器

6. 区域 2 调整格式

选中工作表、文本或筛选器的边缘即可左右调整其宽度，此时区域 2 的布局方式为平铺，展示效果默认为填充至仪表板底部，需在下方添加新的布局容器后才可调整，如图 8-20 所示。

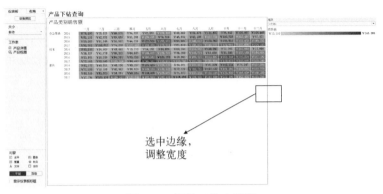

图 8-20 调整工作表宽度

在经过以上格式调整后，视图窗口展示形式如图 8-21 所示。

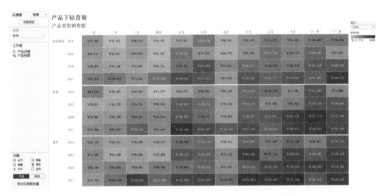

图 8-21 格式调整后视图窗口的展示效果

7. 区域 3 添加水平布局容器

从"对象窗口"把"水平"对象拖放至区域 2 下方灰色阴影处，如图 8-22 所示。完成后展示效果如图 8-23 所示。

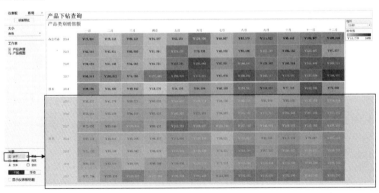

图 8-22 添加区域 3 水平布局容器

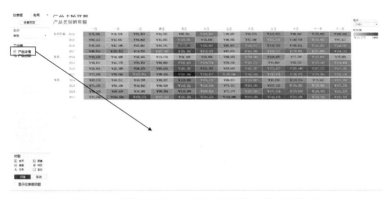

图 8-23 添加区域 3 水平布局容器后的展示效果

8. 区域 3 添加工作表和垂直布局容器

从"对象窗口"把"水平"对象拖放至区域 3 下方灰色阴影处。然后从"工作表窗口"把工作表"产品详情"拖放至区域 3 视图窗口，并调整工作表至合适宽度，展示效果如图 8-24 所示。

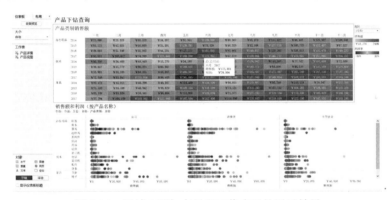

图 8-24 区域 3 添加布局和工作表后的展示效果

参照步骤 4，在区域 3 添加垂直布局容器，完成后展示效果如图 8-25 所示。

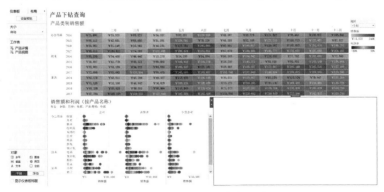

图 8-25 添加区域 3 垂直布局容器

9. 区域 3 添加文本和图像，调整格式

从"对象窗口"把"文本"对象拖放至"垂直容器"中，参照步骤 1 完成编辑，如图 8-26 所示。

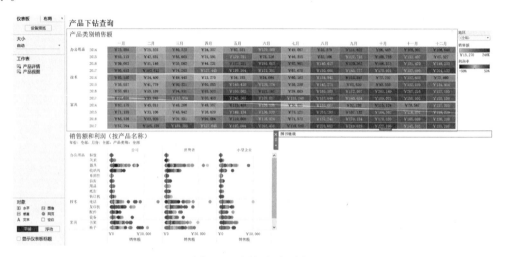

图 8-26　添加文本对象

从"对象窗口"把"图像"对象拖放至"垂直容器"中，Tableau 会自动弹出"图像选择"窗口，用户可以找到存放图像的文件夹位置，选中图片后单击"打开"，如图 8-27 所示。

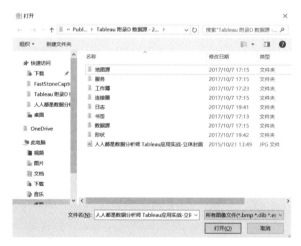

图 8-27　添加图像对象时的弹出窗口

在添加"图片对象"后，Tableau 默认显示图片的原始尺寸，如图 8-28 所示，调整"适合图像"，"使图像居中"。完成格式调整后展示效果如图 8-29 所示。

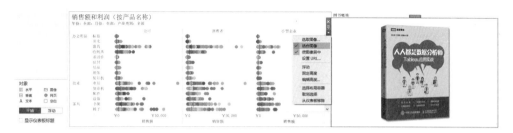

图 8-28 添加"图片对象"后调整展示效果

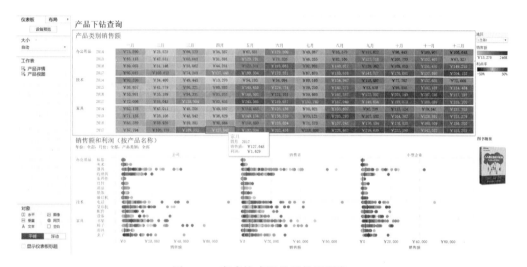

图 8-29 完成格式调整后的视图窗口

10. 区域 3 为图像添加网址链接

选中图像,右击鼠标,选择"设置 URL...",如图 8-30 所示。

图 8-30 为图片对象设置网址链接

8

Tableau 自动弹出设置 URL 窗口，录入需要链接的网址，之后单击"确定"即可，如图 8-31 所示。

图 8-31　输入网址链接

此时单击封面图片即可打开京东网站的图书页面，展示效果如图 8-32 所示。

图 8-32　添加网址链接后，鼠标悬停于图片对象上时的展示效果

11. 设置筛选器适用于多个工作表

选中"地区"筛选器，右击或者单击右上角的下拉箭头，选择"应用于工作表"➤"选定工作表"，如图 8-33 所示，在弹出窗口中选择"应用于工作表"（即需要适用于工作表）即可。

图 8-33　调整筛选器，使之适用于多个工作表

8.2.3　添加交互操作

可以简单便利地在图表间、视图间添加交互操作是 Tableau 的关键优势之一，本节基于实例介绍如何向配置好的静态图表间添加"表间筛选""突出显示""网址链接"等。

1. 添加表间筛选

● **确定源工作表、目标工作表及目标筛选器**

筛选器操作可以实现工作表与工作表之间的关联展示以及展示内容的层层钻取。当添加了筛选器操作后，在选中"源工作表"的某个特定对象时，其余的"目标工作表"只展示与选中对象相匹配的内容。例如对于图 8-7 中的实例，我们需实现通过上方"产品视图"钻取查询"产品详情"。

在仪表板菜单中选择"仪表板"➤"操作"➤"添加操作"➤"筛选器"以添加筛选器操作，如图 8-34 所示，设置相应的源工作表、目标工作表以及目标筛选器。在添加筛选器时，Tableau的弹出窗口如图 8-35 所示。

图 8-34　添加交互操作

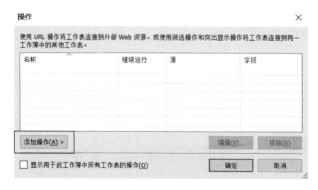

图 8-35　添加筛选器时 Tableau 的弹出窗口

我们可以在"目标筛选器"中设置特定工作表是所有展示字段均受交互操作影响，还是只有特定字段受交互操作影响；若选择"所有字段"，则选择源工作表中的任意字段都可触发交互操作，如图 8-36 所示。

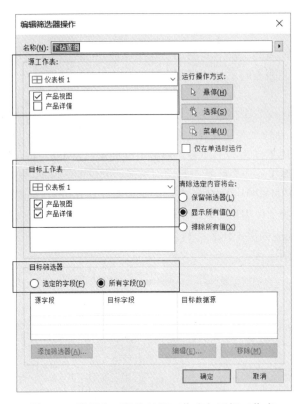

图 8-36 设置交互操作的源工作表与目标工作表

设置目标筛选器，如图 8-37 所示。

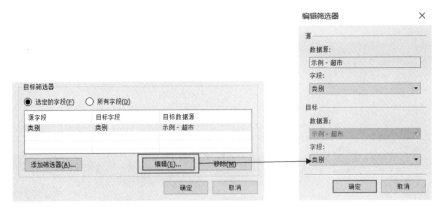

图 8-37 设置目标筛选器

此外，我们还可以单击某个工作表右上角的下拉箭头，在弹出菜单中选择"用作筛选器"以快速添加筛选器操作，如图 8-38 所示。"用作筛选器"自动生成的筛选器如图 8-39 所示。

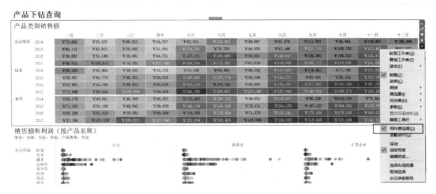

图 8-38　使用"用作筛选器"

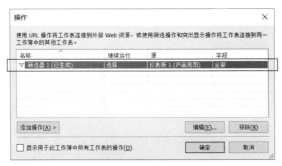

图 8-39　"用作筛选器"自动生成的筛选器

"用作筛选器"自动生成的筛选器的默认目标工作表为该仪表板中的全部工作表，如图 8-40 所示，需根据实际需求进行相应的修改。

图 8-40　更新"用作筛选器"自动生成的筛选器

8

除了在同一仪表板的不同工作表间可以配置使用交互操作，Tableau 还支持在不同仪表板间进行交互操作。图 8-41 是"表间筛选"的示例。

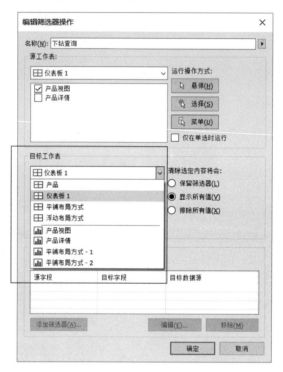

图 8-41　在选择"目标工作表"时可选择其余仪表板

● **确定触发筛选方式**

Tableau 提供了 3 种触发筛选的方式，包括"悬停""选择""菜单"（如图 8-42 所示）。其中：① 若选择"悬停"，当光标悬停到工作表某个特定对象时交互操作生效；② 若选择"选择"，当鼠标选中工作表某个特定对象时交互操作生效；③ 若选择"菜单"，当光标悬停或单击工作表某个特定对象时，弹出标签卡中会出现对应交互的菜单，单击菜单则该交互操作生效，而且还可以通过右键单击某个特定对象在弹出菜单中选择相应的交互操作。详情如图 8-43 至图 8-45 所示。

图 8-42　3 种触发筛选的方式

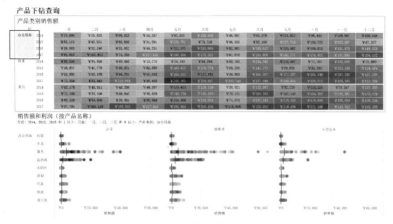

图8-43　触发方式为"悬停"，光标悬停在某一对象时下方展示内容即发生变化

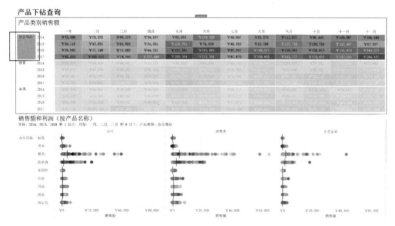

图8-44　触发方式为"选择"，鼠标选择某一对象时下方展示内容即发生变化

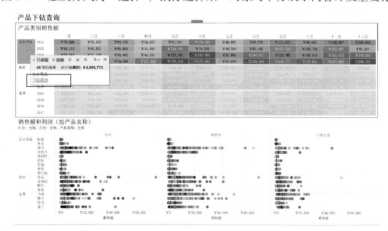

图8-45　触发方式为"菜单"，鼠标选择某一对象的菜单时下方展示内容发生变化

● **确定清除筛选后工作表的展现方式**

当取消选择某个工作表上的对象时, 对于受其交互操作影响的所有工作表(如图 8-46 所示),我们都可以在 "添加筛选器操作" ➤ "清除选定内容将会" 中设置其展示内容。其中: ① 选择"保留筛选器", 则受交互操作影响的所有工作表将在取消选择某个工作表上的对象后仍展示选择该对象时的内容; ② 选择 "显示所有值", 则受交互操作影响的所有工作表将在取消选择某个工作表上的对象后展示工作表内的所有内容; ③ 选择 "排除所有值", 则受交互操作影响的所有工作表将在取消选择某个工作表上的对象后不展示任何内容。详情如图 8-47 至图 8-49 所示。

图 8-46　设置清除筛选后，受交互操作影响的工作表的展示内容

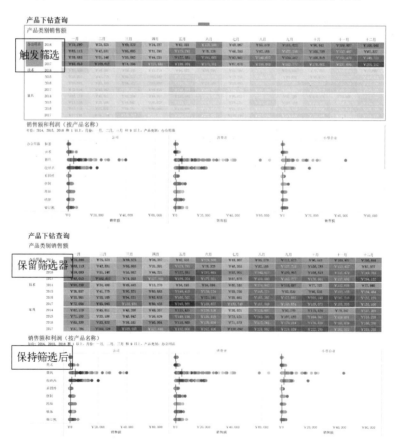

图 8-47　选择保留筛选器，则取消选择左侧工作表对象后右侧仍展示交互后的内容

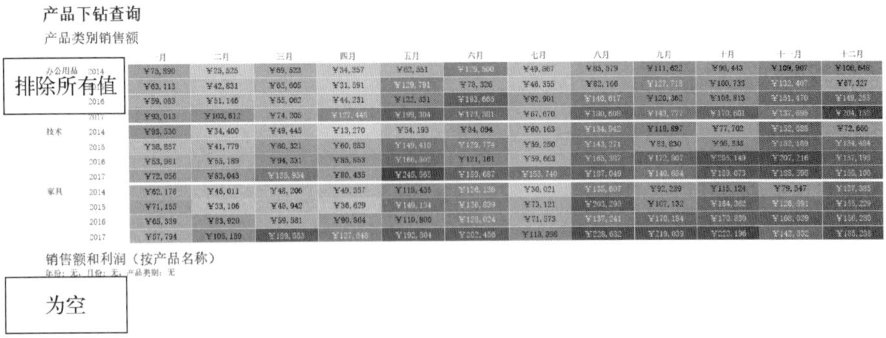

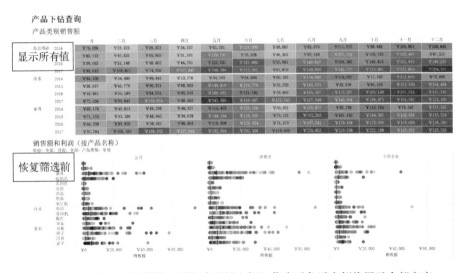

图 8-48 选择排除所有值，则取消选择左侧工作表对象后右侧不展示任何内容

图 8-49 选择显示所有值，则取消选择左侧工作表对象后右侧将展示全部内容

2. 添加突出显示

● 确定源工作表、目标工作表及目标突出显示

"突出显示"操作可以在"源工作表"的某个特定对象被选中时，高亮显示"目标工作表"中与选中对象相匹配的内容，详情如图 8-50 和图 8-51 所示。

8

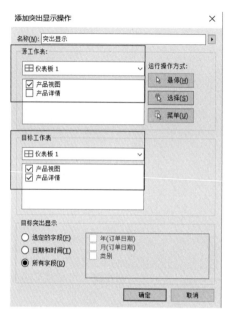

图 8-50 设置交互操作的源工作表与目标工作表

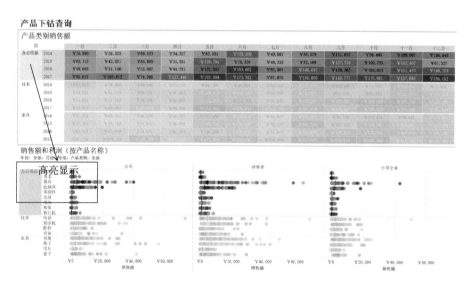

图 8-51 选择源工作表中的对象，对应内容在目标工作表中高亮显示

● **确定触发突出显示方式**

与表间筛选相同，Tableau 提供了 3 种触发方式："悬停""选择""菜单"。图 8-52 给出了选择"菜单"方式时的示例。

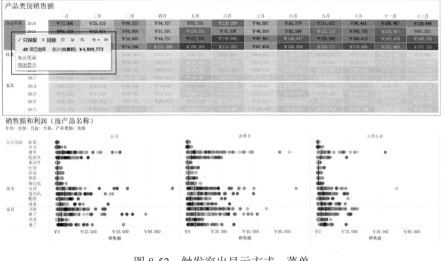

图 8-52 触发突出显示方式：菜单

3. 添加网址链接

● 确定源工作表、网址链接

添加 URL 可以实现在选中源工作表的特定对象时弹出需要展示的网页，如图 8-53 所示。

图 8-53 确定源工作表、网址链接

如果想在 URL 中添加工作表的特定字段作为参数，例如通过搜索引擎展示工作表特定对象的搜索结果，可以在"编辑 URL 操作"中单击 URL 地址栏右侧的三角箭头，并在弹出菜单中选择相应字段。之后，当单击某个对象触发 URL 操作时，搜索引擎将自动展示该对象的搜索结果，如图 8-54 所示。

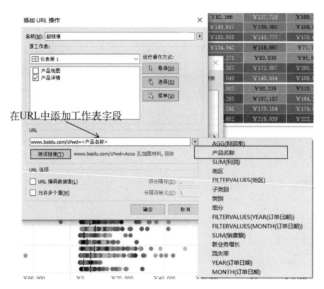

图 8-54　在 URL 中添加工作表字段

注意　需补全 URL 地址，在本示例中完整的地址为：http://www.baidu.com/s?wd=<指标名称>。

● **确定触发突出显示方式**

Tableau 提供了 3 种触发方式："悬停""选择""菜单"。图 8-55 给出了"菜单"方式的示例。

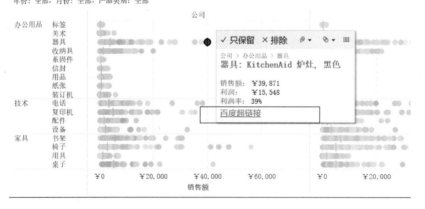

图 8-55　选中工作表特定对象可触发 URL

注意　当同一个对象上有多个交互操作时，建议选择设置为"菜单"。如果均为"选择"，则同一次鼠标单击会触发多个交互，展示效果较差。

第 9 章

分析成果共享

到本章为止，本书已经讲解了如何连接不同的数据源，以及如何创建简单视图和高级视图进行可视化分析。但目前这些工作成果只能被工作表和仪表板的创建者使用，因此本章将介绍如何向更多的人分享创建者的工作成果。

9.1 节介绍如何导出和发布数据及数据源。

9.2 节介绍如何把创建的工作表、仪表板和故事保存成图像和打印成 PDF。

9.3 节介绍多种保存和发布工作簿的方法。所使用的数据源类型不同，保存和发布工作簿的方式也会不同。工作簿发布到 Tableau Server 服务器和 Tableau Online 服务器的操作是一致的，所以我们将在 9.3.3 节一并介绍。

9.1 导出和发布数据（源）

Tableau 对于导出一个工作表所使用的部分或者全部数据提供了多种方法，9.1.1 节至 9.1.3 节将展开详细介绍。当然，导出工作簿中所使用的数据源也有多种方式，如导出成.tds 文件、.tdsx 文件或者.tde 文件，详见 9.1.4 节。有时我们可能需要把不同类型的数据源发布到 Tableau 服务器上，以便让更多的人可以查看、使用、编辑或者更新，因此 9.1.5 节将介绍如何将数据源发布到服务器上。

9.1.1 通过将数据复制到剪贴板导出数据

在视图上右击并在弹出菜单上单击"全选"，或者在视图上右击并在弹出菜单上选择"复制"➤"数据"，或者通过"工作表"➤"复制"➤"数据"，这样将会把视图中的数据复制到剪贴板中。打开 Excel 工作表，然后将数据粘贴到新工作表中即可导出数据，如图 9-1 所示。

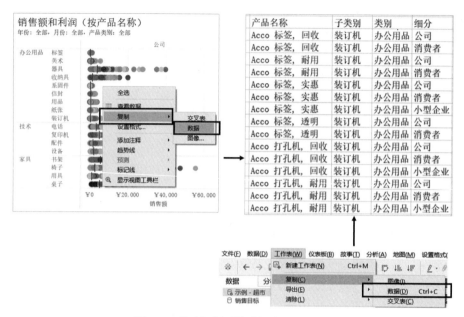

图 9-1　通过复制到剪贴板来导出数据

你也可以在视图上右击并在弹出菜单上单击"查看数据"，此时会弹出"查看数据"对话框。在对话框中选择要复制的数据，然后单击对话框右上角的"复制"即会把视图中的数据复制到剪贴板中。打开 Excel 工作表，然后将数据粘贴到新工作表中，即可导出数据，如图 9-2 所示。

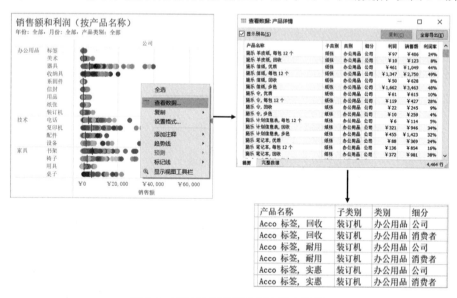

图 9-2　通过复制到剪贴板来导出数据

单击"查看数据"对话框右上角的"全部导出"将会打开"导出数据"对话框，请在这里选择一个用于保存导出数据的位置，然后单击"保存"，这样可以把全部数据导出为文本文件（逗号分隔），如图 9-3 所示。

图 9-3　导出数据为文本文件（.csv）

你还可以在视图上右击，并在弹出菜单上选择"复制"➤"交叉表"，从而把交叉表（文本表）形式的视图数据复制到剪贴板，如图 9-4 所示。然后打开 Excel 工作表，将数据粘贴到新工作表中，即可导出数据。但我们不能对解聚的数据视图使用此种方法导出数据，因为交叉表是聚合数据视图。换言之，若要使用此方法导出数据，你必须选择"分析"菜单中的"聚合度量"选项。

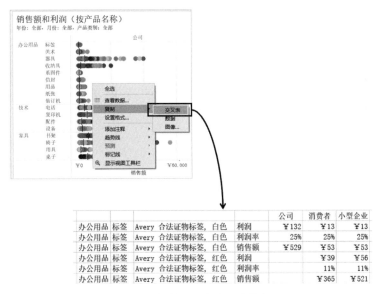

图 9-4　复制交叉表来导出数据

9.1.2   以 Access 数据库文件导出数据

我们也可以以 Access 数据库文件的方式导出当前工作表中的数据，方法是选择"工作表"➤
"导出"➤"数据"，在弹出对话框中为待导出的 Access 数据库文件指定存放路径和文件名（Access
数据库的文件扩展名为.mdb），如图 9-5 所示。

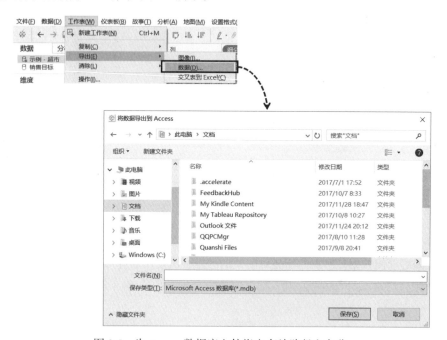

图 9-5   为 Access 数据库文件指定存放路径和名称

在图 9-5 中指定路径并键入数据库名称，单击"保存"将显示"将数据导出到 Access"对话
框。如果选择"导出后连接"选项，你可以立即连接到新数据源并继续使用 Access，而不会中断
工作。单击"确定"即把当前视图中的数据导出为 Access 数据库文件，如图 9-6 所示。

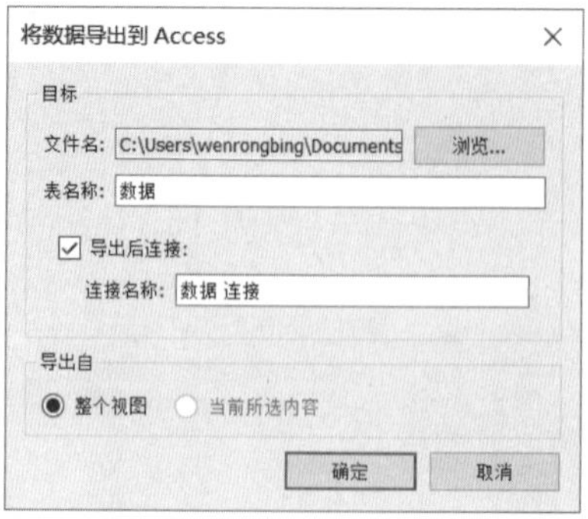

图 9-6   把数据导出为 Access 数据库文件

9.1.3 以交叉分析（Excel）方式导出数据

选择菜单栏中"工作表"➤"导出"➤"交叉分析 Excel"，Tableau 将自动创建一个 Excel 文件，并把当前视图中的交叉表数据粘贴到这个新的 Excel 工作簿中，如图 9-7 所示。

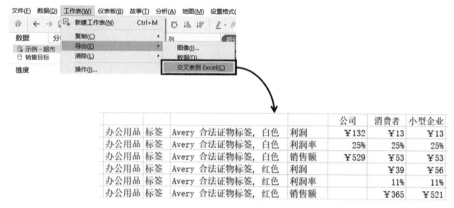

图 9-7 把数据导出为 Excel 文件

说明 将交叉表复制到 Excel 更为直接，但由于它会带格式复制数据，因此可能会降低性能。如果需要导出的视图包含大量数据，你会看到一个对话框，要选择是否复制格式设置选项，如果选择不复制格式则可以提高性能。此外，你不能对解聚的数据视图使用此种方法导出数据，因为交叉表是聚合数据视图。

9.1.4 导出数据源

有两种方法可以将所有数据或数据子集导出到新数据源：第一种方法是在"数据"菜单上选择数据源，然后选择"添加到已保存的数据源"来导出数据源；第二种方法是使用 Tableau 数据提取导出数据源。第一种方法将会以数据源（.tds）文件或打包数据源（.tdsx）文件保存数据，而第二种方法创建的是数据源的已保存子集（.tde）文件，可用于提高性能，还可提供对数据的脱机访问，从而进行脱机分析。

1. 利用"添加到已保存的数据源"导出数据源

通过"数据"➤"<数据源名称>"➤"添加到已保存的数据源"可以导出数据源文件（.tds）和打包数据源文件（.tdsx），使用这种方式导出的数据源不必在每次需要使用该数据源时都创建新连接。因此，如果经常多次连接同一数据源，我们推荐用这种方式导出数据源，如图 9-8 所示。

9

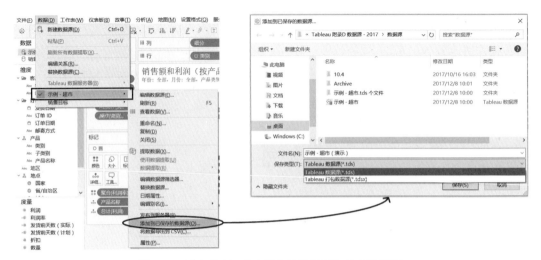

图 9-8　利用"添加到已保存的数据源"导出数据源

　　在弹出的"添加到已保存的数据源"对话框上，请选择一个用于保存数据源文件的位置。默认情况下，数据源文件存储在 Tableau 存储库的数据源文件夹中。如果不更改存储位置，新的.tds 或.tdsx 文件将在开始页面中的"数据"区域中的"已保存数据源"部分中列出，如图 9-9 所示。

图 9-9　把数据源导出到 Tableau 存储库后数据源显示在开始页面中

　　由图 9-8 可以看出，我们可采用以下两种格式来导出数据源。

❑ **数据源（.tds）**。如果连接的是本地文件数据源（Excel、Access、文本、数据提取），导出的数据源文件（.tds）包含数据源类型和文件路径。如果连接的是实时数据源，导出的数据源文件（.tds）包含数据源类型和数据源连接信息（服务器地址、端口、账号）。无论连接到本地文件还是数据库服务器数据源，数据源文件（.tds）都还包括数据源的默认属性（数字格式、聚合方式和排序顺序等）和自定义字段（如组、集、计算字段和分级字段）。

❑ **打包数据源（.tdsx）**。如果连接的是本地文件数据源（Excel、Access、文本、数据提取），导出的打包数据源文件（.tdsx）不但包含数据源文件（.tds）中的所有信息，还包含本地文件数据源的副本，因此可与无法访问你计算机上本地存储的原始数据的人共享.tdsx 数据源。如果连接的是实时数据源，采用打包数据源（.tdsx）和数据源（.tds）两种格式所导出文件包含的内容完全相同。

说明　如果创建了参数，并在自定义字段时使用了参数，之后使用"添加到已保存的数据源"
　　　方式导出数据源文件（.tds 或.tdsx），数据源文件中将包含创建的参数；如果仅仅创建了
　　　参数，但没有被自定义字段使用，之后使用"添加到已保存的数据源"的方式导出数据
　　　源文件（.tds 或.tdsx），数据源文件中将不包含创建的参数。
　　　打包数据源.tdsx 文件类型是一个压缩文件，可用于向无法访问你计算机上本地存储的原
　　　始数据的人共享数据源。

2. 利用"数据提取"导出数据源

通过"数据"➤"<数据源名称>"➤"提取数据"打开"提取数据"对话框。在对话框中，我们可以定义筛选器来限制将提取的数据，也可以指定是否聚合数据来进行数据提取（如果对数据进行聚合可以最大限度地减小数据提取文件的大小并提高性能，如按照月度聚合数据），还可以选定想要提取的数据行数，或者指定数据刷新方式（增量刷新或者完全刷新），完成后请单击"数据提取"。在随后显示的对话框中你要选择一个用于保存提取数据的位置，然后为该数据提取文件指定文件名称，最后单击"保存"便可创建数据提取文件（.tde）并完成数据源的导出。3.4.1节详细介绍了数据提取方法，这里不再赘述。

使用这种方式导出数据源有很多好处：可以避免频繁连接数据库，从而减轻数据库负载；若进行包含数据样本的数据提取，在制作视图时，不必在每次将字段放到功能区上时都执行耗时的查询，因而可以提高性能；在不方便新建数据源服务器时，数据提取可提供对数据的脱机访问，进行脱机分析；而且当基础数据发生改变时，还可以刷新提取数据，与数据库服务器端的数据保持一致。

说明　使用数据提取方式导出的数据源文件（.tde），包括数据源类型、数据源连接信息、默认
　　　属性（数字格式、聚合方式和排序顺序等）和自定义字段（如组、集、计算字段和分级
　　　字段），但不包含参数。如果创建自定义字段时使用了参数，并且之后进行了数据提取，
　　　那么在使用提取数据时，使用了参数的自定义字段将变成无效字段。

9.1.5　发布数据源

上一节我们介绍了如何把数据源导出到本地，你还可以将本地文件数据源或实时连接的数据库数据源发布到 Tableau Online 服务器或 Tableau Server 服务器。本节仅介绍如何将数据源发布到 Tableau Server，发布到 Tableau Online 服务器上的方法与此类似。

在"数据"菜单上选择数据源，然后选择"发布到服务器"。如果尚未登录 Tableau Server，则会弹出"Tableau Server 登录"对话框，请在对话框中输入服务器名称或 URL、用户名和密码，如图 9-10 所示。

9

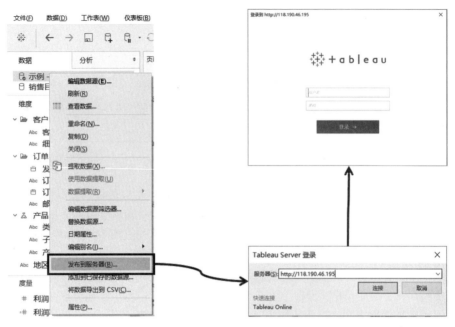

图 9-10   连接 Tableau Server 服务器

成功登录 Tableau Server 服务器后会看到"将数据源发布到 Tableau Server"对话框，如图 9-11 所示。在对话框中需要指定以下几项内容。

- 项目。一个项目就像是一个可包含工作簿和数据源的文件夹，在 Tableau Server 上创建。Tableau Server 自带一个名为"默认值"的项目，所有数据源都必须发布到项目中。

- 名称。在"名称"文本框中提供数据源的名称。使用下拉列表选择服务器上的现有数据源，使用现有数据源名称进行发布时，服务器上的数据源将被覆盖。发布者必须具有"写入/另存到 Web"权限才能覆盖服务器上的数据源。

- 身份验证。如果数据源需要用户名和密码，可以指定在将数据源发布到服务器上时应如何处理身份验证。可用选项取决于所发布的数据源的类型：当发布的数据源是本地文件时，身份验证只有"无"选项；当发布数据提取数据源时，身份验证有"无"和"嵌入式密码"两个选项；当发布的数据源是实时新建数据源时，身份验证有"提示用户"和"嵌入式密码"两个选项。

- 添加标记。可以在"标记"文本框中键入一个或多个描述数据源的关键字。当我们在服务器上浏览数据源时，标记可帮助查找数据源。各标记应通过逗号或空格来分隔，如果标记中包含空格，则键入该标记时应将其放在引号中（如"Profit Data"）。

图 9-11 将数据源发布到 Tableau Server

所发布的数据源的类型不同，"将数据源发布到 Tableau Server"对话框中的选项也会略有差异。

(1) 发布实时连接数据源：除以上内容，不需要指定额外的内容。

(2) 发布数据提取数据源：除以上内容，还需使用下拉列表指定刷新数据提取的频率。

(3) 发布本地文件数据源：除以上内容，还需选择是否"包含外部文件"。如果选择"包含外部文件"将会发布数据源的副本。如果不选择"包含外部文件"，则其他人无法联机查看数据源。

9.2 导出图像和 PDF 文件

本节将介绍如何导出 Tableau 页面，通过复制图像、导出图像以及打印为 PDF 这 3 种方式，我们可将 Tableau 动态交互文件转换为打印的静态文件。

9.2.1 复制图像

在工作表工作区环境下，选择"工作表"➤"复制"➤"图像"，并在弹出的"复制图像"对话框中选择要包括在图像中的内容以及图例布局（如果该视图包含图例），然后单击"复制"，此时 Tableau 会将当前视图复制到剪切板中，如图 9-12 所示。

9

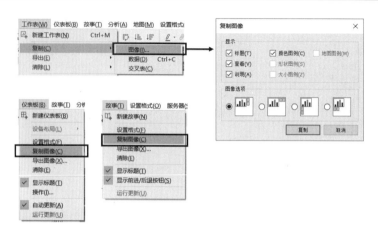

图 9-12   复制图像

在仪表板工作区环境下选择"仪表板"➤"复制图像",或者在故事工作区环境下选择"故事"➤"复制图像",可以将仪表板中的整个视图或故事中当前故事点的整个视图复制到剪贴板中。用这两种方法复制图像均不会弹出"复制图像"对话框。

把视图复制至剪贴板中后,你可以打开目标应用程序,然后从剪贴板粘贴。

9.2.2   导出图像

选择菜单栏中的"工作表"➤"导出"➤"图像",并在弹出的"导出图像"对话框中选择要包括在图像中的内容以及图例布局(如果该视图包含图例),然后单击"保存",此时弹出"保存图像"对话框,如图 9-13 所示。

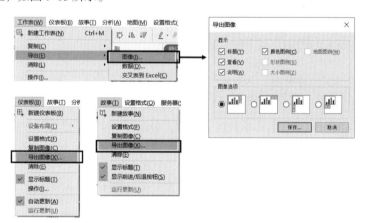

图 9-13   导出图像

你还可以在仪表板工作区环境下选择"仪表板"➤"导出图像",或者在故事工作区环境下选择"故事"➤"导出图像",同样会看到"保存图像"对话框,如图 9-14 所示。

导出图像与复制图像不同，导出图像会弹出"保存图像"对话框，在对话框中你可以对导出图片的类型（如 jpg、png、bmp 等）、名称和路径进行设置。

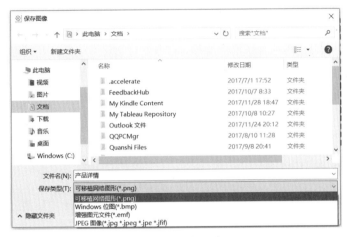

图 9-14　保存图像

9.2.3　打印为 PDF

选择菜单栏中的"文件" ➤ "打印为 PDF"，并在弹出的"打印为 PDF"对话框中单击"确定"，这样可以将一个视图、一个仪表板、一个故事或者整个工作簿发布为 PDF，如图 9-15 所示。

图 9-15　打印为 PDF

通过"打印为 PDF"对话框可以选择和设置以下选项。

❑ 打印范围设置：选择"整个工作簿"选项将把工作簿中的所有工作表发布为 PDF，选择"当前工作表"将仅发布工作簿中当前显示的工作表，选择"选定工作表"选项仅发布选定的工作表。

❑ 纸张尺寸选择：可以利用"纸张尺寸"下拉菜单选择打印纸张大小。如果"纸张尺寸"选择为"未指定"，则纸张尺寸将扩展至能够在一页上放置整个视图的所需大小。

9

□ 其他选项：如果选中"打印后查看 PDF 文件"选项，创建 PDF 后将自动打开文件，但请注意，只有在计算机上安装了 Adobe Acrobat Reader 或 Adobe Acrobat 时才会提供此选项。如果选中"显示选定内容"选项，视图中的选定内容将保留在 PDF 中。

说明　(1) 打印工作表时，不包含快速筛选器。若要显示快速筛选器，请创建一个包含工作表的仪表板，并将该仪表板打印为 PDF。

(2) 在将仪表板打印为 PDF 时，不会包含网页对象的内容。

(3) 在将故事打印为 PDF 时，将把故事中的所有故事点都发布为 PDF。

9.3　保存和发布工作簿

本节介绍如何保存配置好的 Tableau 文件，以及如何将 Tableau 内容发布到服务器进行成果共享和发布。

9.3.1　保存工作簿

工作簿是工作表的容器，用于保存创建的工作内容，由一个或多个工作表组成。在打开 Tableau Desktop 应用程序时，Tableau 会自动创建一个新工作簿。选择"文件"➤"保存"，或使用快捷键 Ctrl+S，会弹出"另存为"对话框（首次保存才会弹出），其中要指定工作簿的文件名和保存路径，如图 9-16 所示。

图 9-16　保存工作簿

在默认情况下，Tableau 使用.twb 扩展名来保存文件，默认位置为 Tableau 存储库中的工作簿文件夹。不过，你可以选择将 Tableau 工作簿保存到任何其他目录。

Tableau 文件名不得包含以下字符：正斜杠（/）、反斜杠（\）、大于号（>）、小于号（<）、星号（*）、问号（?）、双引号（"）、竖线符号（|）、冒号（:）或分号（;）。若要另外保存已打开工作簿的副本，请选择"文件"➤"另存为"，然后用新名称保存文件。

9.3.2　保存打包工作簿

保存成工作簿文件时，也将保存指向数据源和其他一些资源（如背景图片文件、自定义地理编码文件）的链接，在下次打开该工作簿时，将自动使用相关数据和资源来生成视图。这是大多数情况下的工作簿保存方式。但是，如果想要与无法访问所使用数据和资源的其他人共享工作簿，你可以把制作好的工作簿以打包工作簿的形式保存。

Tableau 使用.twbx 扩展名来保存打包工作簿文件，文件中包含本地文件数据源（Excel、Access、文本、数据提取等文件）的副本、背景图片文件和自定义地理编码。保存打包工作簿的方式有如下两种。

方式 1：在菜单中选择"文件"➤"另存为"，在弹出的"另存为"对话框中指定打包工作簿的文件名，并在"保存类型"下拉列表中选择"Tableau 打包工作簿（.twbx）"，最后单击"保存"，如图 9-17 所示。

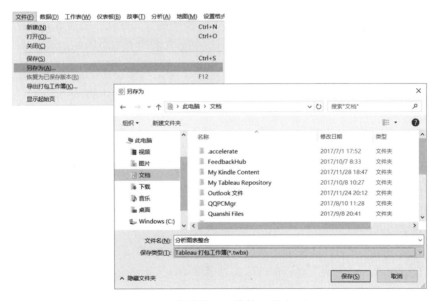

图 9-17　保存打包工作簿（方式 1）

方式 2：在菜单中选择"文件"➤"导出打包工作簿"，在弹出的"导出打包工作簿"对话框中指定打包工作簿的文件名，最后单击"保存"，如图 9-18 所示。

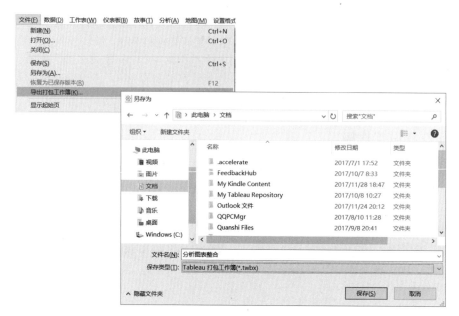

图 9-18 保存打包工作簿（方式 2）

说明 打包工作簿文件（.twbx）类型是一个压缩文件，你可以在 Windows 资源管理器中的打包工作簿文件上右击，然后选择"解包"。将工作簿解包后会看到一个普通工作簿文件（.twb）和一个文件夹，该文件夹包含与该工作簿一起打包的所有数据源和资源。

9.3.3 将工作簿发布到服务器

通过发布工作簿可将工作成果发布到 Tableau 服务器上，如 Tableau Server 服务器和 Tableau Online 服务器。工作簿发布到 Tableau Server 和 Tableau Online 的操作是一致的，区别在于发布的目的地不同，以及对数据源的类型要求略不同。

发布工作簿时可以将其添加到服务器上的指定项目下，隐藏某些工作表，添加标记以增强可搜索性，指定权限以控制对服务器上工作簿的访问，以及选择嵌入数据库密码以便在 Web 上进行自动身份验证。

在"服务器"菜单上选择数据源，然后选择"发布工作簿"。如果尚未登录 Tableau 服务器，你会看到"Tableau Server 登录"对话框。请在对话框中输入服务器名称或 URL、用户名和密码，然后单击"登录"，如图 9-19 所示。

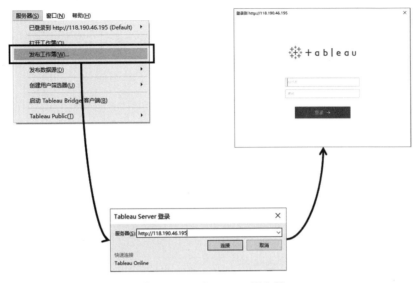

图 9-19 登录 Tableau 服务器

成功登录 Tableau 服务器后，你会看到"将工作簿发布到 Tableau Server"对话框。所发布的工作簿中使用的数据源的类型不同，对话框中的选项也会略有差异。但无论发布的工作簿使用何种数据源，均需要指定以下 5 项内容。

- 项目。一个项目就像是一个可包含工作簿和数据源的文件夹，在 Tableau Server 上创建。Tableau Server 自带有一个名为"默认值"项目，所有工作簿都必须发布到项目中。
- 名称。在"名称"文本框中提供工作簿的名称。使用下拉列表选择所选项目下的现有工作簿，使用现有工作簿名称进行发布时，服务器上的工作簿将被覆盖。发布者必须具有"写入/另存到 Web"权限才能覆盖服务器上的工作簿。
- 添加标记。可以在"标记"文本框中键入一个或多个描述工作簿的关键字。在服务器上浏览工作簿时，标记可帮助查找工作簿。各标记应通过逗号或空格来分隔，如果标记中包含空格，则键入该标记时应将其放在引号中（如"Profit Workbook"）。
- 查看权限。发布者可以指定相应权限来允许或拒绝对服务器上工作簿的访问。有关权限设置和分配的详细信息，请参见 10.3 节的服务器安全机制。
- 要共享的视图。在此选项窗口中可以选择要在 Tableau Server 上共享的工作表。任何未选择的工作表都在服务器上隐藏，当要发布仪表板或故事而不是发布用于创建该仪表板或故事的工作表时，显示和隐藏工作表十分有用。但是拥有"下载/另存到 Web"权限的任何人都可从服务器下载工作簿，然后访问隐藏的工作表。因此，隐藏工作表不是隐藏信息的安全方法。

如果所发布的工作簿中使用的数据源的类型不同，"将工作簿发布到 Tableau Server"对话框中除以上 5 个选项外的其他选项会略有差异。

9

1. 使用本地文件数据源

如果发布的工作簿连接的是本地文件数据源（Excel、Access 和文本文件等），弹出的"将工作簿发布到 Tableau Server"对话框如图 9-20 所示。

图 9-20　将连接本地文件数据源的工作簿发布到 Tableau 服务器

如果在图 9-20 中选择"包含外部文件"，发布的将是.twbx 打包工作簿文件，它会包含本地数据源、背景图像和自定义地理编码的副本；如果不选择"包含外部文件"，发布的将是.twb 工作簿文件，其他人无法联机查看工作簿；如果不选择"包含外部文件"而单击"发布"，你将看到如图 9-21 所示的错误提示框。

图 9-21　关于排除外部文件的错误提示框

2. 使用实时新建数据源

如果发布的工作簿连接的是实时数据源，发布到服务器上的将是.twb 工作簿文件。弹出的"将工作簿发布到 Tableau Server"对话框会比图 9-21 多出了一个"身份验证"按钮；单击"身份验证"将弹出"身份验证对话框"。在对话框中，你可以对数据源的身份验证进行设置，选项包括

"提示用户"和"嵌入式密码":如果选择"嵌入式密码",用户登录服务器后无须输入所连接数据源的数据库上的账号即可查看此工作簿;如果选择"提示用户",用户登录服务器后需要输入所连接数据源的数据库上的账号才可查看此工作簿。

说明　发布到 Tableau Online 时所有的数据源都要进行数据提取,不允许实时连接数据源,而发布到 Tableau Server 上的工作簿则没有这一限制。

---

3. 使用数据提取数据源

如果发布的工作簿连接的是数据提取数据源,发布到 Tableau 服务器上的将是.twbx 打包工作簿文件。"将工作簿发布到 Tableau Server"对话框如图 9-22 所示。

图 9-22　将使用数据提取数据源的工作簿发布到 Tableau 服务器上

可以看出,图 9-22 相比图 9-20 多出了一个"刷新计划"按钮。在对话框中可以对数据源的数据提取计划进行设置。服务器提供了几种不同的数据提取更新计划,你可以根据业务需求选择一种。

9

说明　如果发布到服务器上的工作簿连接的数据源是基于本地文件提取的数据,则无法对此数据源进行"身份验证"设置。

9.3.4　将工作簿保存到 Tableau Public 上

除了可以把工作簿发布到 Tableau Server 和 Tableau Online 服务器，我们还可以把工作簿保存到由 Tableau 托管的免费且公开的服务器 Tableau Public 上。保存到 Tableau Public 的工作簿的数据不得超过 100 万行，而且无法把连接到实时数据源的工作簿保存到 Tableau Public。如果尝试把连接到实时数据源的工作簿保存到 Tableau Public 上，Tableau 会自动提取数据。

选择菜单栏"服务器"➤"Tableau Public"➤"保存至 Web"，如图 9-23 所示。

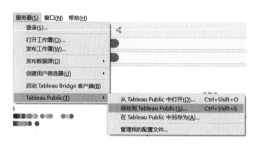

图 9-23　把工作簿保存到 Tableau Public 上

如未登录到服务器，你会看到 Tableau Public 登录对话框，输入 Tableau Public 账号和密码即可登录。如果未注册过 Tableau Public 账号，在登录对话框中选择"立即免费创建一个"，如图 9-24 所示。

图 9-24　登录 Tableau Public 服务器

登录成功之后此工作簿会被保存到 Tableau Public 服务器上，保存成功后将显示已发布的工作簿，如图 9-25 所示。该页面允许预览所有已保存的工作表。选择一个工作表并单击视图右下角的"共享"按钮可以获得一个链接，你可将此链接通过电子邮件发送给他人，或者把它嵌入到网页中。

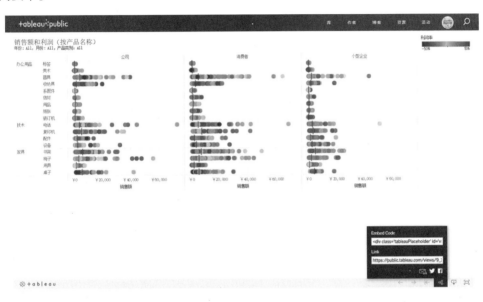

图 9-25 成功保存到 Web 并可以分享链接

说明 执行本节介绍的方法也可将工作簿发布到 Tableau Public Premium，请确保在登录时使用 Tableau Public Premium 用户名和密码。

保存到 Tableau Public 的工作簿和基础数据是公开可用的，你可在网址 http://public. tableausoftware.com 联机管理保存到 Web 上的内容。

本章主要介绍了如何把创建的工作簿以及使用的数据源保存在本地或与他人通过网络共享。

你可以将使用的数据源通过很多种方式导出到本地，比如通过复制到剪贴板的方式导出，或者把它们直接保存成 Access 数据库文件或者 Excel 文件，或者利用"添加到已保存的数据源"导出.tds 或者.tdsx 类型的数据源，还可以利用"数据提取"导出成.tde 类型的数据源。如果想要与他人在网上共享数据源，可以将数据源发布到 Tableau Online 服务器或 Tableau Server 服务器上。

在 Tableau Desktop 中可以很容易把创建的工作表、仪表板和故事保存成图像或者打印为 PDF，但这样制作出的分析报告将无法进行交互。

如果想要与他人共享工作簿，方法也有很多，可以把工作簿保存到本地，也可以发布到企业内部的 Tableau Server 服务器或者由 Tableau 托管的 Tableau Online 服务器上，还可以发布到完全免费和公开的 Tableau Public 服务器上。

9

第 10 章

Tableau Server 简介

Tableau Server 是一种用于共享、分发和协作处理 Tableau 视图和仪表板的联机解决方案。用户通过 Tableau Desktop 完成视图设计后，可以将工作簿发布到 Tableau Server，其他用户能够通过客户端（包括浏览器、移动终端、Tableau Desktop）看到工作簿内的所有视图并进行数据交互。Tableau Server 为终端用户（End User）提供了进行简单修改的功能，但不支持创建新数据源、层级或计算字段。另外，Tableau Server 也提供了集成服务，支持将视图通过多种方式嵌入到门户、网页、Web 应用程序中。

10.1 安装 Tableau Server

根据企业数据架构、用户数、访问量的不同，Tableau Server 可以灵活采用不同的配置方式。我们将在 10.1.1 节介绍最简单的单服务器安装过程，在 10.1.2 节以 3 节点集群为例介绍分布式集群安装。

10.1.1 单服务器安装

本节主要介绍在单台服务器上如何安装 Tableau Server。

1. 最低配置要求

安装之前要确保 Tableau Server 的计算机满足以下要求（见表 10-1）。

❑ 操作系统：Tableau Server 可以安装在 Windows Server 2003（SP1 或更高版本）、Windows Server 2008、Windows Server 2008 R2、Windows Vista 或 Windows 7 上。虽然 Tableau Server 可以在 32 位操作系统上良好运行，但建议使用 64 位操作系统。

❑ 内存、内核和磁盘空间：视服务器用户数而定。

表 10-1　最低配置要求

部署类型	服务器用户数	CPU	RAM
评估	1、2	2 内核	4 GB
小型	<25	4 内核	8 GB
中型	<100	8 内核	32 GB
企业	>100	16 内核	≥32 GB

2. 运行安装程序

Tableau Server 在 Windows 下的安装步骤如下。

(1) 双击安装文件，运行安装程序，如图 10-1 所示。

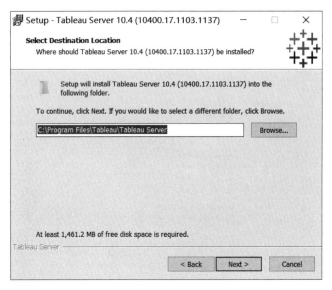

图 10-1 安装应用程序

(2) 单击"Next"，按照屏幕指示完成安装。

(3) 安装完成后，单击"Next"，打开"产品密钥管理器"窗口，如图 10-2 所示。

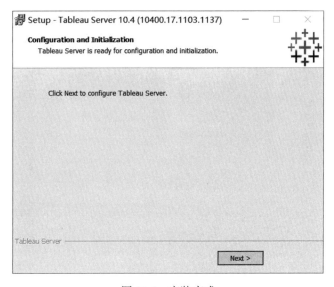

图 10-2 安装完成

10

3. 产品激活

Tableau Server 程序安装完成后进入产品激活界面。你可以选择"Start trial now"（现在开始试用），试用期为 14 天；也可以选择"Activate the product"（激活产品），输入产品密钥进行激活。

(1) 选择"Activate the product"，如图 10-3 所示。

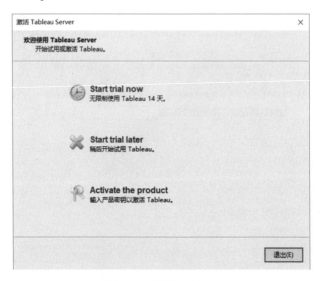

图 10-3　激活 Tableau

(2) 将服务器产品密钥粘贴到相应的文本框中，然后单击"Activate"（激活）。如果计算机处于联网状态，Tableau 将被顺利激活，如图 10-4 所示。

图 10-4　在线激活 Tableau

4. 完成基本配置

(1) Tableau Server 默认在"网络服务"账户下运行。若要使用将为数据源提供 NT 身份验证功能的账户，请指定用户名和密码，用户名中应包含域名，如图 10-5 所示。

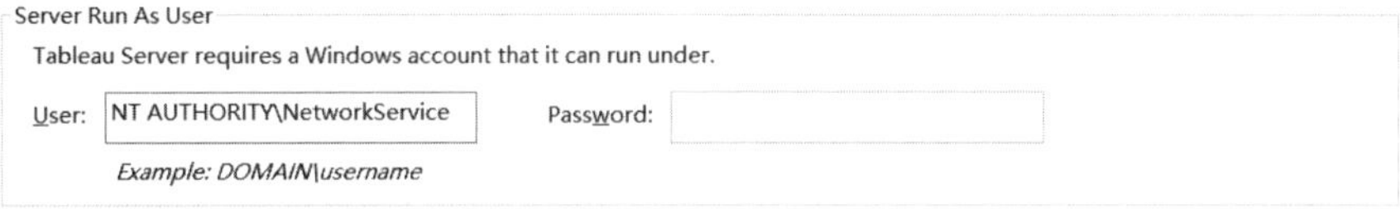

图 10-5 指定用户名和密码

(2) 选择"域服务"（Active Directory）方式或"本地身份验证"（Local Authentication）方式对用户进行身份验证，如图 10-6 所示。如果选择本地身份验证方式，则会使用 Tableau Server 的内置用户管理系统来创建用户并分配密码；如果选择"域服务方式"，可以选择"Enable automatic logon"（启用自动登录），这会使用 Microsoft SSPI 基于用户的 Windows 用户名和密码自动登录，将创建类似于单点登录（SSO）的体验。如果计划将 Tableau Server 配置为使用 SAML、受信任身份验证或代理服务器，请勿选择"Enable automatic logon"。

图 10-6 选择用户身份验证方式

(3) 通过 Web 浏览器访问 Tableau Server 的默认端口为 80，如图 10-7 所示。如果其他服务器正在端口 80 上运行或者有其他联网需要，则可能需要更改端口号。

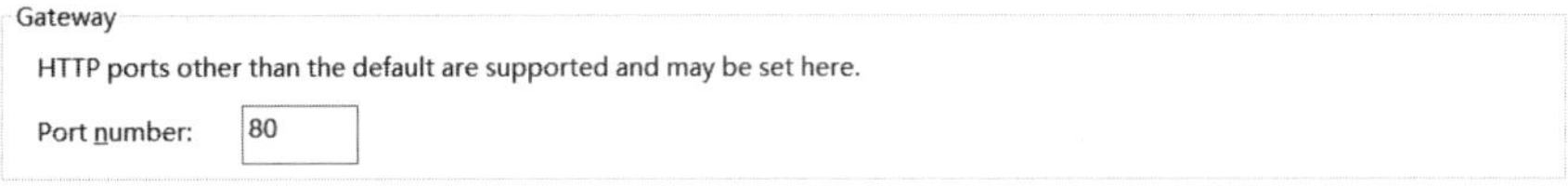

图 10-7 Web 访问 Tableau Server 端口设置

(4) 选择是否打开 Windows 防火墙中的端口。如果不打开此端口，则其他计算机上的用户可能无法访问该服务器，选择是否包含示例数据和用户。"Include sample data and users"（包括示例数据和用户）选项会安装若干示例工作簿和数据，可帮助熟悉 Tableau Server（特别是在安装该产品的试用版时）。如果选择"Include sample data users"，则会分配在 Tableau Server 中创建的第一个用户作为示例工作簿和数据的所有者，如图 10-8 所示。

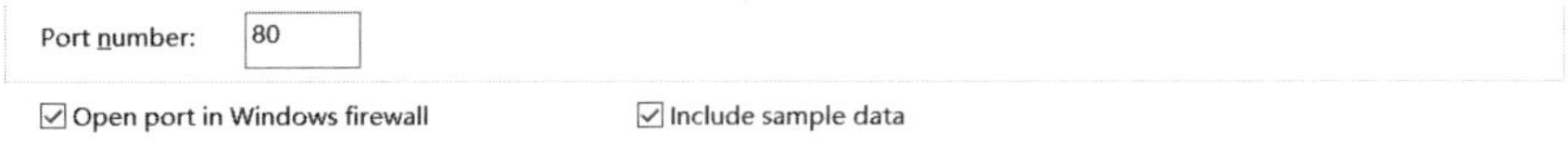

图 10-8 打开 Windows 防火墙端口

10

(5) 可选择继续打开下一个页面以配置"缓存"和"初始 SQL"选项，也可暂时不配置这些选项，单击"确定"完成该环节操作。

5. 添加管理员账户

激活 Tableau Server 的最后一步是添加管理员账户，管理员将具有服务器的完全访问权限，包括管理用户、组和项目的权限。添加管理员账户的步骤根据使用域服务方式（Active Directory）或本地身份验证方式而有所不同。

如果使用 Active Directory，请键入将成为管理员的现有 Active Directory 用户的用户名和密码，然后单击"添加用户"。注意，如果该管理员账户与服务器在同一个域中，则只需键入用户名，无须键入域；否则，应包括进完全限定域名，例如 test.lan\username。

如果使用本地身份验证，请通过键入所选的用户名、显示名称和密码（键入两次）来创建管理员账户，然后单击"添加用户"。

10.1.2　分布式集群安装

通过分布式安装将 Tableau Server 的各个部分安装在不同的计算机上，这可以提高 Tableau Server 环境的可扩展性。

1. 分布式集群的部署模式

多节点的分布式集群通常包含一个主服务器节点、一个或多个工作服务器节点。典型部署模式包括：3 节点集群、5 节点集群、高可用性集群、虚拟机或基于云端部署。分布式集群模式一方面可以利用更多的硬件提升服务器性能表现，另一方面可以通过增加备用硬件提高可用性水平、缩短整个集群系统的可能停机时间。

Tableau 最新的测试结果表明，在并发用户数为总用户数的 10%、交互式用户占 40% 的访问负荷的假设下，4 节点集群（4×16 核 CPU）能支持的总用户数达到 5540，相比单节点服务器（16 核 CPU）所能支持的 1900 名用户，节点数量的增加几乎实现了性能的同比例线性增长，见表 10-2。

表 10-2　分布式集群性能测试

节点数	并发用户数	总用户数
单节点	190	1900
2 节点	270	2700
3 节点	436	4360
4 节点	554	5540

对于交互式用户占比为 100% 的访问负荷，测试结果见表 10-3。

表 10-3　分布式集群性能测试

节点数	并发用户数	总用户数
单节点	119	1190
2 节点	206	2060
3 节点	269	2690
4 节点	347	3470

2. 集群部署安装

下面以 3 节点集群为例说明集群部署的安装方法。在本例中，3 节点集群由 1 个主服务器和 2 个工作服务器构成。主服务器做网关，负责向 2 个工作服务器分配用户请求；2 个工作服务器负责 Tableau 的核心进程，如图 10-9 所示。

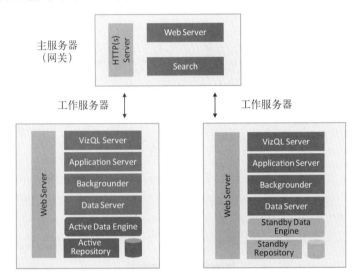

图 10-9　节点服务器集群

(1) 应用服务（Application Server）：处理 Web 应用，支持浏览和搜索。

(2) 可视化（VizQL）：加载和呈现视图，计算和执行查询。

(3) 数据引擎（Data Engine）：存储数据提取和响应查询。

(4) 数据管理服务（Data Server）：管理 Tableau 服务器数据源连接。

(5) 后台（Backgrounder）：执行数据提取刷新任务、计划任务，以及通过 tabcmd 启动的任务。

(6) 存储库（Repository）：存储工作簿和用户元数据。

3. 节点集群安装配置过程

(1) 确保已在主计算机上安装 Tableau Server，停止主节点上的 Tableau Server。

安装主服务器的方法在 10.1.1 节"单服务器安装"中已经介绍。停止主服务器的方法为 Windows "开始" ➤ "所有程序" ➤ "Tableau Server 版本号" ➤ "Tableau Server Monitor" ➤ "启动/停止服务器"。

(2) 在 Tableau 客户账户中心下载 Tableau Server 工作软件，在要添加到 Tableau Server 群集的所有其他计算机上运行 Tableau Server 工作软件安装程序，安装过程中需提供主服务器的 IPv4 地址或计算机名称（建议使用计算机名称）。

(3) 添加工作服务器（Server Worker）。

保持主服务器停止状态，在主服务器的"配置 Tableau Server"中选择"常规"选项卡并输

10

入密码，选择"服务器"选项卡，然后单击"添加"，如图 10-10 所示。

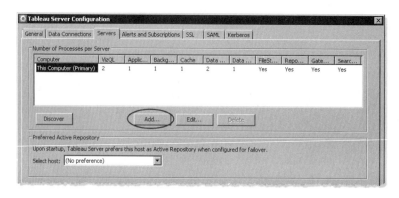

图 10-10　分配工作服务器进程

在弹出的对话框中键入其中一台工作计算机的 IPv4 地址或计算机名称，并指定要分配给该计算机的"VizQL""应用程序服务器""后台程序""缓存服务器""数据服务器""数据引擎""文件存储""存储库""网关"和"搜索和浏览"进程的数量，如图 10-11 所示。在 64 位版本的工作服务器上，每一类进程最多可以添加两个实例，且每个服务器的最大总实例数为 8。

图 10-11　分配工作服务器进程

添加完工作服务器后，单击"OK"以保存更改并关闭配置实用工具，需要几分钟时间才能完成更新。重复以上步骤，添加第二个工作服务器。

(4) 启动主节点上的 Tableau Server。

(5) 安装数据库驱动。

Tableau Server 和 Tableau Server Workers 的安装程序会自动安装 Oracle 和 Oracle Essbase 数据库的驱动程序。如果计划发布与其他数据库连接的工作簿和数据源，则需要确保主服务器和工作服务器上有相应驱动程序。

运行 VizQL 的工作计算机、应用程序服务器、数据服务器或后台程序进程需要这些数据库驱动程序。例如，如果有一台专门用作 VizQL 服务器的工作计算机和另一台专用于数据提取存储的计算机，则只需在 VizQL 服务器计算机中安装驱动程序。

完成上述步骤后，基本就完成了 3 节点集群的构建。

说明 完成集群设置后，可以在服务器的"Maintenance"（维护）页面上监视分布式计算机的状态，使用主服务器计算机上的命令行工具和配置工具进行配置更新，更新将被自动推送到工作计算机上。如果主服务器的 IP 地址发生更改，则需要重新安装所有工作计算机。

10.2 管理 Tableau Server

本节内容主要适用于 Tableau Server 的服务器管理员或站点管理员，介绍如何管理站点、用户及用户组。

10.2.1 站点管理

Tableau Server 允许服务器管理员为不同用户和内容集在服务器上创建多个站点，每个站点在服务器上是独立的，并且可以按用户或组设置项目、工作簿、视图或数据源的权限，每个站点的工作簿、数据和用户列表都独立于其他站点的相应项，并且用户一次只能访问一个站点。站点管理员（服务器管理员允许其创建站点用户）能够控制站点成员身份。服务器管理员创建站点之后，内容所有者可以将工作簿、视图和数据源发布到服务器上的特定站点。用户可以属于多个站点，在每个站点上具有不同的站点角色和权限。登录到服务器的用户将看到用户所属的站点中允许他们查看的内容。

服务器管理员可将站点添加到 Tableau Server 或编辑现有站点。即使在添加站点之前，Tableau Server 也有默认站点。添加站点的步骤如下。

(1) 打开"站点"页面。如果要在服务器上添加第一个站点，请选择"设置"➤"添加站点"，然后单击"添加站点"，如图 10-12 所示。

图 10-12　添加站点

(2) 为站点输入"站点名称"和"站点 ID",如图 10-13 所示。

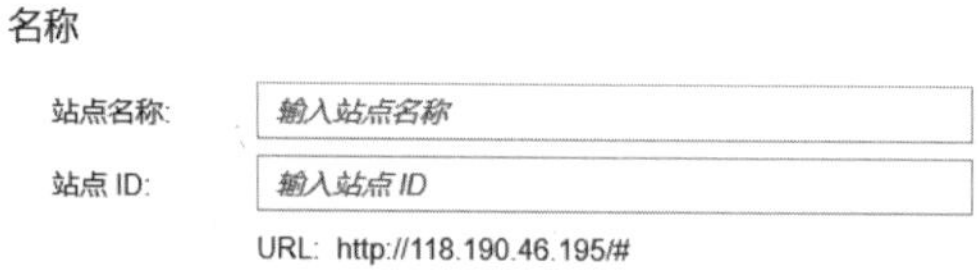

图 10-13 输入站点名称和站点 ID

(3) 工作簿、数据提取和数据源全部占用服务器上的存储空间。对于"存储"选择"服务器限制"或"GB",并输入要作为限制的 GB 数,如图 10-14 所示。如果设置了服务器限制,但站点超过了该限制,则将阻止发布者上传新内容,直至站点再次低于该限制。服务器管理员可以使用站点页面上的"最大存储"和"已用存储"列来跟踪站点的限额使用情况。

图 10-14 存储空间设置

(4) 设置用户管理权限,Tableau Server 可设为"仅服务器管理员"或"服务器和站点管理员",如图 10-15 所示。

(5) 将"允许用户使用 Web 制作"保留为选中,禁用 Web 制作意味着用户无法从服务器 Web 环境编辑已发布工作簿。要更新已发布到服务器的工作簿,Tableau Desktop 用户必须重新发布它。

图 10-15 设置管理用户权限

(6) 如果希望站点用户能够订阅视图,请保持"允许用户订阅工作簿和视图"为选中状态,同时可以设置"发件人地址"和"页脚"信息,如图 10-16 所示。

图 10-16　订阅视图

（7）选择"记录工作簿性能指标"，以允许站点用户收集有关工作簿性能的指标，例如工作簿加载速度。除了为站点选中此复选框，若要开始记录，用户还必须向工作簿的 URL 中添加参数。

（8）单击"创建"即完成。

若要编辑站点，可在"站点"菜单下选择要修改的站点，然后选择"编辑设置"，如图 10-17所示。

图 10-17　编辑站点

10.2.2　用户管理

需要访问 Tableau Server 的任何人（无论是发布、浏览还是管理内容的人）都必须作为用户添加。服务器管理员可向服务器中添加用户，且每个用户都必须具有关联的站点角色。此角色用于确定允许用户拥有的权限级别，比如用户是能够发布内容、与内容交互，还是只能查看发布到服务器的内容。

Tableau 有两种方式可以将用户添加到服务器或站点：①一次添加一个用户的方式，②批量导入的方式。

10

1. 一次添加一个用户

(1) 选中菜单"用户数",单击"+添加用户",如图 10-18 所示。

图 10-18　一次添加一个用户

(2) 在对话框中,按照相应提示填写用户信息,包括用户名、显示名称、密码、确认密码和电子邮件,如图 10-19 所示。根据业务需求为用户设置关联的站点和站点角色(见表 10-4)。

(3) 填写完成后,单击"添加用户",即添加成功。

图 10-19　填写用户信息

表 10-4　站点角色类型与说明

站点角色	用户权限说明
服务器管理员	可访问服务器和所有站点上的所有服务器功能和设置。服务器管理员可创建站点，添加任何站点角色类型的用户，控制站点管理员是否能添加用户，创建其他服务器管理员，并且可以管理服务器自身，包括处理维护、设置、计划和搜索索引
站点管理员	可以管理组、项目、工作簿和数据连接。在默认情况下，站点管理员也可以添加用户以及分配站点角色和站点成员身份，此设置可由服务器管理员启用或禁用。站点管理员对特定站点上的内容具有不受限的访问权限。一个用户可被指定为多个站点上的站点管理员
发布者	可以登录、浏览服务器，并且与已发布的视图交互，还可以从 Tableau Desktop 连接到 Tableau Server，以便发布和下载工作簿和数据源
交互者	可以登录、浏览服务器，并且与已发布的视图交互，但不允许发布视图到服务器
查看者（可发布）	用户可从 Tableau Desktop 连接到 Tableau Server，以便发布和下载工作簿和数据源，但无法与服务器上的内容交互
查看者	可以登录和查看服务器上的已发布视图，但无法与这些视图交互
未许可（可发布）	无法登录到 Tableau Server，但可从 Tableau Desktop 连接到服务器，以便将工作簿和数据源发布和下载到服务器
未许可	无法登录到服务器。通过 CSV 文件导入服务器用户时，将为所有用户分配"未许可"站点角色

2. 批量导入用户

若要自动完成向服务器或站点添加用户的过程，我们需创建一个包含用户信息的 CSV 文件，然后导入该文件。

(1) 选中菜单"用户数"，单击"添加用户"，如图 10-20 所示。

图 10-20　从文件导入用户

(2) 单击"（从文件导入）"，通过"浏览"上传文件，然后单击"导入用户"。CSV 文件需按以下顺序包含这些字段："用户名""密码""显示名称""许可级别（Interactor、Viewer 或 Unlicensed）""管理员级别（System、Site 或 None）""发布者级别（yes/true/1 或 no/false/0）""电子邮件地址"。其中"许可级别""管理员级别"和"发布者级别"用于设置用户的站点角色，表 10-5 显示了这些设置如何转换为站点角色。

10

表 10-5　使用许可级别、管理员和发布者设置来设置用户的站点角色

CSV 设置	站点角色
许可级别 =（任意） 管理员 = System Publisher=true	系统（服务器）管理员。只有在管理服务器的同时导入用户，此设置才有效
许可级别 =（任意） 管理员 = Site Publisher=true	站点管理员。只有在管理特定站点的同时导入用户，此设置才有效
许可级别 = Interactor 管理员 = None Publisher=true	发布者
许可级别 = Interactor 管理员 = None 发布者 = false	交互者
许可级别 = Viewer 管理员 = None Publisher=true	查看者（可发布）
许可级别 = Viewer 管理员 = None 发布者 = false	查看者
许可级别 = Unlicensed 管理员 = None Publisher=true	未许可（可发布）
许可级别 = Unlicensed 管理员 = None 发布者 = false	未许可

　　同时，CSV 文件需满足以下格式要求：文件不包括列标题；文件为 UTF-8 格式；如果名称包括 "@" 字符而不是作为域分隔符，则需要使用十六进制格式引用该符号：\0x40。

　　例如，user@fremont@myco.com 应该为 user\0x40fremont@myco.com，如图 10-21 所示。

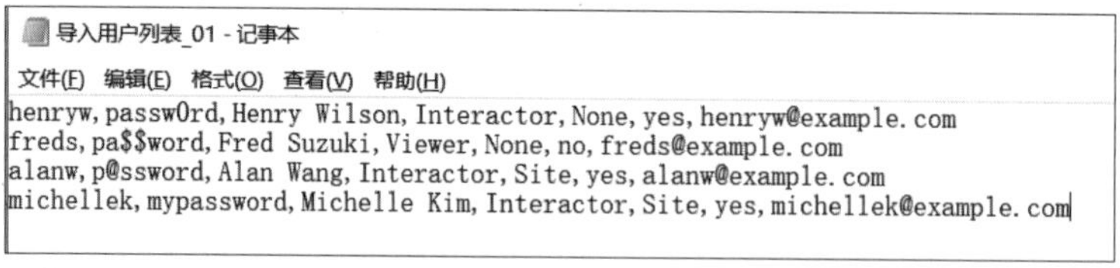

图 10-21　导入用户列表示例（CSV 文件）

　　(3) 在弹出的导入结果对话框中单击 "Done"（完成），实现批量导入，如图 10-22 所示。

图 10-22　导入成功界面

10.2.3　用户组管理

简化用户管理的一种方法是将用户分配到组中。例如，可以向组分配权限，以便将权限应用到组中的所有用户。在默认情况下，每个站点中都存在"所有用户"组。添加到服务器的每个用户都将自动成为"所有用户组"的成员，我们无法删除此组，但可以为其设置权限，操作步骤如下。

(1) 选中菜单"组"，单击"+新建组"，如图 10-23 所示。

图 10-23　新建组

10

(2) 为组键入一个名称，然后单击"创建"，如图 10-24 所示。

图 10-24　键入组的名称

(3) 选中某个组，即可按组分配（更新）用户的站点角色，如图 10-25 所示。

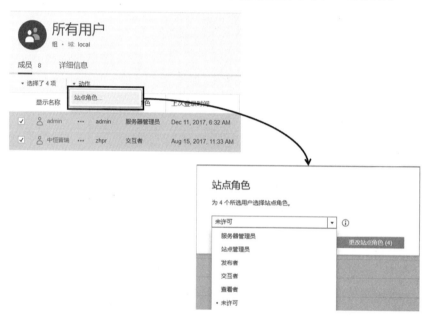

图 10-25　按组分配（更新）用户的站点角色

10.3　使用 Tableau Server

本节内容主要适用于来自业务部门的日常使用用户，介绍如何利用 Tableau Server 进行数据分析成果的查看与编辑发布。

10.3.1　工作区概览

用户在首次登录时，输入用户名和密码后单击"Login"，即可登录到 Tableau 门户主页，如

图 10-26 所示。

图 10-26 门户主页

接下来我们介绍主页最常用的导航、筛选器、收藏夹和自定义用户首选项。

1. 导航

Tableau 门户主页的上方有"项目""工作簿""视图"和"数据源"共 4 个导航标签。

❑ **项目**。是相关工作簿、视图和数据源的集合。只有管理员才可以创建新项目,并向用户和组分配"Project Leader"权限,此权限让用户能够指定项目权限以及将工作簿移到项目中。工作簿、视图或数据源可具有与项目权限不同的权限。例如,某个组可能没有查看项目 X 的权限,但可能有权查看发布到项目 X 的视图。

工作簿的初始权限是从其项目权限复制而来的,视图的初始权限是从其工作簿权限复制而来的,但对项目的权限所做的更改不会自动应用于项目内的工作簿或工作簿内的视图,除非通过单击项目或工作簿权限设置中"分配对内容的权限"来分配新权限。

❑ **工作簿**。用户通过 Tableau 桌面版将工作簿发布到 Server"工作簿",包括用户想要发布的仪表盘、工作表等。所有工作簿都必须位于项目中。在默认情况下,工作簿将被添加到"默认值"项目中。在创建自己的项目后,你可以将工作簿从一个项目移动到另一个项目中。

❑ **视图**。包含用户发布到 Tableau Server 上的所有仪表盘和工作表。

❑ **数据源**。数据源是一种可重用的数据连接,包含数据提取或与实时关系数据库直通连接有关的信息。

2. 筛选器

使用筛选器可以非常简便地筛选内容。你可以利用"搜索框"输入想要搜索的内容,也可以利用"筛选器"下的"项目""发布者""修改日期"等工具进行筛选或搜索。

3. 收藏夹

收藏夹用于保存用户最喜欢的仪表盘。

10

4. 用户首选项

在"用户首选项"界面可以设置或修改用户的"邮箱地址""开始页""语言和地区""账户密码"等信息。

- ❑ **邮箱地址**。Tableau Server 提供邮件订阅服务。这一服务允许用户选择想要关注的仪表盘，Tableau Server 将根据系统管理员设置的时刻表按时向用户的邮箱地址推送信息。
- ❑ **开始页**。用户可以个性化地设置 Tableau 门户的开始页。开始页可以是项目层面的，也可以是某个特定的工作簿。
- ❑ **账户密码**。若服务器在安装时选择"Local Authentication"（本地身份验证）作为用户身份验证方式，则用户可以在该界面修改密码。

10.3.2　界面查询

进入仪表盘后，若权限允许，用户可以像在 Tableau 桌面版中一样与仪表盘交互，如可以使用筛选器、查看原始数据、下载仪表盘、添加注释等，如图 10-27 所示。

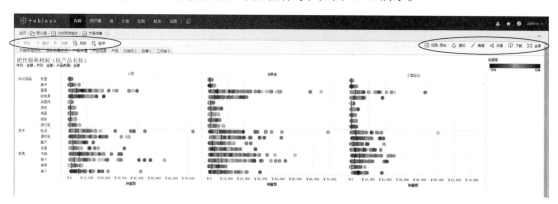

图 10-27　在线交互

1. 使用筛选器

在仪表盘中上端的筛选器中可以自由筛选，如初始设置为"2014 年 5 月"，改选"2014 年 6 月"后仪表盘发生变化。

2. 查看原始数据

选择某一标记区块，在弹出框单击"查看数据"。在新对话框中，单击"完整数据"查看所有列。

3. 添加评论

仪表盘底部为评论区。在"注释"文本框中输入内容，单击"发表评论"，则其他用户可以看到你对该仪表盘的评论，如图 10-28 所示。

图 10-28 添加评论

4. 刷新数据

可通过仪表板和视图上方的工具栏执行数据刷新和暂停操作。

- ❏ 刷新：允许用户手动更新数据。
- ❏ 暂停：允许用户暂停仪表盘的自动更新。当用户准备对仪表盘做一系列交互动作时，可以按下"暂停"键，则服务器暂停向数据源自动更新数据，直到用户再次按下"暂停"键。

5. 恢复初始状态

可通过仪表板和视图上方的工具栏"恢复"清除用户交互操作，将仪表盘恢复到初始状态。

10.3.3 编辑发布

通过单击右上角的"编辑"，进入 Web 编辑页面，用户可以对视图、仪表盘进行简单的在线编辑操作，如图 10-29 所示。

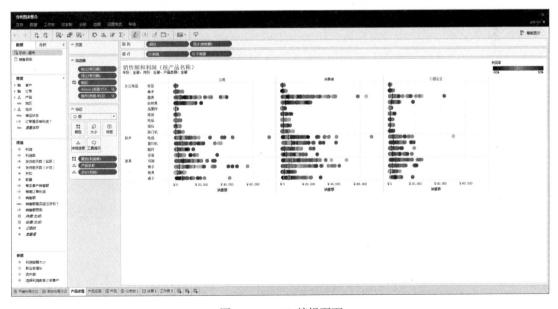

图 10-29 Web 编辑页面

10

Tableau Server 的在线编辑功能与 Tableau 桌面版非常相似，但具有局限性：用户不能创建新的数据源、新的层级和新的计算字段。它只支持用户通过最基本的拖放动作进行简单的编辑、创建新的工作表等操作。若用户有"发布"权限，则可以使用"另存为"将新工作表保存到本工作簿，如图 10-30 所示。也可以使用"保存"保存其他任何修改过的工作表。

图 10-30　另存工作簿

10.4　安全机制

Tableau Server 主要包含 4 类安全机制：访问安全、对象安全、数据安全和网络安全。

10.4.1　访问安全

Tableau Server 支持 3 类身份验证：①Active Directory，针对 Tableau Server 所使用的 Windows 用户进行验证。②本地身份验证，使用 Tableau Server 的内部身份验证机制。③受信任的身份验证，基于 Tableau Server 与一个或多个 Web 服务器之间的信任关系进行身份验证。

1. Active Directory

使用 Active Directory 进行身份验证时，所有用户名和密码都由 Active Directory 进行管理。当用户在 Tableau Server 登录输入凭据时，Tableau 会将凭据传递给 Active Directory 服务器。

通过 Active Directory 进行用户身份验证意味着将使用本地计算机的 Windows 凭据使用户自动登录，而不是从可能已登录的其他系统或门户传递凭据。例如，如果用户以"MSmith"身份登录其本地计算机，然后以"Mary"身份登录到一个 SharePoint 门户，则访问 Tableau Server 使用的凭据将是"MSmith"的凭据。若要使用来自 SharePoint 站点的凭据（"Mary"）自动登录，SharePoint 门户必须使用采用受信任的身份验证方式的 Tableau Web 组件。

2. 本地验证

通过本地身份验证进行用户身份验证时，Tableau Server 管理用户、组、密码以及整个身份验证过程。管理员可方便地将用户列表导入到 Tableau Server，并可通过 tabcmd 方式执行大多数用户管理功能。用户可在看到提示时输入凭据来完成手动登录，或在访问门户中的内容时通过透明的受信任的身份验证来登录。

3. 受信任的身份验证

受信任的身份验证意味着你已在 Tableau Server 与一个或多个 Web 服务器之间建立受信任的关系。例如，采用受信任的身份验证后，登录到门户的员工可以直接查看仪表板，而无须其他登录。

当 Tableau Server 接收来自受信任 Web 服务器的请求时，它会假设该 Web 服务器已处理必要的身份验证。Tableau Server 接收带有可兑现令牌或票证的请求，并向用户显示考虑进用户的角色与权限的个性化视图。

10.4.2 对象安全

在 Tableau Server 中，对象安全主要包含以下 3 个概念。

- □ 权限：决定了用户可以访问的对象、内容，以及可以执行的操作。
- □ 角色：包含一组权限，具有该角色的用户将拥有这组权限。
- □ 许可级别：用户可拥有的最大权限集。

在 Tableau 中，一个"角色"就是一组加到内容上的"权限"，它控制用户与项目、工作簿等对象的交互能力。指派给用户的"角色"针对特定视图，而非针对系统中的所有内容。例如，一个用户针对某一特定视图被指派"交互者"的角色，但该用户针对另一视图的权限也许只是"浏览者"。许可级别控制一个用户的最大权限集。比如，一个具有"浏览者"许可级别的用户，不管针对某一视图被赋予什么样的角色，他都无法使用筛选器（因为使用筛选器需要"交互"权限）。

基于"角色"与"许可级别"，对象安全用于控制用户能够访问的对象和可以执行的操作，但不控制视图中显示哪些数据。用户能否访问数据由数据安全机制控制。

10.4.3 数据安全

Tableau 为控制哪些用户可以查看哪些数据提供了 3 种方法：数据库验证、Tableau 安全验证以及混合验证。

- □ **数据库登录账户**。创建连接到实时数据库的数据源时，可以选择是通过 Windows NT 还是数据库的内置安全机制针对数据库进行身份验证。
- □ **身份验证模式**。发布具有实时数据库连接的数据源或工作簿时，可以选择一种"身份验证模式"；可用的模式取决于上面的选择。
- □ **用户筛选器**。可以在工作簿或数据源中设置筛选器，以基于用户的 Tableau Server 登录账户控制其可在已发布视图中查看的数据数据库验证。

表 10-6 概括了上述选项的优势和劣势。

10

表 10-6   数据库验证

数据库连接选项		数据安全问题		
数据库登录账户	身份验证模式	是否每个 Tableau Server 用户都可实现数据库安全性	用户筛选器是否为限制各用户可查看的数据的唯一方法	Web 缓存是否在用户间共享
Window NT 集成安全性（Windows 身份验证）	用户运行身份账户	否	是	是
	通过服务器运行身份账户进行模拟	是	否	否
用户名和密码	提示用户：当查看者查看视图时，提示其提供数据库凭据。可以保存凭据	是	否	否
	嵌入式凭据：工作簿或数据源发布者可以嵌入其数据库凭据	否	是	是
	通过嵌入式密码进行模拟：嵌入带 IMPERSONATE 权限的数据库凭据	是	否	否

10.4.4   网络安全

Tableau Server 主要包含 3 类网络传输接口。①客户端到 Tableau Server：客户端可以是 Web 浏览器、Tableau Desktop 或 tabcmd 实用工具。②Tableau Server 到数据库：Tableau Server 与数据库间进行通信，以刷新提取数据或处理实时数据库连接。③服务器组件通信：适用于分布式部署下各服务器间通信。

1. 客户端到 Tableau Server

Tableau Server 客户端可以是 Web 浏览器、Tableau Desktop 或 tabcmd。在内网环境下，Tableau Server 与其客户端之间的通信可以使用标准 HTTP 请求和响应；在对安全性要求较高的环境下，也可以采用 HTTPS（SSL）协议。当采用 SSL 方式时，客户端和服务器之间的所有内容和通信都将被加密。

客户端和服务器之间的密码通信使用公钥/私钥加密。Tableau Server 向客户端发送一个公钥，客户端使用此密钥对密码加密进行传输。每次加密传输都使用一次性密钥，传输完后更换新的密钥。这意味着无论是否使用 SSL，密码都始终是安全的。

2. Tableau Server 到数据库

Tableau Server 动态连接到数据库以获取结果集并刷新提取数据时，服务器会优先使用本机驱动程序新建数据源库，在没有本机驱动程序时会使用通用的 ODBC 驱动。本机驱动程序安装过程中将完成配置驱动程序以在非标准端口上通信或提供传输加密，这种配置类型对 Tableau 是透明的。

3. 服务器组件通信

分布式服务器安装中的 Tableau Server 组件间通信有两个方面：信任和传输。Tableau 群集中的每个服务器都使用一个严格信任模型，确保其接收来自群集中其他服务器的有效请求。主服务器是群集中唯一接受第三方（客户端）请求的计算机，群集中的所有其他计算机都只接受来自群集中其他受信任成员的请求。信任是通过 IP 地址、端口和协议的白名单建立的，如果任何一部分无效，请求都会被忽略。群集的所有成员都可以互相通信。除许可证验证和访问存储库外，所有内部通信的传输都是通过 HTTP 执行的。

Tableau 函数

A.1 数字函数

序 号	函 数	含 义	示 例
1	ABS	返回给定的绝对值	ABS(-7)=7
2	ACOS	返回数字的反余弦，结果以弧度表示	ACOS(-1)=3.14159265358979
3	ASIN	返回数字的反正弦，结果以弧度表示	ASIN(1)=1.5707963267949
4	ATAN	返回数字的反正切，结果以弧度表示	ATAN(180)=1.5652408283942
5	ATAN2	返回两个给定数 (x, y) 的反正切，结果以弧度表示	ATAN2(2,1)=1.10714871779409
6	COS	返回角度的余弦，以弧度为单位指定角度	COS(PI()/4)=0.707106781186548
7	COT	返回角度的余切，以弧度为单位指定角度	COT(PI()/4)=1
8	DEGREES	将以弧度表示的数字转换为度数	DEGREES(PI()/4)=45.0
9	DIV	返回除法的整数部分	DIV(11,2)=>5
10	EXP	返回 e 的给定数字次幂	EXP(5)=e^5
11	LN	返回给定数字的自然对数；如果数字小于或等于 0，则返回 Null	\
12	LOG	返回数字以给定底数为底的对数。如果省略了底数值，则默认底数值为 10	\
13	MAX	返回单个表达式在所有记录间的最大值，或两个表达式对于每个记录的最大值	MAX([Sales])
14	MIN	返回一个表达式在所有记录间的最小值，或两个表达式对于每个记录的最小值	MIN([Profit])
15	PI	返回数字常量 pi	\
16	POWER	返回数字的给定幂的结果	POWER(5,2)=5^2=25
17	RADIANS	将以度数表示的数字转换为弧度	RADIANS(180) = 3.14159
18	ROUND	将数字舍入为最接近的整数或指定小数位数	ROUND(3.1415,1)=3.1

（续）

序　号	函　　数	含　　义	示　　例
19	SIGN	返回数字的符号：如果数字为正数，则返回 1；如果数字为 0，则返回 0；如果数字为负数，则返回 -1	如果 profit 字段的平均值为负值，则 SIGN(AVG(Profit)) = -1
20	SIN	返回角度的正弦，以弧度为单位指定角度	SIN(PI()/4)=0.707106781186548
21	SQRT	返回数字的平方根	SQRT(25)=5
22	SQUARE	返回给定数字的平方	AQUARE(5)=25
23	TAN	返回角度的正切，以弧度为单位指定角度	TAN(PI()/4)=1.0
24	ZN	如果<表达式>不为空，则返回它，否则返回零	ZN(Profit)
25	CEILING	将数字舍入为值相等或更大的最近整数	CEILING(3.1415) = 4
26	FLOOR	将数字舍入为值相等或更小的最近整数	FLOOR(3.1415) = 3
27	HEXBINX	将 x、y 坐标映射到最接近的六边形数据桶的 x 坐标	HEXBINX([Longitude], [Latitude])
28	HEXBINY	将 x、y 坐标映射到最接近的六边形数据桶的 y 坐标	HEXBINY([Longitude], [Latitude])

A.2　字符串函数

序　号	函　　数	含　　义	示　　例
1	ASCII	返回字符串中第一个字符的 ASCII 代码值	ASCII("authors")=97
2	CHAR	将给定整数 ASCII 代码转换为字符	CHAR(65)='A'
3	CONTAINS	如果字符串包含子字符串，则返回 true	CONTAINS("Calculation","alcu")为 true
4	ENDSWITH	如果字符串以子字符串结尾（忽略尾随空格），则返回 true	ENDSWITH("Calculation","ion")为 true
5	FIND	返回子字符串在字符串中的位置，如果未找到子字符串，则返回 0。如果定义了起始参数，则忽略在起始位置之前出现的所有子字符串实例。字符串中的第一个字符位置为 1	FIND("Calculation","alcu")=2
6	FINDNTH	返回指定字符串内的第 n 个子字符串的位置	FINDNTH("Calculation", "a", 2) = 7
7	LEFT	返回给定字符串开头的指定字符数	LEFT("Calculation",4)= "Calc"
8	LEN	返回给定字符串中的字符数	LEN("Calculation")=11
9	LOWER	将文本字符串转换为全小写字母	LOWER("ProductVersion")="productversion"
10	LTRIM	返回移除了所有前导空格的字符串	LTRIM("　Sales")= "Sales"
11	MAX	返回单个表达式在所有记录间的最大值，或两个表达式对于每个记录的最大值	MAX([Sales])

（续）

序　号	函　数	含　义	示　例
12	MID	在给定起始位置和长度的情况下，从文本字符串中间返回字符。字符串中的第一个字符位置为 1。如果未包括长度，则将返回到字符串结束的所有字符。如果包括了长度，则最多返回该数量的字符	MID("Tableau Software",9)= "Software"，MID("Tableau Software",2,4)= "able"
13	MIN	返回一个表达式在所有记录间的最小值，或两个表达式对于每个记录的最小值	MIN([Profit])
14	REPLACE	返回一个字符串，在该字符串中，子字符串的每次出现都会替换为替换字符串。如果未找到子字符串，则字符串保持不变	Replace("Calculation","ion","ed")= "Calculatied"
15	RIGHT	从给定字符串结尾起返回指定数量的字符	Right("Calculation",4)= "tion"
16	RTRIM	返回移除了所有尾随空格的字符串	RTRIM("Market ")="Market"
17	SPACE	返回由指定数量的重复空格组成的字符串	SPACE(2)= " "
18	STARTSWITH	如果字符串以子字符串开头，则返回 true	STARTSWITH("Joker", "Jo")=true
19	TRIM	返回移除了前导和尾随空格的字符串	TRIM(" Budget ")="Budget"
20	UPPER	将文本字符串转换为全大写字母	UPPER("productversion")="PRODUCTVERSION"
21	SPLIT	返回字符串中的一个子字符串，并使用分隔符字符将字符串分为一系列标记。注意：某些数据源在拆分字符串时会有限制	SPLIT ('a-b-c-d', '-', 2) = 'b'

A.3　日期函数

Tableau 提供了多种日期函数。其中部分日期函数带有常量字符串参数 date_part。在使用日期函数时，请确保对应的 date_part 和下表中的一致。

date_part	值
'year'	四位数年份
'quarter'	1~4
'month'	1~12 或 January、February 等
'dayofyear'	一年中的第几天；1 月 1 日为 1、2 月 1 日为 32，以此类推
'day'	1~31
'weekday'	1~7 或 Sunday、Monday 等
'week'	1~52
'hour'	0~23
'minute'	0~59
'second'	0~60

1. DATEADD

函数公式为 DATEADD(date_part, increment, date)，表示返回 date 增加 increment 后的日期，增加的程度由参数 date_part 决定。

例如，DATEADD('month',4,#6/24/2018#)返回结果为#10/24/2018#，即将日期 **6/24/2018** 加上 4 个月。如果为 DATEADD('day',4,#6/24/2018#)则为加上 4 天，结果为#6/28/2018#。

2. DATEDIFF

函数公式为 DATEDIFF(date_part, date1, date2, start_of_week)，表示返回 date1 与 date2 之差（以 date_part 的单位表示）。start_of_week 参数是可选参数，如果省略，一周的开始则由数据源确定。

例如，DATEDIFF('week', #2018-8-22#, #2018-08-24#, 'Sunday')= 0，#2018-8-22#为周三，#2018-08-24#为星期五，以星期天为开始时，两者属于同一周，因此按照周来算差值为 0。再如 DATEDIFF('week', #2018-8-22#, #2018-08-24#, 'Friday')= 1，以星期五为开始，则星期三和星期天属于不同的周，因此为 1。

3. DATENAME

函数公式为 DATENAME(date_part, date, start_of_week)，表示以字符串的形式返回 date 的 date_part。start_of_week 参数是可选参数。

例如，DATENAME('month', #2018-08-15#) = "August"返回的为字符串 August 而不是 8，注意与下面 DATEPART 的区别。

4. DATEPART

函数公式为 DATEPART(date_part, date, start_of_week)，表示以整数形式返回 date 的 date_part。start_of_week 参数是可选参数。如果忽略 start_of_week，则周起始日由为数据源配置的起始日决定。当 date_part 为 weekday 时会忽略 start_of_week 参数，这是因为 Tableau 依赖固定周日期顺序来应用偏移。例如 DATEPART('month', #2018-08-15#) =8。

5. DATEPARSE

函数公式为 DATEPARSE(format, string)，将字符串转换为指定格式的日期时间。该函数并不常用，并非适用于所有数据源。数据中出现的不需要解析的字母应该用一对单引号''引起来。对于值之间没有分隔符的格式（如 *MMddyy*），请验证它们是否按日期方式解析。该格式必须是常量字符串，而非字段值。如果数据与格式不匹配，则返回 Null。

例如 DATEPARSE ("h'h' m'm' s's'", "10h 5m 3s") = #10:05:03#，h、m、s 为非解析字段，因此用一对单引号''包起来。

6. DATETRUNC

函数公式为 DATETRUNC(date_part, date, start_of_week)，表示按 date_part 指定的准确度截断指定日期，返回新日期。start_of_week 数是可选参数。如果省略，则一周的开始由数据源确定。

例如，DATETRUNC('month', #2018-08-15#) = 2018-08-01 12:00:00 AM，当以月份级别截断处于月份中间的日期时，此函数返回当月的第一天；当以季节级别截断时，返回该月所处季节的首月首天，如 DATETRUNC('quarter', #2018-08-15#) = 2018-07-01 12:00:00 AM。

7. DAY

函数公式为 DAY(date)，表示以整数形式返回给定日期的日。例如 DAY(#2018-08-15#) = 15，返回 2018-08-15 所在的日为 15。

8. MONTH

函数公式为 MONTH(date)，表示以整数形式返回给定日期的月。例如 MONTH(#2018-08-15#) = 8，返回 2018-08-15 所在的月为 8。

9. YEAR

函数公式为 YEAR(date)，表示以整数形式返回给定日期的年。例如 YEAR(#2018-08-15#) = 2018，返回 2018-08-15 所在的年为 2018。

10. ISDATE

函数公式为 ISDATE(string)，表示如果给定字符串为有效日期，则返回 true。例如 ISDATE("August 15, 2018") = true。

11. MAKEDATE

函数公式为 MAKEDATE(year, month, day)，表示返回一个依据指定年份、月份和日期构造的日期值，可用于 Tableau 数据提取。例如 MAKEDATE(2004, 4, 15) = #April 15, 2004#。

12. MAKEDATETIME

函数公式为 MAKEDATETIME(date, time)，表示将 date 和 time 进行合并，产生一个日期和时间的数据。该函数仅适合于 MySQL 连接。例如 MAKEDATETIME("2018-08-15", #07:59:00#) = #08/15/2018 7:59:00 AM#。

13. MAKETIME

函数公式为 MAKETIME(hour, minute, second)，表示返回一个依据指定小时、分钟和秒构造的日期值，可用于 Tableau 数据提取。例如 MAKETIME(14, 52, 40) = #14:52:40#。

14. MAX

函数公式为 MAX(expression)或 MAX(expr1, expr2)，通常应用于数字，不过也适用于日期；返回 expr1 和 expr2 中的较大值（expr1 和 expr2 必须为相同类型）。如果任一参数为 Null，则返回 Null。

例如 MAX(#2004-01-01#, #2004-03-01#) = 2004-03-01 12:00:00 AM。

15. MIN

与 MAX 类似，只是返回较小值。

16. NOW

函数公式为 NOW()，返回当前日期和时间。例如 NOW() = 2018-08-15 10:43:21 AM 。

17. TODAY

函数公式为 TODAY()，返回当前日期。例如 TODAY() = 2018-08-15 。

A.4　类型转换

计算中任何表达式的结果都可以转换为特定数据类型。转换函数包括 STR()、DATE()、DATETIME()、INT() 和 FLOAT()。例如，如果要将浮点数（如 3.14）转换为整数，则可以编写 INT(3.14)=3。也可以将布尔值转换为整数、浮点数或字符串，但不能将其转换为日期。true 为 1（整数）、1.0（浮点）或"1"（字符串），而 false 为 0、0.0 或"0"。Unknown 映射到 Null。

序　号	函　　数	含　　义	示　　例
1	DATE	函数公式为 DATE(expression)，表示在给定数字、字符串或日期表达式的情况下返回日期	DATE("August 15, 2018") = #August 15, 2018#
2	DATETIME	函数公式为 DATETIME(expression)，表示在给定数字、字符串或日期表达式的情况下返回日期时间	DATETIME("August 15, 2018 07:59:00") = August 15, 2018 07:59:00
3	FLOAT	函数公式为 FLOAT(expression)，表示将 expression 转换为浮点数	FLOAT(3) = 3.000，FLOAT([当期值]) 将当期值字段中的每个值转换为浮点数
4	INT	函数公式为 INT(expression)，表示将 expression 转换为整数，这里不是四舍五入，而是直接取整数部分。字符串转换为整数时会先转换为浮点数，然后再取整	INT(8.0/3.0) = 2 INT(4.0/1.5) = 2 INT(0.50/1.0) = 0 INT(-9.7) = -9
5	STR	函数公式为 STR(expression)，表示将 expression 转换为字符串	STR([当期值])会将度量当期值中的数字转换为字符串

A.5　逻辑函数

Tableau 自定义字段中经常使用逻辑函数，旨在不同条件下返回不同的值。

1. IF

IF 函数的常用表达形式为 IF test THEN value END 、IF test THEN value1 ELSE value2 END 或 IF test1 THEN value1 ELSEIF test2 THEN value2 ELSEIF test3 THEN value3 ... END。

使用 IF test THEN value END 时，先对 test 进行判断，如果为 true 则返回 value，否则为 Null。例如 IF [当期值]>10000 then "好" END，该语句对源数据行记录依次进行判断，如果当期值大于 10 000，则该行赋值为"好"，如果当期值小于或等于 10 000，则该行值赋值为 Null。

使用 IF test THEN value1 ELSE value2 END 时,先对 test 进行判断,如果为 true 则返回 value1, 否则返回 value2。例如 IF [当期值]>10000 THEN "好" ELSE "不好" END ,源数据某行数据当期值为 12 000,则赋值为"好",若某行数据当期值为 9000,则赋值为"不好"。

前面两个语句最终的结果只有两类,如果要表示结果为多类,则需要用 IF test1 THEN value1 ELSEIF test2 THEN value2 ELSEIF test3 THEN value3 ... END。例如, IF[当期值]>10000 THEN "好" ELSEIF [当期值]<=10000 AND [当期值]>5000 THEN "较好" ELSE "不好" END,表示当当期值大于 10 000 时,赋值为"好",当期值为大于 5000 并且小于等于 10 000 时为"较好",其余的为"不好"。注意这里"大于 5000 并且小于等于 10000"的表达式为" [当期值]<=10000 AND [当期值]>5000",而不是"5000<[当期值]<=10000",因为 Tableau 在执行判断的时候先判断"5000<[当期值]",这时返回值为布尔值 true 或 false,继续就变成 true (或 false) <=10000,出错。

有时候上述三种类型任然不能满足需求,比如在[当期值]>10000 的条件下,如果同期值大于 10 000 则为"好 1",其他为"好 2",则可通过内嵌条件语句来实现。具体语句可表示为 IF[当期值]>10000 THEN (IF [同期值]>10000 THEN "好 1" ELSE "好 2" END) ELSEIF [当期值]<=10000 AND [当期值]>5000 THEN "较好" ELSE "不好" END。

另外, test 可以是字段与字段比较,也可以是字段与参数比较。比如 IF [当期值]>[同期值] THEN "增长" ELSE "不增长" END。

2. CASE

CASE 函数的作用和 IF 一样,但更方便使用,尤其是在返回结果较多的情况下。其表达式格式为:

```
CASE expression
WHEN value1 THEN return1
WHEN value2 THEN return2
WHEN value3 THEN return3
ELSE return4
END
```

编写函数时当然不必换行,只是换行之后逻辑更清楚。该表达式表示当 expression= value1 时返回 return1、当 expression= value2 时返回 return2,以此类推。它等价于 IF expression= value1 THEN return1 ELSEIF expression= value2 THEN return2 ELSEIF expression= value3 THEN return3 ELSE return4 END。

例如:

```
CASE [省市]
WHEN "吉林" OR "辽宁" OR "黑龙江" THEN "东北"
WHEN "安徽" OR "江苏" OR "浙江" OR "福建" THEN "华东"
WHEN "四川" OR "江西" OR "河南" OR "湖北" OR "湖南" OR "重庆" THEN "华中"
END
```

该表达式将省市(部分)划分了不同的区域。

CASE 主要是判断某 expression 与某些值是否匹配,但如果条件中存在比较,则还是得用 IF 语句。比如当期值大于 10 000 为"好",得用 IF 语句。

3. IIF

函数公式为 IIF(test, value1, value2, [unknown])，其中 test 为逻辑判断表达式。test 必须是布尔值：数据源中的布尔字段或使用运算符的逻辑表达式的结果（或 AND、OR 或 NOT 的逻辑比较）。如果 test 计算为 true，则 IIF 返回 value1 值，如果 test 计算为 false，则 IIF 返回 value2 值。布尔比较可能生成的值既不是 true 也不是 false，通常是因为测试中存在 Null 值，这时 IIF 返回的最后一个参数[unknown]，如果省略此参数，则会返回 Null。

例如 IIF (7>5, "7 大于 5", "7 不大于 5")=#7 大于 5#。再如 IIF ([当期值]>[同期值], "当期值大于同期值","当期值小于或等于同期值")，执行语句时，对每一条行记录对当期值和同期值进行比较：如果当期值大于同期值，即[当期值]>[同期值]为 true，返回值为#当期值大于同期值#；若当期值小于或等于同期值，则[当期值]>[同期值]为 false，返回值为#当期值小于或等于同期值#。

4. IFNULL

函数公式为 IFNULL(expression1, expression2)，如果结果不为 Null，则 IFNULL 函数返回第一个表达式，否则返回第二个表达式。

例如 IFNULL ([当期值],[同期值])=[当期值]如果不为空，则返回当期值，如果为空，则返回[同期值]。这实际上等价于将当期值的空值填补为同期值。

5. ISDATE

函数公式为 ISDATE(string)，返回布尔值，如果 string 可以转换为日期，则返回 true，否则返回 false。

例如 ISDATE("1/1/2018") =true ，ISDATE("1/2018") = false。

6. ISNULL

函数公式为 ISNULL(expression)，返回布尔值，如果表达式为空，则返回 true，否则返回 false。

A.6　聚合函数

拖放度量字段时，Tableau 会对其进行聚合运算，默认的聚合运算为 SUM，此外可以手动选择聚合方式如平均值、标准差、中位数等。Tableau 提供了聚合运算函数，用户可自定义聚合运算。

序　号	函　数	含　义
1	ATTR	函数公式为 ATTR(expression)，如果对 expression 所有行都有一个值，则返回该值，否则返回星号，会忽略 Null 值
2	AVG	函数公式为 AVG(expression)，返回 expression 中所有值的平均值。AVG 只能用于数字字段，计算时会忽略 Null 值
3	COUNT	函数公式为 COUNT(expression)，返回 expression 中的项目数（重复的项目仍然要计数，当作不同处理）。不对 Null 值计数
4	COUNTD	函数公式为 COUNTD(expression)，返回组中不同项目的数量（重复项目当作一个处理）。不对 Null 值计数

（续）

序　号	函　　数	含　　义
5	MAX	函数公式为 MAX(expression)，返回 expression 在所有记录中的最大值。如果表达式为字符串值，则此函数返回按字母顺序定义的最后一个值
6	MIN	函数公式为 MIN(expression)，返回 expression 在所有记录中的最小值。如果表达式为字符串值，则此函数返回按字母顺序定义的第一个值
7	MEDIAN	函数公式为 MEDIAN(expression)，返回 expression 所有记录中的中位数。中位数只能用于数字字段。将忽略空值
8	PERCENTILE	函数公式为 PERCENTILE(expression, number)，表示从给定表达式返回与指定数字对应的百分位值。数字必须为 0~1（含 0 和 1），例如 0.66，并且必须是数字常量
9	STDEV	函数公式为 STDEV(expression)，表示基于群体样本返回给定表达式中所有值的统计标准差
10	STDEVP	函数公式为 STDEVP(expression)，表示基于有偏差群体返回给定表达式中所有值的统计标准差
11	SUM	函数公式为 SUM(expression)，返回表达式中所有值的总计。SUM 只能用于数字字段。会忽略 Null 值
12	VAR	函数公式为 VAR(expression)，表示基于群体样本返回给定表达式中所有值的统计方差
13	VARP	函数公式为 VARP(expression)，表示对整个群体返回给定表达式中所有值的统计方差
14	CORR	函数公式为 CORR(expression 1, expression2)，返回两个表达式的皮尔森相关系数，皮尔森相关系数衡量两个变量之间的线性关系。结果范围为 -1 至 +1（包括 -1 和 +1），其中 1 表示精确的正向线性关系，比如一个变量中的正向更改即表示另一个变量中对应量级的正向更改，0 表示方差之间没有线性关系，而 -1 表示精确的反向关系
15	COVAR	函数公式为 COVAR(expression 1, expression2)，返回两个表达式的样本协方差。协方差对两个变量的共同变化方式进行量化。正协方差指明两个变量趋向于向同一方向移动，即一个变量的较大值趋向于与另一个变量的较大值对应。v 样本协方差使用非空数据点的数量 $n-1$ 来规范化协方差计算，而不是使用总体协方差（COVARP 函数）所使用的 n，当数据是用于估算较大总体的协方差的随机样本时，则样本协方差是合适的选择
16	COVARP	函数公式为 COVARP(expression 1, expression2)，返回两个表达式的总体协方差。总体协方差等于样本协方差除以 $(n-1)/n$，其中 n 是非空数据点的总数。如果存在可用于所有相关项的数据，则总体协方差是合适的选择，与之相反，在只有随机项子集的情况下，样本协方差（COVAR 函数）较为适合

A.7　表计算函数

　　Tableau 提供多种表计算函数，以方便我们自定义表计算。一般而言，表计算可以分为五种类型：RUNNING_X、WINDOW_X、RANK_X、SCRIPT_X 以及其他。

1. TOTAL
　　函数公式为 TOTAL(expression)，表示返回给定表达式（expression）的总计。例如，TOTAL(SUM([人工服务接听量]))，用于计算各自分区中全部行的 SUM(人工服务接听量)。

2. SIZE
　　函数公式为 SIZE()，表示返回分区中的行数。如果当前分区包含 5 行，则 SIZE()=5。

3. PREVIOUS_VALUE

函数公式为 PREVIOUS_VALUE(expression)，表示返回此计算在上一行中的值，如果当前行是分区的第一行，则返回给定表达式。

例如，PREVIOUS_VALUE(SUM([人工服务接听量]))，意味着计算人工服务接听量总计聚合在上一行中的值。

4. LOOKUP

函数公式为 LOOKUP(expression, [offset])，表示返回目标行（指定为与当前行的相对偏移）中表达式的值。如果省略了 offset，则可以在字段菜单上设置要比较的行，当无法确定目标行时，则此函数返回 Null。

例如，在分区中计算 LOOKUP(SUM([人工服务接听量]), 2)时，每行都会显示接下来两行的数据。这里我们说明一个常用的小技巧，可以使用 FIRST()+和 LAST()-作为相对于分区中第一行/最后一行的目标偏移量定义的一部分。比如，LOOKUP(SUM([人工服务接听量]),FIRST()+2)表示计算分区第三行中的聚合值。

5. LAST

函数公式为 LAST()，表示返回从当前行到分区中最后一行的行数。

例如，在分区中计算 LAST()时，最后一行与倒数第二行之间的偏移为 1。

6. INDEX

函数公式为 INDEX()，表示返回分区中当前行的索引，不包含与值有关的任何排序。

例如，在分区中计算 INDEX()时，各行的索引分别为 1、2、3、4等。

7. FIRST

函数公式为 FIRST()，表示返回从当前行到分区中第一行的行数。

例如，分区中计算 FIRST()时，该分区的第一行与第二行之间的偏移为-1。

8. RANK

函数公式为 RANK(expression, ['asc' | 'desc'])，表示返回分区中当前行按照聚合表达式（expression）的竞争排名。该函数为相同的值分配相同的排名。可选的'asc'、'desc'参数用于指定升序或降序（默认为降序）。

例如，RANK(SUM([人工服务接听量]), 'asc')意味着依据"人工服务接听量"总计聚合进行排序，然后进行竞争排名。如，对于"人工服务接听量"总计聚合排序为(6, 9, 9, 14)，那么这组值的排名为(1, 2, 2, 4)。

注意：排名函数中会忽略 Null，并且它们不进行编号，也不计入百分位排名计算的总记录数中。

9. RANK_DENSE

函数公式为 RANK_DENSE(expression, ['asc' | 'desc'])，表示返回分区中当前行按照聚合

表达式（expression）的密集排名。该函数为相同的值分配相同的排名，但不会向数字序列中插入间距。可选的'asc'、'desc'参数用于指定升序或降序（默认为降序）。

例如，RANK_DENSE(SUM([人工服务接听量]), 'asc')意味着依据"人工服务接听量"总计聚合进行排序，然后进行密集排名。例如，对于"人工服务接听量"总计聚合排序为(6, 9, 9, 14)，那么这组值的排名为(1, 2, 2, 3)。

注意：排名函数中会忽略 Null，并且它们不进行编号，也不计入百分位排名计算的总记录数中。

10. RANK_MODIFIED

函数公式为 RANK_MODIFIED(expression, ['asc' | 'desc'])，表示返回分区中当前行按照聚合表达式（expression）的调整后竞争排名。该函数为相同的值分配相同的排名。可选的'asc'、'desc'参数用于指定升序或降序（默认为降序）。

例如，RANK_MODIFIED(SUM([人工服务接听量]), 'asc')意味着依据"人工服务接听量"总计聚合进行排序，然后进行调整后竞争排名。例如，对于"人工服务接听量"总计聚合排序为(6, 9, 9, 14)，那么这组值的排名为(1, 3, 3, 4)。

注意：排名函数中会忽略 Null，并且它们不进行编号，也不计入百分位排名计算的总记录数中。

11. RANK_PERCENTILE

函数公式为 RANK_PERCENTILE(expression, ['asc' | 'desc'])，表示返回分区中当前行按照聚合表达式（expression）的百分位排名。该函数为相同的值分配相同的排名。可选的'asc'、'desc'参数用于指定升序或降序（默认为降序）。

例如，RANK_PERCENTILE(SUM([人工服务接听量]), 'asc')意味着依据"人工服务接听量"总计聚合进行排序，然后进行百分位排名。如，对于"人工服务接听量"总计聚合排序为(6, 9, 9, 14)，那么这组值的排名为(25, 75, 75, 100)。

注意：排名函数中会忽略 Null，并且它们不进行编号，也不计入百分位排名计算的总记录数中。

12. RANK_UNIQUE

函数公式为 RANK_UNIQUE(expression, ['asc' | 'desc'])，表示返回分区中当前行按照聚合表达式（expression）的唯一排名。该函数为相同的值分配相同的排名。可选的'asc'、'desc'参数用于指定升序或降序（默认为降序）。

例如，RANK_UNIQUE(SUM([人工服务接听量]), 'asc')意味着依据"人工服务接听量"总计聚合进行排序，然后进行唯一排名。例如，对于"人工服务接听量"总计聚合排序为(6, 9, 9, 14)，那么这组值的排名为(1, 2, 3, 4)。

注意：排名函数中会忽略 Null，并且它们不进行编号，也不计入百分位排名计算的总记录数中。

13. RUNNING_AVG

函数公式为 RUNNING_AVG(expression)，表示返回给定聚合表达式（expression）从分区中第一行到当前行的平均值。

例如，沿着 1 月 1 日到 1 月 31 日的日期计算 RUNNING_AVG(SUM([人工服务接听量]))，则 1 月 4 日的计算方式为先计算 1 月 4 日的 SUM([人工服务接听量])总计聚合值，然后计算从 1 月 1 日到 1 月 4 日的总计聚合值得平均值。

注意：与 WINDOW_AVG 不同，该方法只能计算第一行到当前行的运行平均值。

14. RUNNING_COUNT

函数公式为 RUNNING_COUNT(expression)，表示返回给定聚合表达式（expression）从分区中第一行到当前行的计数。

例如，沿着 1 月 1 日到 1 月 31 日的日期计算 RUNNING_COUNT(SUM([人工服务接听量]))，则计算从 1 月 1 日到 1 月 4 日的总计聚合值的计数，此处为 4。

15. RUNNING_MAX

函数公式为 RUNNING_MAX(expression)，表示返回给定聚合表达式（expression）从分区中第一行到当前行的最大值。

例如，沿着 1 月 1 日到 1 月 31 日的日期计算 RUNNING_MAX(SUM([人工服务接听量]))，则 1 月 4 日的计算方式为先计算 1 月 4 日的 SUM([人工服务接听量])总计聚合值，然后计算从 1 月 1 日到 1 月 4 日的总计聚合值中的最大值。

16. RUNNING_MIN

函数公式为 RUNNING_MIN(expression)，表示返回给定聚合表达式（expression）从分区中第一行到当前行的最小值。

例如，沿着 1 月 1 日到 1 月 31 日的日期计算 RUNNING_MIN(SUM([人工服务接听量]))，则 1 月 4 日的计算方式为先计算 1 月 4 日的 SUM([人工服务接听量])总计聚合值，然后计算从 1 月 1 日到 1 月 4 日的总计聚合值中的最小值。

17. RUNNING_SUM

函数公式为 RUNNING_SUM(expression)，表示返回给定聚合表达式（expression）从分区中第一行到当前行的总计，简单点说就是各个分区的累积求和。

例如，沿着 1 月 1 日到 1 月 31 日的日期计算 RUNNING_SUM(SUM([人工服务接听量]))，则 1 月 4 日的计算方式为先计算 1 月 4 日的 SUM([人工服务接听量])总计聚合值，然后计算从 1 月 1 日到 1 月 4 日的总计聚合值进行求和。

18. SCRIPT_BOOL

函数公式为 SCRIPT_BOOL("R Script with arguments", .arg1, .arg2, ...)，表示返回指定 R 表达式的布尔结果。

注意：书写包含占位符的 R 语言脚本后，我们可以通过在 R 表达式中使用"`.argn`"的方式引用来自 Tableau 的参数（`.arg1`、`.arg2` 等），并且来自 Tableau 的传入参数要求聚合后的 Tableau 字段。

例如 SCRIPT_BOOL("is.finite(.arg1)", SUM([人工服务接听量]))，其中 R 语言中 is.finite() 用于检测数据是否为无穷，在这里我们检测 SUM([人工服务接听量])是否为无穷，返回 true 或者 false。

19. SCRIPT_INT

函数公式为 SCRIPT_INT("R Script with arguments", .arg1, .arg2, ...)，表示返回指定 R 表达式的整数结果。

注意：书写包含占位符的 R 语言脚本后，我们可以通过在 R 表达式中使用"`.argn`"的方式引用来自 Tableau 的参数（`.arg1`、`.arg2` 等），并且来自 Tableau 的传入参数要求聚合后的 Tableau 字段。

例如 SCRIPT_INT("is.finite(.arg1)", SUM([人工服务接听量]))，其中 R 语言中 is.finite() 用于检测数据是否为无穷，在这里我们检测 SUM([人工服务接听量])是否为无穷，但是返回值为 1 或者 0。

20. SCRIPT_REAL

函数公式为 SCRIPT_REAL("R Script with arguments", .arg1, .arg2, ...)，表示返回指定 R 表达式的实数结果。

注意：书写包含占位符的 R 语言脚本后，我们可以通过在 R 表达式中使用"`.argn`"的方式引用来自 Tableau 的参数（`.arg1`、`.arg2` 等），并且来自 Tableau 的传入参数要求聚合后的 Tableau 字段。

例如 SCRIPT_REAL("is.finite(.arg1)", SUM([人工服务接听量]))，其中 R 语言中 is.finite() 用于检测数据是否为无穷，在这里我们检测 SUM([Profit])是否为无穷，但是返回值为 1.0 或 0.0。

21. SCRIPT_STR

函数公式为 SCRIPT_STR("R Script with arguments", .arg1, .arg2, ...)，表示返回指定 R 表达式的整数结果。

注意：书写包含占位符的 R 语言脚本后，我们可以通过在 R 表达式中使用"`.argn`"的方式引用来自 Tableau 的参数（`.arg1`、`.arg2` 等），并且来自 Tableau 的传入参数要求聚合后的 Tableau 字段。

例如 SCRIPT_STR("is.finite(.arg1)", SUM([人工服务接听量]))，其中 R 语言中 is.finite()用于检测数据是否为无穷，在这里我们检测 SUM([人工服务接听量])是否为无穷，但是返回值为 t 或 f。

22. WINDOW_AVG

函数公式为 WINDOW_AVG (expression, [start, end])，表示返回窗口中从给定开头（start）到给定结尾（end）范围内给定表达式（expression）的平均值。

注意：我们可以使用 FIRST()+*n* 和 LAST()-*n* 表示与分区中第一行或最后一行的偏移，并且如果省略了开头（start）和结尾（end），则使用整个分区。

例如沿着分区向下 WINDOW_AVG(SUM[人工服务接听量]), FIRST()+1, 0)，表示计算各个分区中从第二行到当前行的 SUM(人工服务接听量)的平均值。

23. WINDOW_COUNT

函数公式为 WINDOW_COUNT (expression, [start, end])，表示返回窗口中从给定开头（start）到给定结尾（end）范围内给定表达式（expression）的计数。

注意：我们可以使用 FIRST()+和 LAST()-表示与分区中第一行或最后一行的偏移，并且如果省略了开头（start）和结尾（end），则使用整个分区。

例如沿着分区向下 WINDOW_COUNT (SUM[人工服务接听量]), FIRST()+1, 0)，表示计算各个分区中从第二行到当前行的 SUM(人工服务接听量)的计数。

24. WINDOW_MEDIAN

函数公式为 WINDOW_MEDIAN (expression, [start, end])，表示返回窗口中从给定开头（start）到给定结尾（end）范围内给定表达式（expression）的中位数。

注意：我们可以使用 FIRST()+和 LAST()-表示与分区中第一行或最后一行的偏移，并且如果省略了开头（start）和结尾（end），则使用整个分区。

例如沿着分区向下 WINDOW_MEDIAN (SUM[人工服务接听量]), FIRST()+1, 0)，表示计算各个分区中从第二行到当前行的 SUM(人工服务接听量)的中位数。

25. WINDOW_MAX

函数公式为 WINDOW_MAX (expression, [start, end])，表示返回窗口中从给定开头（start）到给定结尾（end）范围内给定表达式（expression）的中位数。

注意：我们可以使用 FIRST()+和 LAST()-表示与分区中第一行或最后一行的偏移，并且如果省略了开头（start）和结尾（end），则使用整个分区。

例如，沿着分区向下 WINDOW_MAX (SUM[人工服务接听量]), FIRST()+1, 0)，表示计算各个分区中从第二行到当前行的 SUM(人工服务接听量)的最大值。

26. WINDOW_MIN

函数公式为 WINDOW_MIN (expression, [start, end])，表示返回窗口中从给定开头（start）到给定结尾（end）范围内给定表达式（expression）的中位数。

注意：我们可以使用 FIRST()+和 LAST()-表示与分区中第一行或最后一行的偏移，并且如果省略了开头（start）和结尾（end），则使用整个分区。

例如沿着分区向下 WINDOW_MAX (SUM[人工服务接听量]), FIRST()+1, 0)，表示计算各个分区中从第二行到当前行的 SUM(人工服务接听量)的最小值。

27. WINDOW_PERCENTILE

函数公式为 WINDOW_PERCENTILE(expression, number, [start, end])，表示返回窗口中从给

定开头（start）到给定结尾（end）范围内给定表达式（expression）下指定百分位（number）相对应的值。

注意：我们可以使用 FIRST()+ 和 LAST()- 表示与分区中第一行或最后一行的偏移，并且如果省略了开头（start）和结尾（end），则使用整个分区。

例如沿着分区向下 WINDOW_PERCENTILE(SUM([人工服务接听量]), 0.75, -2, 0))，表示计算各个分区中当前行的前两行到当前行范围内的第 75 个百分位数。

28. WINDOW_STDEV

函数公式为 WINDOW_STDEV (expression, [start, end])，表示返回窗口中从给定开头（start）到给定结尾（end）范围内给定表达式（expression）的样本标准差。

注意：我们可以使用 FIRST()+ 和 LAST()- 表示与分区中第一行或最后一行的偏移，并且如果省略了开头（start）和结尾（end），则使用整个分区。

例如沿着分区向下 WINDOW_STDEV (SUM[人工服务接听量])，FIRST()+1, 0)，表示计算各个分区中从第二行到当前行的 SUM(人工服务接听量)的样本标准差。

29. WINDOW_STDEVP

函数公式为 WINDOW_STDEVP (expression, [start, end])，表示返回窗口中从给定开头（start）到给定结尾（end）范围内给定表达式（expression）的有偏差标准差。

注意：我们可以使用 FIRST()+ 和 LAST()- 表示与分区中第一行或最后一行的偏移，并且如果省略了开头（start）和结尾（end），则使用整个分区。

例如沿着分区向下 WINDOW_STDEVP (SUM[人工服务接听量])，FIRST()+1, 0)，表示计算各个分区中从第二行到当前行的 SUM(人工服务接听量)的有偏差标准差。

30. WINDOW_SUM

函数公式为 WINDOW_SUM (expression, [start, end])，表示返回窗口中从给定开头（start）到给定结尾（end）范围内给定表达式（expression）的总计求和。

注意：我们可以使用 FIRST()+ 和 LAST()- 表示与分区中第一行或最后一行的偏移，并且如果省略了开头（start）和结尾（end），则使用整个分区。

例如沿着分区向下 WINDOW_SUM (SUM[人工服务接听量])，FIRST()+1, 0)，表示计算各个分区中从第二行到当前行的 SUM(人工服务接听量)的总计求和。

31. WINDOW_VAR

函数公式为 WINDOW_VAR(expression, [start, end])，表示返回窗口中从给定开头（start）到给定结尾（end）范围内给定表达式（expression）的样本方差。

注意：我们可以使用 FIRST()+ 和 LAST()- 表示与分区中第一行或最后一行的偏移，并且如果省略了开头（start）和结尾（end），则使用整个分区。

例如沿着分区向下 WINDOW_VAR (SUM[人工服务接听量])，FIRST()+1, 0)，表示计算各个分区中从第二行到当前行的 SUM(人工服务接听量)的样本方差。

32. WINDOW_VARP

函数公式为 WINDOW_VARP(expression, [start, end])，表示返回窗口中从给定开头（start）到给定结尾（end）范围内给定表达式（expression）的有偏差方差。

注意：我们可以使用 FIRST()+ 和 LAST()-表示与分区中第一行或最后一行的偏移，并且如果省略了开头（start）和结尾（end），则使用整个分区。

例如沿着分区向下 WINDOW_VARP (SUM[人工服务接听量])，FIRST()+1, 0)，表示计算各个分区中从第二行到当前行的 SUM(人工服务接听量)的有偏差方差。

33. WINDOW_CORR

函数公式为 WINDOW_CORR(expression1, expression2, [start, end])，表示返回窗口内两个表达式的皮尔森相关系数。窗口定义为与当前行的偏移。使用 FIRST()+n 和 LAST()-n 表示与分区中第一行或最后一行的偏移。如果省略了 start 和 end，则使用整个分区。

例如 WINDOW_CORR(SUM[Profit])，SUM([Sales]), -5, 0)表示返回 SUM(Profit)和 SUM(Sales)从前五行到当前行的皮尔森相关系数。

34. WINDOW_COVAR

函数公式为 WINDOW_COVAR(expression1, expression2, [start, end])，表示返回窗口内两个表达式的样本协方差。窗口定义为与当前行的偏移。使用 FIRST()+n 和 LAST()-n 表示与分区中第一行或最后一行的偏移。如果省略了 start 和 end 参数，则窗口为整个分区。

例如 WINDOW_COVAR(SUM([Profit])，SUM([Sales]), -2, 0)表示返回 SUM(Profit)和 SUM(Sales)从前两行到当前行的样本协方差。

A.8　详细级别表达式

详细级别表达式有时也称为"LOD 表达式"或者"LOD 计算"，是在除视图级别外的其他维度上支持聚合，利用详细级别表达式，可以将一个或多个维度附加到任何聚合表达式。与表计算、合计或参考线不同，详细级别表达式是在数据源中计算的，对于大型数据源，会大幅提高性能，但也会导致 Tableau 运行更复杂的查询（例如，包含多个联接的查询），并且在基础数据源缓慢的情况下，影响性能。

1. FIXED

表达式公式为 {FIXED[dim1[,dim2]...]: aggregate-expression}，表示该表达式依据 [dim1[,dim2]...]等维度进行聚合操作，而不论可视化内容中所用的其他维度如何。FIXED 计算在维度筛选器之前应用，但会受上下文筛选器、数据源筛选器和数据提取筛选器的筛选影响，因此，如果您想将筛选器应用于 FIXED 详细级别表达式但不想使用上下文筛选器，请考虑将它们改写为 INCLUDE 或 EXCLUDE 表达式。

FIXED 详细级别表达式可以生成度量或维度。例如，{Fixed[商品 ID],[年份]:SUM([销量])}计算的是每件商品每年的销量总和,{Fixed[商品 ID]:SUM([销量])}计算的是每件商品所有年份的销量总和，返回的为度量，而{Fixed[商品 ID]:MIN([订单日期])}则计算的是每件商品的最小订单日期，返回的为维度。

2. INCLUDE

表达式公式为{INCLUDE[dim1[,dim2]...]: aggregate-expression}，使用指定的维度[dim1[,dim2]...]和视图维度进行计算聚合。INCLUDE 关键字可创建聚合度低于（即粒度较高）可视化详细级别的表达式。INCLUDE 详细级别表达式返回的结果始终是度量。

例如，{INCLUDE[销售人员]:SUM[销量]}计算每个销售人员处理订单的销量总和。[销售人员]这一维度在原来的可视化视图中可能并不存在，INCLUDE 在计算聚合时将其纳入。

3. EXCLUDE

表达式公式为{EXCLUDE[dim1[,dim2]...]: aggregate-expression}，即如果指定的维度[dim1[,dim2]...]出现在视图中，则在计算聚合时会排除这些维度。EXCLUDE 关键字可创建聚合度高于（即粒度较低）可视化详细级别的表达式。EXCLUDE 详细级别表达式返回的结果始终是度量。

例如，{EXCLUDE[地区]:SUM[销量]}计算的是根据已有的可视化视图的维度（例如有[商品]，[年份]，[地区]），去除[地区]维度，计算销量总和，即计算每件商品每年的销量总和。

A.9　直通函数

RAWSQL 直通函数可用于将 SQL 表达式直接发送到数据库，而不由 Tableau 进行解析。如果你有 Tableau 不能识别的自定义数据库函数，则可以使用直通函数调用这些自定义函数。

你的数据库通常不会理解在 Tableau 中显示的字段名称。因为 Tableau 不会解释包含在直通函数中的 SQL 表达式，所以在表达式中使用 Tableau 字段名称可能会导致错误。可以使用替换语法将用于 Tableau 计算的正确字段名称或表达式插入直通 SQL。例如，假设有一个计算一组中值的函数，则可以对 Tableau 列[Sales]调用该函数，如下所示：

```
RAWSQLAGG_REAL("MEDIAN(%1)", [Sales])
```

因为 Tableau 不解释该表达式，所以必须定义聚合。在使用聚合表达式时，你可以使用下面描述的 RAWSQLAGG 函数。

RAWSQL 直通函数不使用已发布数据源。

在 Tableau Desktop 8.2 中启动时，这些函数可能返回与在较低版本的 Tableau Desktop 中不同的结果。这是因为 Tableau 现在对直通函数使用 ODBC 而非 OLE DB。当以整数形式返回实际值时，ODBC 会截断，而 OLE DB 会舍入。

Tableau 中提供了以下 RAWSQL 函数。

序　号	函　数	含　义	示　例
1	RAWSQL_BOOL	函数表达式 RAWSQL_BOOL("sql_expr", [arg1],...[a rgN]) 表示从给定的 SQL 表达式返回布尔结果。SQL 表达式直接传递给基础数据库。在 SQL 表达式中%用作数据库值的替换语法	表达 %1 等于 [Sales]，%2 等于 [Profit]:RAWSQL_BOOL("IIF(%1→%2, true, false)", [Sales], [Profit])

（续）

序　号	函　　数	含　　义	示　　例
2	RAWSQL_DATE	函数表达式 RAWSQL_DATF("sql_expr", [arg1],…[ar gN]) 表示从给定的 SQL 表达式返回日期结果。SQL 表达式直接传递给基础数据库。在 SQL 表达式中%n 用作数据库值的替换语法	表达%1 等于[Order Date]：RAWSQL_DATE ("%1", [Order Date])
3	RAWSQL_DATETIME	函数表达式 RAWSQL_DATETIME("sql_expr", [arg1],…[argN])表示从给定的 SQL 表达式返回日期和时间结果。SQL 表达式直接传递给基础数据库。SQL 表达式中%n 用作数据库值的替换语法	表达 %1 等 于[Delivery Date]：RAWSQL_DATETIME("MIN(%1)　　 ", [Delivery Date])
4	RAWSQL_INT	函数表达式 RAWSQL_INT ("sql_expr", [arg1],…[argN]) 表示从给定的 SQL 表达式返回整数结果。SQL 表达式直接传递给基础数据库。在 SQL 表达式中将%n 用作数据库值的替换语法	表达%1 等于[Sales]：RAWSQL_INT ("500 + %1", [Sales])
5	RAWSQL_REAL	函数表达式 RAWSQL_REAL("sql_expr", [arg1],…[argN]) 表示从直接传递给基础数据库的给定 SQL 表达式返回数字结果。在 SQL 表达式中%n 用作数据库值的替换语法	例如表达%1 等于[Sales]：RAWSQL_ REAL("-123.98 * %1", [Sales])
6	RAWSQL_STR	函数表达式 RAWSQL_STR ("sql_expr", [arg1],…[argN]) 表示从直接传递给基础数据库的给定 SQL 表达式返回字符串。在 SQL 表达式中%n 用作数据库值的替换语法	表达 %1 等 于 [Customer Name]：RAWSQL_STR("%1", [Customer Name])
7	RAWSQLAGG_BOOL	函数表达式 RAWSQLAGG_BOOL("sql_expr", [arg1],…[argN])表示从给定聚合 SQL 表达式返回布尔结果。SQL 表达式直接传递给基础数据库。在 SQL 表达式中将%n 用作数据库值的替换语法	表达%1 等于[Sales]，%2 等于 [Profit]：RAWSQLAGG_BOOL("SUM(%1) >SUM(%2)", [Sales], [Profit])
8	RAWSQLAGG_DATE	函数表达式 RAWSQLAGG_DATE("sql_expr", [arg1],…[argN])表示从给定的聚合 SQL 表达式返回日期结果。SQL 表达式直接传递给基础数据库。在 SQL 表达式中%n 用作数据库值的替换语法	比如表达%1 等 于[Order Date]：RAWSQLAGG_DATE("MAX(%1)",　[Order Date])
9	RAWSQLAGG_DATETIME	函数表达式 RAWSQLAGG_DATETIME("sql_expr", [arg1],…[argN])表示从给定的聚合 SQL 表达式返回日期和时间结果。SQL 表达式直接传递给基础数据库。在 SQL 表达式中%n 用作数据库值的替换语法	比如表达%1 等于[Delivery Date]：RAWSQLAGG_DATETIME("MIN(%1)", [Delivery Date])
10	RAWSQLAGG_INT	函数表达式 RAWSQLAGG_INT("sql_expr", arg1,…argN) 表示从给定聚合 SQL 表达式返回整数结果。SQL 表达式直接传递给基础数据库。在 SQL 表达式中%n 用作数据库值的替换语法	比如表达%1 等于[Sales]：RAWSQLAGG_ INT("500 + SUM(%1)", [Sales])
11	RAWSQLAGG_REAL	函数表达式 RAWSQLAGG_REAL("sql_expr", arg1,…argN) 表示从直接传递给基础数据库的给定聚合 SQL 表达式返回数字结果。在 SQL 表达式中%n 用作数据库值的替换语法	比如表达%1 等于[Sales]：RAWSQLAGG_ REAL("SUM(%1) ", [Sales])
12	RAWSQLAGG_STR	函数表达式 RAWSQLAGG_STR("sql_expr", arg1,…argN) 表示从直接传递给基础数据库的给定聚合 SQL 表达式返回字符串。在 SQL 表达式中%n 用作数据库值的替换语法	比如表达%1 等于[Customer Name]：RAWSQLAGG_STR("AVG(%1)", [Discount])

A.10 用户函数

使用这些用户函数创建基于数据源中用户列表的用户筛选器。例如，假设你创建了一个视图，该视图显示有每个员工的销售业绩。发布该视图时，你可能希望仅允许员工查看自己的销售数据。这时可以使用函数 CURRENTUSER 创建一个字段，该字段会在登录到服务器的人员的用户名与视图中的员工姓名相同时返回 true。然后，在使用此计算字段筛选视图时，视图只会显示当前已登录用户的数据。

1. FULLNAME

函数公式为 FULLNAME()，返回当前用户的全名。当用户已登录时，这是 Tableau Server 或 Tableau Online 全名；否则为 Tableau Desktop 用户的本地或网络全名。比如[Manager]=FULLNAME()。

如果经理 Dave Hallsten 已登录，则仅当视图中的"Manager"字段包含"Dave Hallsten"时，此示例才会返回 true。用作筛选器时，此计算字段可用于创建用户筛选器，该筛选器仅显示与登录到服务器的人员相关的数据。

2. ISFULLNAME

函数表达式为 ISFULLNAME(string)，表示如果当前用户的全名与指定的全名匹配，则返回 true；如果不匹配，则返回 false。当用户已登录时，此函数使用 Tableau Server 或 Online 全名；否则使用 Tableau Desktop 用户的本地或网络全名。

例如 ISFULLNAME("Dave Hallsten")，如果 Dave Hallsten 为当前用户，则此示例返回 true，否则返回 false。

3. ISMEMBEROF

函数公式为 ISMEMBEROF(string)，表示如果当前使用 Tableau 的人员是与给定字符串匹配的组的成员，则返回 true。如果当前使用 Tableau 的人员已登录，则组成员身份由 Tableau Server 或 Tableau Online 上的组确定。如果该人员未登录，此函数返回 false。

例如 IF ISMEMBEROF("Sales") THEN "Sales" ELSE "Other" END。

4. ISUSERNAME

函数表达式为 ISUSERNAME(string)，如果当前用户的用户名与指定的用户名匹配，则返回 true；如果不匹配，则返回 false。当用户已登录时，此函数使用 Tableau Server 或 Online 用户名；否则使用 Tableau Desktop 用户的本地或网络用户名。

比如 ISUSERNAME("dhallsten")，如果 dhallsten 为当前用户，则此示例返回 true，否则返回 false。

5. USERDOMAIN

函数表达式为 USERDOMAIN()，当前用户已登录到 Tableau Server 时返回该用户的域。如果 Tableau Desktop 用户在域上，则返回 Windows 域；否则，此函数返回一个空字符串。

例如[Manager]=USERNAME() AND [Domain]=USERDOMAIN()。

6. USERNAME

函数公式为 USERNAME()，返回当前用户的用户名。当用户已登录时，这是 Tableau Server 或 Tableau Online 用户名；否则为 Tableau Desktop 用户的本地或网络用户名。

比如[Manager]=USERNAME()，如果经理 dhallsten 已登录，则仅当视图中的"Manager"字段为 "dhallsten"时，此函数才会返回 true。用作筛选器时，此计算字段可用于创建用户筛选器，该筛选器仅显示与登录到服务器的人员相关的数据。

附录B

数据表

本书所使用的数据表可以从图灵社区本书主页 http://www.ituring.com.cn/book/2444 免费下载使用。

B.1 发电量数据

数据存储为 Excel 文件，指标为发电量，统计周期为 2016 年 7 月~2017 年 6 月。

数据表结构如图 B-1 所示，共有 5 列变量，分别为发电类型、地区、统计周期、发电量当期值、同期值，其中当期值为当月实际发电量，同期值为上一年相同月份的发电量。

	A	B	C	D	E
1	发电类型	地区	统计周期	发电量当期值	同期值
2	风力	重庆	2016/7/1	0.50	0.10
3	风力	浙江	2016/7/1	1.10	0.70

图 B-1　发电量数据

B.2 省市指标完成情况

数据存储为 Excel 文件。

数据表结构如图 B-2 所示，共有 3 列变量，分别为省市、地市、A 指标（B 指标、C 指标）。

	A	B	C
1	省市	地市	A指标
2	河南	安阳	1
3	河南	郑州	2

图 B-2　省市指标完成情况

B.3 公司年龄统计表

数据存储为 Excel 文件。

数据表结构如图 B-3 所示，共有 4 列变量，分别为员工编号、性别、出生日期和年龄。

	A	B	C	D
1	员工编号	性别	出生日期	年龄
2	80038004	男	1989/10/29	28
3	80037989	男	1988/9/26	29

图 B-3 公司年龄统计表

B.4 2014 年上半年综合计划指标明细表

统计周期为 2014 年 1 月~2014 年 6 月。数据存储为 Excel 文件。

数据表结构如图 B-4 所示，共有 4 列变量，分别为指标名称、省市、统计周期和当期值。指标名称的值为售电量或利润总额，当期值为当月实际售电量或利润总额。

	A	B	C	D
1	指标名称	省市	统计周期	当期值
2	售电量	天津	1/31/2014	494262.5484
3	售电量	北京	2/28/2014	38042.05054

图 B-4 2014 年上半年综合计划指标明细表

B.5 物资采购情况明细表

数据存储为 Excel 文件。

数据表结构如图 B-5 所示，共有 5 列变量，分别为采购订单号、物资类别、供应商名称、计划交货日期和实际交货日期。其中，物资类别包括交流变压器、交流断路器和交流隔离开关 3 类。

	A	B	C	D	E
1	采购订单号	物资类别	供应商名称	计划交货日期	实际交货日期
2	00000247	交流变压器	北京ABB高压开关设备有限公司	2014/1/20	2014/1/25
3	40308856	交流变压器	北京ABB高压开关设备有限公司	2014/3/15	2014/3/15

图 B-5 物资采购情况明细表

B.6 国民经济核算数据

数据存储为 Excel 文件。

数据表结构如图 B-6 所示，共有 7 列变量，分别为区域、地区、城市、年份、指标名称、上期值和指标值。

	A	B	C	D	E	F	G
1	区域	地区	城市	年份	指标名称	上期值	指标值
2	华东	安徽	合肥	2011	第二产业增加值		2,002.20
3	华东	安徽	合肥	2011	第三产业增加值		1,426.20

图 B-6 国民经济核算数据

B.7   内蒙古东部地区地理数据

数据存储为 Excel 文件。

数据表结构如图 B-7 所示，共有 5 列变量，分别为省市、地市、顺序、Latitude 和 Longitude。其中，省市的值为内蒙古东部地区，地市是对内蒙古东部地区的进一步划分：包括呼伦贝尔、兴安盟、赤峰市和通辽市 4 个地市，顺序为 Tableau 连接区域边界各点的顺序，Latitude 为区域边界各点的纬度，Longitude 为区域边界各点的经度。

	A	B	C	D	E
1	省市	地市	顺序	Latitude	Longitude
2	内蒙古东部地区	通辽市	1	45.2911	119.2346
3	内蒙古东部地区	通辽市	2	45.4724	119.3225

图 B-7   内蒙古东部地区填充地图数据

B.8   物资采购金额

数据存储为 Excel 文件。

数据表结构如图 B-8 所示，共有 2 列数据，分别为供应商名称和应付金额。

	A	B
1	供应商名称	应付金额
2	1	52.5447
3	2	33.67728
4	3	76.3323795

图 B-8   物资采购金额

B.9   影响折旧费

数据存储为 Excel 文件。

数据表结构如图 B-9 所示，共有 3 列数据，分别为单位名称、单位类别和影响折旧费（万元）。其中，单位类别按各条记录影响折旧费的正负分为正影响折旧费单位和负影响折旧费单位。

	A	B	C
1	单位名称	单位类别	影响折旧费(万元)
2	漳州	正影响折旧费单位	686.4689773
3	厦门	负影响折旧费单位	-650.7448077

图 B-9   影响折旧费

B.10   全员劳动生产率指标

数据存储为 Excel 文件。

数据表结构如图 B-10 所示，共有 4 列数据，分别为指标名称、单位、当期累计值和同期累计值。其中，指标名称的值为全民劳动生产率。

	A	B	C	D
1	指标名称	单位	当期累计值	同期累计值
2	全员劳动生产率	上海	33	41.83
3	全员劳动生产率	北京	26	44.92

图 B-10　全员劳动生产率指标

B.11　变压器、输电线路负载情况

数据存储为 Excel 文件。

数据表结构如图 B-11 所示，共有 11 列数据，分别为线路、变电站、X、Y、变电站所属单位、变电站数量、#1 主变、#2 主变、#3 主变、负载率和投运年限。

	A	B	C	D	E	F	G	H	I	J	K
1	线路	变电站	X	Y	变电站所属单位	变电站数量	#1主变	#2主变	#3主变	负载率	投运年限
2	500kV云天线	t	325.26	128.83	清远供电局	0	0%	0%	0%	84%	8
3	500kV云天线	v	357.98	139.25	清远供电局	0	0%	0%	0%	84%	8

图 B-11　变压器、输电线路负载

B.12　座席接听统计数据

座席接听统计数据，统计周期为 2014 年 1 月 1 日至 2014 年 1 月 31 日，如图 B-12 所示。其中，每条记录包括一个座席一天接听电话情况的统计信息，以及该座席的所属中心、部、组、班、工号等基本信息。数据存储为 Excel 文件。其中，每位员工都有唯一的工号。

中心	部	组	班	日期	姓名	工号	人工服务接听量	三声铃响接听量	呼入通话时长(秒)	平均呼入通话时长(秒)	呼入案头总时长(秒)	平均呼入案头时长(秒)	服务评价推送成功数	服务评价满意率
北中心	客服二部	客服二组	常白1班	2014/1/1	XX	20011415	13	13	2,356	181.23	248	19.08	11	1
北中心	客服二部	客服二组	常白1班	2014/1/1	XX	20011395	12	12	1,502	125.17	238	19.83	11	1
北中心	客服二部	客服二组	常白1班	2014/1/1	XX	20007505	22	22	1,821	82.77	219	9.95	20	0.9

图 B-12　座席接听统计数据

中心、部、组、班是层级关系，某中心下设多个部，某部下设多个组，某组下设多个班。中心包括南中心、北中心，部包括客服一部、客服二部和客服三部，组包括客服一组、客服二组，班包括常白班、新人班、1 班、运行 1 班等共 32 个班。人工服务接听量为一个座席一天接听电话数量，三声响铃接听量为电话铃响三声内接听的电话数量，呼入通话时长（秒）为一个座席一天接听电话总通话时长，平均呼入通话时长（秒）为一位座席一天内每则通话平均时长，呼入案头总时长（秒）为一个座席一天内完成一次呼叫后到接听下一通电话之间的总时长，平均案头时长（秒）为一个座席一天内呼入案头总时长（秒）除以该天的人工服务接听量。

B.13 示例-超市数据

数据存储为 Excel 文件，即 Tableau 产品自带样例数据。

数据表结构如图 B-13 所示，共有 20 列数据，分别为行 ID、订单 ID、订单日期、发货日期、邮寄方式、客户 ID、客户名称、细分、城市、省/自治区、国家、地区、产品 ID、类别、子类别、产品名称、销售额、数量、折扣和利润。

	A	B	C	D	E	F	G	H	I	J	K
1	行 ID	订单 ID	订单日期	发货日期	邮寄方式	客户 ID	客户名称	细分	城市	省/自治区	国家
2	1	US-2017-1357144	2017/4/27	2017/4/29	二级	曾惠-14485	曾惠	公司	杭州	浙江	中国
3	2	CN-2017-1973789	2017/6/15	2017/6/19	标准级	许安-10165	许安	消费者	内江	四川	中国

	L	M	N	O	P	Q	R	S	T
1	地区	产品 ID	类别	子类别	产品名称	销售额	数量	折扣	利润
2	华东	办公用-用品-10	办公用品	用品	Fiskars 剪刀，蓝色	129.696	2	0.4	-60.704
3	西南	办公用-信封-10	办公用品	信封	GlobeWeis 搭扣信封，红色	125.44	2	0	42.56

图 B-13　示例-超市数据

技术改变世界 · 阅读塑造人生

大话数据分析——Tableau 数据可视化实战

◆ 与Tableau公司内部高手一对一，对话形式讲解Tableau
◆ 以故事方式讲述，突破传统
◆ 案例丰富，将软件操作融入实践应用场景中

作者： 高云龙 孙辰
书号： 978-7-115-49967-7
定价： 89.00 元

精益数据分析

◆ 硅谷创业者、知名技术大会发起人 Alistair Croll、Benjamin Yoskovitz 重磅力作
◆ 汇集 100 多位创始人、投资人、内部创业者和创新者的成功创业经验，30 多个发人深省的案例分析

作者： Alistair Croll, Benjamin Yoskovitz
译者： 韩知白 王鹤达
书号： 978-7-115-37476-9
定价： 79.00 元 / 电子书 39.99 元

Python 3 网络爬虫开发实战

◆ 豆瓣评分9.2
◆ 百万访问量博客作者静觅作品
◆ 教你学会用 Python 3 开发爬虫

作者： 崔庆才
书号： 978-7-115-48034-7
定价： 99.00 元

技术改变世界 · 阅读塑造人生

Python 数据科学手册

◆ 全面同时综合评价度最高的 Python 数据处理参考读本
◆ Scikit-Learn、IPython 等诸多库的代码贡献者 Jake VanderPlas 力作

作者： Jake VanderPlas
译者： 陶俊杰 陈小莉
书号： 978-7-115-47589-3
定价： 109.00 元 / 电子书 54.99 元

R 语言实战

◆ 最受欢迎的 R 语言实战图书升级版
◆ 用 R 轻松实现数据挖掘、数据可视化
◆ 新增预测性分析、简化多变量数据等近 200 页内容

作者： Robert Kabacoff
译者： 王小宁 刘撷芯 黄俊文 等
书号： 978-7-115-42057-2
定价： 99.00 元 / 电子书 49.99 元

R 数据科学

◆ Amazon 数据分析类榜首图书，全五星好评
◆ 知名数据公司 Rstudio 数据科学家执笔
◆ 学会解决各种数据科学难题

作者： Hadley Wickham 等
译者： 陈光欣
书号： 978-7-115-48639-4
定价： 139.00 元 / 电子书 69.99 元

站在巨人的肩上
Standing on Shoulders of Giants

iTuring.cn

站在巨人的肩上
Standing on Shoulders of Giants

iTuring.cn